W0256964

Karl Udo Bromm

Programmierbare Taschenrechner in Schule und Ausbildung

Grundlagen und Anwendungen
des Programmierens

Mit über 50 Programmen

Springer Fachmedien Wiesbaden GmbH

CIP-Kurztitelaufnahme der Deutschen Bibliothek

Bromm, Karl Udo:
Programmierbare Taschenrechner in Schule und
Ausbildung: Grundlagen u. Anwendungen d.
Programmierens; mit über 50 Programmen /
Karl Udo Bromm. — Braunschweig, Wiesbaden:
Vieweg, 1979.

1979

Satz: Vieweg, Wiesbaden

ISBN 978-3-528-04088-8   ISBN 978-3-322-91749-2 (eBook)
DOI 10.1007/978-3-322-91749-2

Vorwort

Programmierbare Taschenrechner sind insofern echte Computer, als sie die Steuerung von Rechen-
abläufen durch Programme ermöglichen, die der Benutzer seinen Bedürfnissen entsprechend selbst
erstellen kann.

Das vorliegende Buch will dem Leser einen Eindruck von der Vielfalt dieser Möglichkeiten ver-
mitteln; dabei ist es nicht auf einen bestimmten Gerätetyp hin ausgerichtet; zentrales Anliegen ist
vielmehr die Propagierung eines Programmierstils, bei dem man sich zunächst einer problemorientierten, maschinenunabhängigen Darstellungsweise bedient und diese erst später, quasi
mechanisch, in die der Maschine verständlichen Sprache übersetzt. Man erledigt so einen Teil jener
Arbeiten, die in größeren Rechnern der *compiler* oder *interpreter* übernimmt.

Die oft beschworenen „Sprachunterschiede" zwischen der *Umgekehrten Polnischen Notation* und
dem *Algebraischen Operationssystem* sind dabei von untergeordneter Bedeutung.

Vorteile dieser Konzeption: Der allgemeine Ablaufplan ist offen für Veränderungen; auf seiner
Grundlage können beliebige Computer programmiert werden. Indem die Befehlsfolge des Taschenrechners erst als Übersetzung dieses Planes entsteht, vermeidet man die Gefahr, daß durch geräte-
spezifisches „Herumtricksen" der ursprüngliche Algorithmus unkenntlich gemacht wird.

Das Buch ist in zwei Teile gegliedert, deren Funktion ein Vergleich mit der Skischule deutlich
macht:

> Teil I (Grundlagen) entspricht den „Übungen am Hang",
> Teil II (Anwendungen) bietet „Tourenvorschläge" unterschiedlichen Schwierigkeitsgrades an.

Die *Grundlagen* sollen den Leser, der noch keine Erfahrungen im Umgang mit Computern sammeln
konnte, mit den Elementen der Programmierung in systematischer Weise vertraut machen; die dabei
verwandten Beispiele sind inhaltlich bewußt einfach gewählt und dienen lediglich zur Erläuterung
typischer Merkmale von Ablaufplänen wie *Verzweigung, Schleife, Unterprogramm* und anderer in
diesem Zusammenhang wichtiger Begriffe der Informatik.

Neben dem herkömmlichen Flußdiagramm wird auch das Nassi-Shneiderman-Diagramm eingeführt
und die Verwendung genormter Sprachelemente innerhalb einer verbalen Notation aufgezeigt, wie
sie im Hinblick auf größere Systeme schon länger empfohlen wird. (Siehe Literaturhinweise [4],
[5], [7], [13].)

Die in den *Anwendungen* zusammengestellten Probleme sind größtenteils dem mathematisch-
naturwissenschaftlichen Bereich entnommen. (Nichtnumerische Probleme erfordern Alpha-
Möglichkeit und eine Speicherkapazität, die beim programmierbaren Taschenrechner i.a. nicht zur
Verfügung steht.) Zu jedem Beispiel gehört   a) eine Erörterung des Problemhintergrunds,   b) ein
allgemeiner Ablaufplan,   c) eine auf den Taschenrechner bezogene Befehlsfolge und   d) ein Test-
lauf. Soweit es der Umfang des Werkes zuließ, habe ich mich bemüht, Programme nicht als „Fertig-
produkte" vorzustellen, sondern den zugehörigen Entwicklungsprozeß wenigstens teilweise mit
einzubeziehen.

Algorithmisches Denken braucht nicht am Material der „Höheren Mathematik" eingeübt zu werden:
Zum Verständnis von Teil I und vieler Fragestellungen aus Teil II reichen Mittelstufenkenntnisse
aus; bei manchen Beispielen wird der fachliche Hintergrund parallel zum Programm entwickelt.
Dadurch sind die angesprochenen Aspekte der Informatik auch Schülern der Sekundarstufe I
-- etwa ab Klasse 9 – zugänglich.

Karl Udo Bromm

Düsseldorf, im März 1979

Inhaltsverzeichnis

Teil I Grundlagen

1 Steuerung von Rechenabläufen durch Programme

1.1 Speichern und Abrufen von Befehlen

1.1.1 Einführendes Beispiel (Kugelvolumen)

Man betrachte die Aufgabe, den Inhalt einer Kugel aus ihrem Durchmesser zu bestimmen:

Kugel 1	Kinderballon	Durchmesser	d = 21 cm
Kugel 2	Fesselballon	Durchmesser	d = 13,5 m
Kugel 3	Erde	Durchmesser	d = 12 756 km

Um das Volumen der ersten Kugel zu berechnen, kann man in Anlehnung an die Formel

$$V = 4/3\,\pi\,r^3 \quad \text{mit} \quad r = d/2$$

etwa diese Tastenfolge wählen (Taschenrechner mit Algebraischer Logik, **AL**)

| 2 | 1 | ÷ | 2 | = | y^x | 3 | × | π | × | 4 | ÷ | 3 | = |

bzw. diese (TR mit Umgekehrter Polnischer Notation[1], **UPN**)

| 2 | 1 | ↑ | 2 | ÷ | 3 | y^x | π | × | 4 | × | 3 | ÷ |

Bei achtstelliger Anzeige lautet das Ergebnis 4849.0483 (cm^3).

1.1.2 Rechenvorgänge bei Algebraischer Logik (AL) und Umgekehrter Polnischer Notation (UPN)

Jeder Rechner hat eine acht- oder zehnstellige Leuchtanzeige, die den Inhalt des *Anzeigeregisters* oder *Haupt(rechen)registers,* kurz *x-Register* genannt, wiedergibt. Wenn man gemäß 1.1.1 die Zahl „2" eintastet, wird sie automatisch im Hauptregister gespeichert und angezeigt; durch die nachfolgende „1" wird die „2" dann eine Stelle nach links verschoben, so daß „21" entsteht. Weil man je nach Fabrikat noch sechs oder acht Ziffern nachdrücken lassen könnte, muß der Rechner ein Zeichen bekommen, daß die Zahl schon „komplett" ist.

AL Bei *Algebraischer Logik* geschieht dies durch die nachfolgende ÷ -Taste. Gleichzeitig wird die „21" in ein zweites Rechenregister, das *y-Register,* übertragen und in verschlüsselter Form der Vermerk „Dividend" beigefügt. Davon sieht man nichts, weil erst durch die anschließende Eingabe von „2" die „21" endgültig aus dem x-Register verdrängt wird. Jetzt bedarf es nur noch eines Anstoßes, um den Rechenvorgang ablaufen zu lassen; diesen liefert die = -Taste. Das Zwischenergebnis erscheint sofort in der Anzeige, durch den y^x-Befehl wird es ins y-Register kopiert und durch

---

[1] nach Lukasiewics, dem Begründer der „Warschauer Schule" der Logik, benannt.

die nachrückende „3" im x-Register abgelöst. Die Potenzierung wird nun nicht durch ein Gleichheitszeichen ausgelöst, sondern durch die $\boxed{\times}$-Taste. Die Rechner sind so konstruiert, daß in Kettenrechnungen die Grundrechenbefehle nicht abgeschlossene Rechnungen zu Ende bringen, bevor sie die eigene Operation vorbereiten. Entsprechend wird durch die nächste $\boxed{\times}$-Taste sowohl die Multiplikation mit π abgeschlossen als auch die mit „4" vorbereitet usw.

UPN   Bei *Umgekehrter Polnischer Notation* beendet die *Entertaste* die erste Eingabe und überträgt die „21" ins *y-Register,* anschließend verdrängt die „2" die „21" aus dem x-Register; im Unterschied zur algebraischen Rechnerlogik ist die Operation jetzt noch völlig offen, sie wird erst durch den *nachfolgenden* Divisionsbefehl eindeutig festgelegt und bis zur Anzeige des Ergebnisses durchgeführt.

Auch die Potenzierung verläuft nach dieser Methode: Mit Eingabe der „3" wird das Zwischenergebnis 10.5 gleichzeitig nach Register y verschoben (nur beim erstenmal war dazu die Entertaste notwendig), und mit der y^x-Taste wird das nächste Zwischenergebnis abgerufen, nämlich „10.5 hoch 3" bzw. 1157.625. Die restlichen Rechnungen erklären sich analog.

Außer den Registern „x" und „y" besitzen die Rechner noch weitere Hilfsregister zur Aufbewahrung von Zwischenergebnissen, wie sie z.B. beim Gebrauch von Klammern notwendig werden; eingehenderes hierzu und zu Fragen der Rechnerlogik findet man in den Firmenhandbüchern von hp und TI[1] und in den Abschnitten B2 und B3 von [1].

1.1.3 Arbeitsweise des Programmierbaren Taschenrechners (PTR)

Das Volumen der zweiten und dritten Kugel erhält man mit Tastenfolgen, die sich nur durch die anfangs einzugebende Zahl unterscheiden; man stelle sich vor, wie langweilig und tippfehleranfällig sich die Berechnung von 10 oder gar 100 Kugelinhalten gestalten würde!

In solchen Situationen kann man mit einem *programmierbaren* Taschenrechner die Durchführung der Rechnungen erheblich vereinfachen. *Programmierbar* bedeutet einfach, daß man die sich stets wiederholende Befehlsfolge nicht jedesmal neu eintippen muß, sondern nur *einmal* als *Programm* in den dafür vorgesehenen *Programmspeicher* oder *Befehlsspeicher* lädt. Dabei werden die einzelnen Reihenfolge, in der sie eingegeben werden: Später kann man die gesamte Rechenfolge durch Betätigung einer einzigen Taste beliebig oft auslösen; der Vorgang ist insofern mit Aufnahme und Wiedergabe beim Tonbandgerät vergleichbar.

Natürlich muß man der Maschine *vor* dem Eintasten der Befehlsfolge mitteilen, ob die Befehle unmittelbar ausgeführt oder nur gespeichert werden sollen; man muß beim PTR *drei Betriebsarten* genau voneinander unterscheiden:

1. *Rechnen*   „handgesteuertes Rechnen", wie beim gewöhnlichen Taschenrechner
2. *Programmaufnahme*   Abspeichern von Befehlen in den Programmspeicher
3. *Programmdurchführung*   „programmgesteuertes Rechnen", d.h. die Rechnungen verlaufen gemäß einer im Programmspeicher befindlichen Befehlsfolge; der Benutzer hat — vorübergehend — das Steuer aus der Hand gegeben

Zwecks Programmaufnahme hat man lediglich einen Schiebeschalter auf die Stellung LOAD oder PRGM (Programm) zu bringen bzw. eine Taste mit der Aufschrift LRN (learn) zu drücken, dann gelangen die anschließend eingetasteten Befehle automatisch in den Programmspeicher.

---

[1] hp für „Hewlett Packard", TI für „Texas Instruments"

Zur *Abarbeitung* der gespeicherten Befehlsfolge betätigt man die Taste R/S, RUN oder START.
Daß Sie mit dem Programmspeicher verbunden werden, erkennen Sie am „Umspringen" der Anzeige
(zwei 2-ziffrige Zahlen dicht nebeneinander bzw. eine mehrstellige Zahl neben einer 2-ziffrigen).
Jene Ziffergruppe, die erkennbar um „1" aufstockt, sobald man einen Befehl eintastet, repräsen-
tiert den *Programmschrittzähler* oder *Adressenzeiger*. Der gesamte Programmspeicher ist in Einzel-
speicher unterteilt (49, 72, 100 oder mehr), die mit (0)00, (0)01, (0)02 usw. durchnumeriert sind.
Jede dieser Zellen kann mit einem Befehl belegt werden, wozu manchmal mehrere Tasten zu betätigen sind. Zahlen kann man auch dort unterbringen, allerdings nur eine Ziffer pro Zelle.

Die Ziffergruppe neben der Adresse ist der *Code* des jeweiligen Befehls, s. 5.2.1. Jeder Zelle entspricht im Programmablauf ein *Programmschritt* (Ps). Man beachte, daß einige Befehle sich über
zwei oder drei Programmschritte erstrecken.

Der Programmschrittzähler gibt in der Regel die Adresse derjenigen Befehlszelle an, mit der der Benutzer gerade verbunden ist; d.h. wenn man jetzt einen Befehl eintastet, wird er dort abgespeichert;
anschließend springt der Zähler auf die nächsthöhere Zahl weiter. Es gibt aber auch Rechner, bei
denen der Schrittzähler stets die Adresse des soeben belegten Speichers angibt, d.h. wenn jetzt ein
Befehl eingegeben wird, so ist er nicht unter der vorher sichtbaren Adresse, sondern unter der nach
dem Umspringen des Zählers sichtbar werdenden Adresse zu finden.

1.1.4 Durchführung der Aufgabe am PTR

Man stellt zunächst den Schrittzähler auf Null, was beim Einschalten des Rechners automatisch
geschieht und sonst durch die Tasten

| GTO | 0 | 0 | oder | RST | (*to reset,* zurücksetzen)

Dann schiebt man den Schalter auf LOAD oder betätigt die LRN-Taste und ist mit der ersten Zelle
des Befehlsspeichers verbunden.

Da die Maßzahlen für den Durchmesser „d" beständig wechseln und erst zu Beginn des jeweiligen Programmablaufs mitgeteilt werden können, setzt man an deren Stelle in der Programmaufnahme ein
„H (alt)" (HLT oder R/S), bevor man die übrigen Befehle eintippt (nach Eingabe des letzten Befehls
auf RUN schieben bzw. erneut LRN-Taste betätigen und Schrittzähler auf Null setzen)

AL | H | ÷ | 2 | = | y^x | 3 | X | π | X | 4 | ÷ | 3 | = | RST |

UPN | H | ↑ | 2 | ÷ | 3 | y^x | π | X | 4 | X | 3 | ÷ | GTO | 0 | 0 |

Der Rechner wird also beim Programmablauf (Start durch RUN- oder R/S-Taste) in Ausführung des
ersten Befehls anhalten, damit der Benutzer den jeweils aktuellen Wert für „d" eingeben kann, um
dann auf ein erneutes Startzeichen hin die restlichen Befehle abzuarbeiten; der Abschlußbefehl wirkt
innerhalb des Programms genauso wie in der Betriebsart „Rechnen" und ermöglicht hier, daß man
das Ergebnis in Ruhe betrachten und anschließend sofort den nächsten Durchmesser eingeben kann!

(Kugel 2: 1288.2493 (m^3); Kugel 3: 1.0867813 12, d.h. rd. $1,087 \cdot 10^{12}$ (km^3)) .

Die R/S-Taste (RUN/STOP) verwirrt anfangs etwas, weil sie bis zu 3 verschiedene Funktionen haben
kann: Bei der Programmaufnahme markiert sie jene Stellen, an denen der Computer während des
Programmablaufs solange anhalten soll (STOP), bis er mit eben jener Taste — jetzt in der Betriebsart
„Handsteuerung" — den Befehl zum Weiterlaufen (RUN) erhält; außerdem kann man bei einigen
Rechnern den Programmablauf mit dieser Taste per Hand unterbrechen! (Wir vereinbaren die Be-
zeichnung H für die erste Funktion.)

Im Kapitel 5 wird das Programm noch erheblich vereinfacht (optimiert); hier soll noch schnell gezeigt werden, wie man durch den Zusatz von nur zwei Befehlen auch die Masse von Kugeln berechnen kann:

AL | H | ÷ | 2 | = | y^x | 3 | × | π | × | 4 | ÷ | 3 | × | H | = | RST |

UPN | H | ↑ | 2 | ÷ | 3 | y^x | π | × | 4 | × | 3 | ÷ | H | × | GTO | 0 | 0 |

Anleitung: Beim zweiten „H" die Dichte des Kugelmaterials eingeben und erneut starten!

Testbeispiele: Styropor   0,017 g/cm^3; zu d = 1,5 m gehört M = 30 kg

Gold   19,3   g/cm^3; zu d = 0,25 m gehört M = 157,9 kg

Weitere Übung: Programm zur Berechnung von Tageszinsen (Lösung im Anhang).

1.1.5 Vergleich der Kapazität von Programmspeichern
(ohne Anspruch auf Vollständigkeit)

Firma	Typ	Anzahl der Programmschritte
Commodore	PR-100	72[1]
National Semiconductor	Novus 4515, 4525 PR, 4615	100
Hewlett-Packard	hp 25, 25 C, 33 E	49
	hp 19 C, 29 C	98
	hp 67, 97	224
Privileg (Quelle)	PR 56 D-NC	72
Santron	626	72
	Santronic 600 PM	102
Sanyo	CZ-0911 PG	100
Texas Instruments	SR-52	224
	SR-56	100
	TI-57	50
	TI-58	bis 480[2]
	TI-59	bis 960[2]

Diese Zahlen kann man aber nicht ohne weiteres vergleichen, man muß vielmehr prüfen, ob die *Zweitfunktionstaste* eine eigene Programmzelle beansprucht oder nicht und ob „GTO, 0, 0" ein, zwei oder gar drei Ps erfordert und wieviel Platz eine *Zahlenspeicherung* verlangt, s. 1.2.2.

1.2 Funktion der Zahlenspeicher

1.2.1 Einführendes Beispiel (Dreiecksflächen)

Zur Berechnung der Fläche eines Dreiecks kann man die *Heronsche Formel*

$$\sqrt{s \cdot (s - a) \cdot (s - b) \cdot (s - c)}$$

verwenden, wobei „s" eine Hilfsgröße ist, die man gemäß s = 0,5 · (a + b + c) erhält.

---

[1] wesensgleich mit Quelle Privileg PR 57 D-NC   [2] s. Anmerkung 1.2.5

In der Betriebsart „Rechnen" fällt viel Tipparbeit an; die Vorteile der Programmierung werden hier besonders deutlich: Es müßte genügen, wenn man dem Computer die Längen der Seiten a, b, c mitteilt! Diese Eingabe gelingt jedoch nicht über ein dreimaliges H, weil die Werte a, b, c mehrmals im Verlaufe der Rechnung benötigt werden; in dieser Situation machen wir von der Möglichkeit Gebrauch, Zahlen *abzuspeichern.*

1.2.2 Vorgänge im Rechner beim Abspeichern und Zurückrufen von Zahlen

Jeder PTR besitzt eine Anzahl von *Zahlenspeichern,* über die der Benutzer jederzeit frei verfügen kann im Gegensatz zu den Registern „x", „y" usw., die ja laufend bei den Rechenvorgängen von der Maschine belegt werden.

Die Speicher sind mit 0, 1, 2, 3, ... oder 00, 01, 02, 03, ... durchnumeriert, d.h. jedem Speicher ist eine 1- oder 2-stellige *Adresse* zugeordnet.

Indem man dieser Adresse den STO- oder M-Befehl voranstellt, wird die gerade im x-Register befindliche Zahl dorthin abgespeichert (STO von *to store up,* einlagern; M von *memory).*

Will man umgekehrt z.B. die in Speicher (0)4 befindliche Zahl ins Hauptregister zurückhaben, befiehlt man RCL (0)4 bzw. MR 4 (RCL von *to recall;* MR von *memory recovery,* Gedächtniswiedererlangung).

Beide Befehle können sowohl innerhalb eines Programms als auch manuell ausgeführt werden.

Wir vereinbaren die Symbole S und R für das Speichern und Rückrufen von Zahlen.

Wichtig ist noch, daß durch den S-Befehl die Zahl nicht aus dem x-Register und durch den R-Befehl die Zahl nicht aus dem Speicher entfernt wird, sondern lediglich Duplikate erzeugt und an die anderen Stellen gebracht werden; der Inhalt eines Zahlenspeichers kann nur durch spezielle Löschbefehle (s. Bedienungsanleitung) oder durch eine Neubelegung verändert werden (Löschen bedeutet bei Zahlenspeichern immer eine Belegung mit Null).

Die Anzahl der für eine Speicherung benötigten Programmschritte hängt vom Rechnertyp ab:

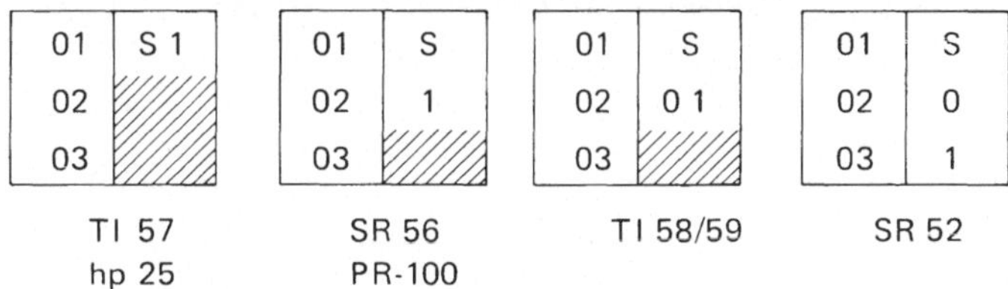

01	S 1
02	
03	

TI 57
hp 25

01	S
02	1
03	

SR 56
PR-100

01	S
02	0 1
03	

TI 58/59

01	S
02	0
03	1

SR 52

1.2.3 Programmierung in AL und UPN

Vorbemerkungen: Hier und im folgenden werden die PTR-Programme Schritt für Schritt *untereinander* erstellt; in der linken Spalte sind die Adressen der Programmzellen vermerkt, in der mittleren Spalte sind die Kürzel der Befehle aufgeführt, die den Inhalt der jeweiligen Zelle ausmachen und in der rechten Spalte befinden sich Andeutungen eines Kommentars (Hinweise auf Speicherbelegungen u.a.).

Es sei ausdrücklich betont, daß die Vorschläge nicht die kürzesten Möglichkeiten darstellen, es wurde vielmehr darauf Wert gelegt, daß in der Aufeinanderfolge der Befehle der ursprüngliche planerische Ansatz erkennbar blieb!

Im vorliegenden Fall wurde die Richtigkeit der Befehlsfolgen mit dem TI-57 bzw. hp 25 überprüft; bei anderen Rechnern werden sich in der Regel nur die Adressen der Befehle ändern, was beim Studium der ausführlich gehaltenen Kommentare zu beachten ist.

Adr.	Befehl	Komm.
00	H	
01	S1	a
02	H	
03	S2	b
04	H	
05	S3	c
06	(	
07	R1	a
08	+	
09	R2	b
10	+	
11	R3	c
12	)	a+b+c
13	:	
14	2	
15	=	s
16	S4	
17	x	
18	(	
19	R4	s
20	−	
21	R1	a
22	)	s−a
23	x	
24	(	
25	R4	s
26	−	
27	R2	b
28	)	s−b
29	x	
30	(	
31	R4	s
32	−	
33	R3	c
34	)	s−c
35	=	Prod.
36	$\sqrt{}$	Erg.
37	RST	

AL

Nachdem die Befehlsfolge in den Programmspeicher gebracht und der Ablauf gestartet wurde, nutzt man das erste Halt, um die Maßzahl für die Länge der Seite a einzugeben; ist das geschehen, gibt man durch die R/S-Taste den Befehl zur Fortsetzung des Programmablaufs. Die im Anzeigeregister befindliche Zahl, also a, wird in den Speicher 1 gebracht, und dann hält die Maschine erneut an, weil im Befehlsregister 02 ein neuer Haltbefehl steht. Man tastet den Wert von b ein, betätigt wiederum die R/S-Taste, worauf b nach Speicher 2 verlegt wird und der Computer ein drittesmal anhält, damit c eingegeben und nach Speicher 3 gebracht werden kann; dann beginnt die Berechnung von s. Die Klammerbefehle auf den Zellen 06 und 12 bewirken, daß die Summe $a + b + c$ fertig im Hauptregister steht, bevor die Division durch 2 erfolgt. Mit dem Befehl RCL 1 auf Zeile 07 wird a ins Anzeigeregister zurückgeholt, durch den Befehl mit der Adresse 08 ins Rechenregister y kopiert und gleichzeitig eine Addition vorbereitet, die dann nach dem Rückruf von b ins x-Register durch das „+" von Zelle 10 vollendet wird; die Addition von c wird durch den Klammerbefehl gemäß 12 ausgelöst. Der Zwischenwert s wird im Speicher 4 aufbewahrt; da er außerdem noch im x-Register vorhanden ist, kann man die Multiplikation $s \cdot (s - a)$ schon bei Adresse 17 vorbereiten, sie ist mit dem 24. Schritt durchgeführt. Außer den Rechenregistern x und y verwendet der Rechner hierbei noch ein weiteres Register zur vorübergehenden Aufbewahrung von „s", weil das x-Register ja für die vorher zu erledigende Subtraktion $s - a$ benötigt wird. Das Gleichheitszeichen unter der Adresse 35 schließt die Multiplikation $s(s-a)(s-b)(s-c)$ ab.

00	*H*	
01	*S1*	a
02	*H*	
03	*S2*	b
04	*H*	
05	*S3*	c
06	*R1*	
07	*R2*	
08	*+*	a+b
09	*R3*	c
10	*+*	a+b+c
11	*0*	
12	*.*	
13	*5*	
14	*×*	$\dfrac{a+b+c}{2}$
15	*S4*	
16	*↑*	
17	*R4*	s
18	*R1*	a
19	*−*	s−a
20	*×*	s (s−a)
21	*↑*	
22	*R4*	s
23	*R2*	b
24	*−*	s−b
25	*×*	s (s−a)
26	*↑*	·(s−b)
27	*R4*	s
28	*R3*	c
29	*−*	s−c
30	*×*	s (s−a)
31	*√*	·(s−b) (s−c)
32	*GTO 00*	Ergebnis

UPN

Nachdem man die Maßzahl für die Seite a eingegeben hat, gibt man dem Rechner durch Betätigung der Starttaste zu verstehen, daß die erste Zahleneingabe beendet ist und der Haltbefehl von 00 nicht länger befolgt werden soll. Daraufhin bringt der Rechner die Zahl auf Speicher 1.

Unter der Adresse 02 befindet sich der nächste Haltbefehl, wir nutzen ihn, um den Wert von b einzutasten, worauf „b" nach Speicher 2 verlegt wird und der Computer ein drittesmal anhält, damit c eingegeben und nach Speicher 3 transportiert werden kann, dann beginnt die Berechnung von s. Hierzu werden zunächst die Inhalte der Speicher 1 und 2 in die Rechenregister zurückgerufen und anschließend durch den Befehl auf 08 additiv verknüpft, dann wird c zurückgeholt und zum Zwischenergebnis hinzugezählt, dieses wird mit der Zahl 0,5 multipliziert und dann nach Speicher 4 gebracht. Durch den darauf folgenden Enterbefehl unter der Adresse 16 wird die Zahl s außerdem in ein Hilfsregister namens z geschoben,[1] denn die Rechenregister x und y werden jetzt dazu gebraucht, die Subtraktion s − a durchzuführen; der diesen Vorgang auslösende Befehl auf Zeile 19 bewirkt außerdem, daß der Zwischenwert s aus dem Register z ins y-Register zurückgeholt wird, so daß durch den anschließenden Multiplikationsbefehl das Produkt von s und s − a gebildet werden kann, welches durch den Enterbefehl auf 21 sofort ins z-Register geschafft wird, um der Subtraktion s − b Platz zu machen usw.

1.2.4 Testbeispiele

a = 3 cm, b = 4 cm, c = 5 cm (rechtwinkliges Dreieck!) ergibt 6 cm^2; a = b = c = 1 cm (gleichseitiges Dreieck!) liefert 0,4330127 cm^2 ($\sqrt{3}/4$). Aber genauso schnell erhält man zu
a = 5,3621492 cm, b = 7,0405769 cm, c = 11,820853 cm das Ergebnis 10,982457 cm^2.

Man kann getrost annehmen, daß die letzte Flächenmaßzahl auch richtig ist, denn im Gegensatz zum menschlichen Rechner wird ein Computer, wenn er bei einem bestimmten Aufgabentyp einmal eine richtige Lösung geliefert hat, immer die richtige Lösung liefern, bei „krummen" Zahlen genauso wie bei „glatten" Zahlen.

---

[1] Alle Register liegen sozusagen übereinander gestapelt („Stack-Technik"), s. B 3.2 in [1].

1.2.5 Vergleich der Kapazität von Zahlenspeichern

(ohne Anspruch auf Vollständigkeit)

Firma	Typ	Anzahl der adressierbaren Speicher
Commodore	PR-100	10
National Semiconductor	Novus 4515, 4525 PR, 4615	1
Hewlett-Packard	hp 25, 25 C, 33 E	8
	hp 19 C, 29 C	30
	hp 67, 97	26
Privileg (Quelle)	PR 56 D-NC	10
Santron	626	10
	Santronic 600 PM	1
Sanyo	CZ-0911 PG	10
Texas Instruments	SR 52	20
	SR 56	10
	TI 57	8
	TI 58	bis 60
	TI 59	bis 100

Beim TI 58/59 kann der Benutzer innerhalb gewisser Grenzen den Gesamtspeicherraum in zwei
Teilbereiche für Befehle und Zahlen aufteilen.

1.3 Saldierende Speicher, Klammern und algebraische Hierarchie

1.3.1 Einführendes Beispiel (Werte quadratischer Funktionen)

Der Term $ax^2 + bx + c$ liefert nach Vorgabe der a, b, c und des jeweiligen x die zugehörigen Funktionswerte; die Konstanten kann man vor Programmablauf manuell, x per Programmbefehl abspeichern.

1.3.2 Rechnerlogik und algebraische Hierarchie

AL-Rechner mit *Hierarchie* (dazu gehören alle Rechner von TI) erlauben insofern eine bequeme
Termprogrammierung, als Ausdrücke wie $ax^2 + bx + c$ einfach in der gegebenen Reihenfolge, also
von links nach rechts, in eine Befehlsfolge übersetzt werden können.

Das liegt daran, daß dem Rechner die Regel ,,Punktrechnung geht vor Strichrechnung'' bekannt ist
und er auch dem Quadrieren ,,Vorfahrt'' gegenüber dem Multiplizieren einräumt.

Hat der Rechner zwar AL-Logik, aber keine Vereinbarungen über die Rangfolge der Rechenopera-
tionen von der Fabrik aus mitbekommen (PR-100 u.a.), muß der Benutzer selbst auf die Einhaltung
der Regeln achten. So muß man z.B. $a \cdot x^n$ in $x^n \cdot a$ verwandeln, wie man anhand der Testfolge

$\boxed{2}\ \boxed{\times}\ \boxed{3}\ \boxed{y^x}\ \boxed{4}\ \boxed{=}\quad$ bzw. $\quad\boxed{3}\ \boxed{y^x}\ \boxed{4}\ \boxed{\times}\ \boxed{2}\ \boxed{=}$

schnell herausfindet; der Rechner führt eben alle Operationen der Reihe nach von links nach rechts
aus, gerade deshalb darf man einen Term wie $ax^2 + bx + c$ nicht ebenso eingeben!

Als Ausweg bietet sich an, entweder die Zwischenergebnisse abzuspeichern oder Klammern zu setzen, letzteres bedeutet eine automatische Abspeicherung im Hilfsregister, kostet jedoch 2 Ps pro Klammer.

UPN-Rechner kennen weder Klammer noch Hierarchie; wie schon unter 1.1.2 erörtert, wird jede Operation in der Weise ausgeführt, daß zuerst die beiden Zahlen auf die Register gebracht werden und dann durch den jeweiligen Rechenbefehl alles Erforderliche veranlaßt wird. Der *stack* bietet dabei weitgehend Ersatz für die o.a. Funktionen, nur in wenigen Fällen muß man zusätzlich Speicher adressieren.

1.3.3 Programmierungen in den unterschiedlichen Logiksystemen

Vorbemerkung: Wir werden von jetzt an *bei Bedarf* AL-Rechner mit Hierarchie **ALH**-Rechner nennen und AL-Rechner ohne Hierarchie **ALO**-Rechner.

00	H	
01	S	
02	4	x
03	R	
04	1	a
05	x	
06	R	
07	4	x
08	x^2	
09	+	
10	R	
11	2	b
12	x	
13	R	
14	4	x
15	+	
16	R	
17	3	c
18	=	Erg.
19	RST	

ALH

(Testrechner SR 56)

Durch den Befehl mit der Adresse 08 wird nicht etwa die Multiplikation a · x vollendet und das Ergebnis quadriert, sondern es wird lediglich der Inhalt von Speicher 4, also x mit sich selbst multipliziert; erst durch das anschließende „+" von 09 wird die Multiplikation, nunmehr a · x^2, abgeschlossen. Gleichzeitig wird ein Duplikat des Ergebnisses ins y-Register gebracht, um so die Addition vorzubereiten; diese wird aber durch das Malzeichen von 12 nicht ausgelöst, sondern vom Rechner nur vorgemerkt und gleichzeitig die a · x^2 entsprechende Zahl in einem Hilfsregister gespeichert, weil der Inhalt des Speichers 2 zwecks Multiplikation mit dem Inhalt des Speichers 4 ins y-Register muß. Das „+" unter Adresse 15 veranlaßt dann die Durchführung der Multiplikation b · x, bewirkt im Anschluß daran die Addition von ax^2 und bx, und bereitet außerdem noch die Addition von c vor, indem a · x^2 + b · x ins y-Register geschoben wird; durch das „Reset" von Ps 19 wird das Ergebnis sichtbar.

00	H	
01	S	
02	4	x
03	x	
04	=	x^2
05	x	
06	R	
07	1	a
08	+	ax^2
09	(	
10	R	
11	2	b
12	x	
13	R	
14	4	x
15	)	bx
16	+	
17	R	
18	3	c
19	=	
20	GOTO	Erg.
21	0	
22	0	

ALO-Version unter Benutzung von Klammern
(Testrechner PR-100)

Da der Rechner keine Quadriertaste besitzt, bedient man sich der *Konstantenautomatik*; vgl. hierzu A 3.2 in [1]. Durch den Multiplikationsbefehl der Adresse 03 wird der noch im x-Register befindliche x-Wert ins y-Register kopiert und durch das anschließende Gleichheitszeichen die Multiplikation x · x durchgeführt; es muß aber noch einmal betont werden, daß nur AL-Rechner mit Konstantenautomatik eine Aufeinanderfolge wie $\boxed{\times}\ \boxed{=}$ akzeptieren, andere Rechner reagieren darauf gar nicht oder mit Fehleranzeige!

00	H	
01	S	
02	4	x
03	x^2	x^2
04	x	
05	R	
06	1	a
07	=	
08	S	
09	5	ax^2
10	R	
11	2	b
12	x	
13	R	
14	4	x
15	=	bx
16	M+	
17	5	
18	R	
19	3	c
20	M+	
21	5	
22	R	
23	5	Erg.
24	GOTO	
25	0	
26	0	

ALO-Version unter Benutzung eines saldierenden Speichers
(Testrechner PR 56 D-NC)

Da keine Klammern gesetzt werden, müssen die Zwischenergebnisse ax^2 und bx in Speicher gebracht werden, dies ist unter den Adressen 8, 9 und 16, 17 bzw. 20, 21 auf unterschiedliche Weise arrangiert worden. Im ersten Fall speichern wir wie gehabt, d.h. der alte Speicherinhalt wird durch die abzuspeichernde Zahl verdrängt. Im zweiten Fall wird dagegen der Inhalt von Speicher 5 nicht ausgelöscht, sondern *die einzugebende Zahl wird zum Inhalt des Speichers hinzuaddiert!*

Entsprechend wirkt der Befehl M+, 5 aus den Registern 20, 21; hierdurch wird c zu dem bereits im Speicher 5 befindlichen ax^2 + bx addiert. Andere Rechner verwenden die Tastenaufschrift SUM anstelle von M+ oder die beiden Tasten STO, +. Wenn man auf die beschriebene Weise in einen Speicher hineinaddieren (subtrahieren, multiplizieren, dividieren) kann, spricht man vom *saldierenden* oder *rechnenden Speicher* oder von *Speicherarithmetik*.

Wir verwenden später in der Regel die Symbole SUM und PROD für die Speicheraddition bzw. -multiplikation.

00	*H*	
01	*S4*	x
02	*x²*	
03	*R1*	a
04	*x*	ax²
05	*↑*	
06	*R2*	b
07	*R4*	x
08	*x*	bx
09	*+*	
10	*R3*	c
11	*+*	Erg.
12	*GOT 00*	

UPN

(Testrechner hp 25)

Der eingetastete x-Wert wird nach Speicher 4 übertragen und anschließend noch im Anzeigeregister quadriert. Nach Rückruf von a stellt der Multiplikationsbefehl bei 04 den Wert von $a \cdot x^2$ bereit, der dann durch den Enterbefehl ins Hilfsregister z geschafft wird, damit in den Rechenregistern x und y die Multiplikation $b \cdot x$ durchgeführt werden kann (08), deren Ergebnis durch den folgenden Befehl additiv mit $a\,x^2$ verknüpft wird, worauf sich die Addition von c anschließt.

1.3.4 Testbeispiel (a = 3, b = − 4, c = 5)

x	Fkt. Wert
0	5
1	4
− 1	12
7	124
1.0783518	4.1751206
− 378.54329	428375.89

1.4 Zusammenfassung der Vorgänge

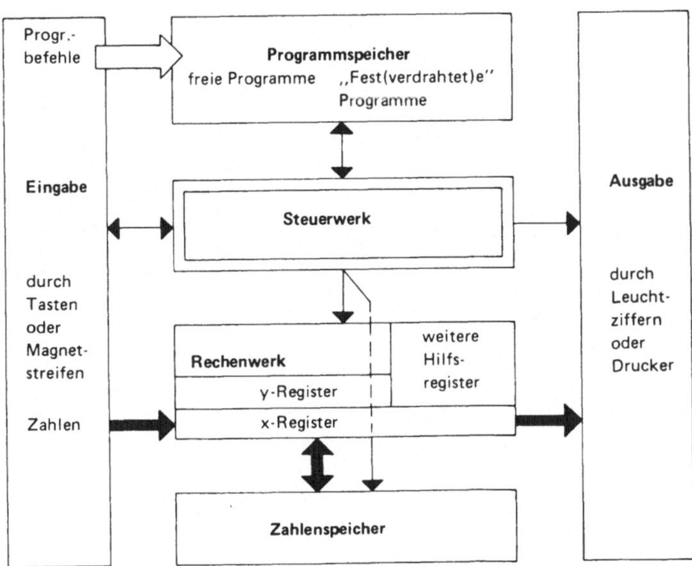

Die verschiedenartigen Pfeile in der Skizze kennzeichnen die möglichen Wege für Zahlen; Programmbefehle und *Steueranweisungen* innerhalb des Rechners.

Das *Steuerwerk* bewirkt das organisatorische Zusammenspiel der einzelnen Bestandteile des Computers, sorgt also z.B. dafür, daß die Zahlen auf die richtigen Speicher gebracht werden, daß die im x- und y-Register befindlichen Operanden unserem Wunsch entsprechend verknüpft werden, daß an der richtigen Stelle zum richtigen Zeitpunkt der Sinus oder der Logarithmus gebildet wird u.a.m.

Hierbei ist der Verfahrensablauf für die vier Grundrechenarten im *Rechenwerk* verankert, während die vielen komplizierten Funktionen unter Einbeziehung sog. festverdrahteter Programme (*Subroutinen*, s. Anhang) ermöglicht werden. Letztere stehen nach dem Einschalten sofort zur Verfügung, während die von uns — sich immer wieder ändernden — in den freien Teil des Programmspeichers eingetasteten Programme mit Ausschalten des Rechners aus der Maschine verschwinden (von Spezialfabrikaten wie hp 25C, 19C, 29C — Continuous memory — abgesehen).

Interessant ist auch die Verwendung vorfabrizierter Programme eines bestimmten Themenkreises wie z.B. „Nautik" oder „Statistik" durch Einschub eines *Moduls* (TI 58/59) sowie die Möglichkeit, eigene Programme auf einem Magnetstreifen zu konservieren, um sie von dort bequem wieder einlesen zu können (TI 59, hp 67).

1.5 Übungsaufgaben

a) Das Volumen V_t eines Gases, welches bei t Grad Celsius und p mm Quecksilbersäule gemessen wurde, soll auf den sogenannten Normalzustand, d.h. auf $0°$ und 760 mm umgerechnet werden nach der Formel

$$V_0 = V_t \cdot \frac{p}{760} \cdot \frac{273}{(273 + t)}.$$

b) Entwerfen Sie ein Programm, welches den Gesamtwiderstand R_g berechnet, wenn man R_1, R_2 und R_3 eingibt:

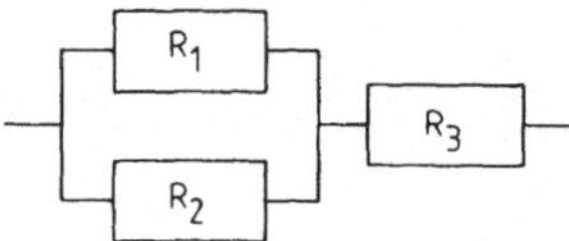

2 Programmablaufpläne mit Verzweigungen

2.1 Algorithmen und ihre Darstellungsformen

Die bisherigen Beispiele waren recht einfach, deshalb konnte man sie direkt in die Sprache des PTR übersetzen. Bei umfangreicheren Fragestellungen sind Aufeinanderfolge und Art der durchzuführenden Einzelrechnungen — der fertige Plan dafür wird auch *Algorithmus* genannt — nicht immer von vornherein klar; daraus erwachsen dann zwei Aufgaben:

Erstens muß man zum gegebenen Problem einen passenden Algorithmus finden,

zweitens muß man den Algorithmus in die dem Taschenrechner verständlichen Befehlsfolgen umsetzen, das nennt man auch *codieren.*

Die PTR-Befehlsfolge stellt dann nur die Endstufe einer Entwicklung dar, die mit einer genauen Beschreibung des gestellten Problems beginnt; nehmen Sie als Beispiel dazu etwa die Aufgabe, alle Primzahlen zwischen zwei vorher einzugebenden Grenzen zu bestimmen (7.4).

Zur Entwicklung und Übersetzung von umfangreichen Algorithmen haben sich die Informatiker verschiedene Hilfen ausgedacht wie

zeichnerische Veranschaulichungen von Ablaufplänen (*Flußdiagramme* und *Nassi-Shneiderman-Diagramme*[1]),

verbale Formen des Programmablaufs unter Verwendung genormter Sprachelemente wie *wenn-dann* (if-then); *wiederhole-bis* (repeat-until) u.a.

das *Prinzip der fortwährenden Verfeinerung* (stepwise refinement).

Ablaufpläne dieser Art sollen schon an den einfachen Beispielen der ersten Kapitel *eingeübt* werden, damit sie im zweiten Teil des Buches *angewandt* werden können; das zuletzt genannte Prinzip kann verständlicherweise nur an umfassenderen Aufgabenstellungen demonstriert werden (vgl. 6.2; 7.1).

Welchen der genannten Hilfsmitteln im einzelnen der Vorzug zu geben ist, läßt sich generell nicht entscheiden; ein allgemeiner Ablaufplan vor Zusammenstellung der PTR-Befehlsfolge ist jedoch in jedem Fall nützlich und bei umfangreicheren Programmen sogar notwendig.

2.1.1 Ablaufplan in Verbaler Notation (VN), als Flußdiagramm (FD) und als Nassi-Shneiderman-Diagramm (NSD)

Demonstrationsbeispiel: Heronsche Dreiecksberechnung

VN

Anfang des Programms

1. Die drei Seitenlängen sind **einzugeben** und auf drei Speicher namens a, b, c zu schaffen
2. Die Summe der drei Zahlen ist zu halbieren und auf einen Speicher namens s zu bringen
3. Es muß das Produkt s (s − a) (s − b) (s − c) gebildet und daraus die Wurzel gezogen werden und
4. dieser Wert ist **auszugeben**

Ende des Programms

---

[1] I. Nassi und B. Shneiderman in *Sigplan Notices,* August 73, New York

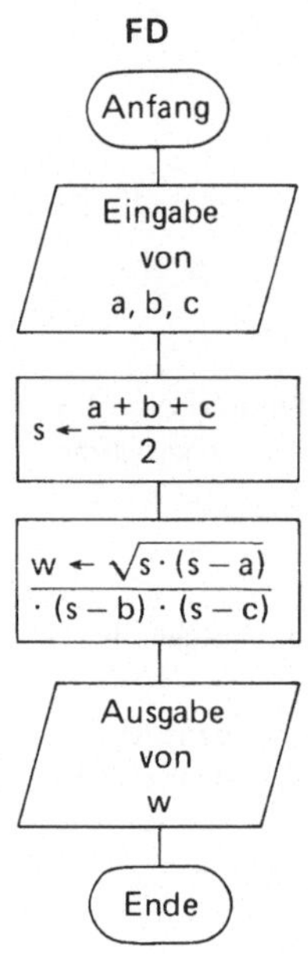

FD

NSD

Anfang des Programms Eingabe der Seiten a, b, c
$s \leftarrow \dfrac{a + b + c}{2}$
$w \leftarrow \sqrt{s \cdot (s - a) \cdot (s - b) \cdot (s - c)}$
Ausgabe von w Ende des Programms

Man beachte die hervorgehobenen *Schlüssel-worte* der VN; die Besonderheiten des NSD werden sich erst bei *Abfragen* und *Wieder-holungen* herausstellen.

2.1.2 Anmerkungen zum Flußdiagramm

Grenzstelle

Ovale wie diese werden zur Kennzeichnung von Anfang und Ende von Programmen und Programmteilen benutzt.

Eingabe / Ausgabe

Parallelogramme werden jedesmal dann verwandt, wenn der Benutzer den Dialog mit der Maschine braucht, z.B. um der Maschine irgendwelche Daten (Zahlen) mitzuteilen oder von der Maschine Ergebnisse zu erhalten. So wird in Beispiel 2.1.1 im ersten Parallelogramm die Eingabe dreier Zahlen auf drei Speicher namens a, b, c vorgesehen und im zweiten Parallelogramm das auf Speicher w befindliche Endergebnis ausgegeben.

Der Einfachheit halber benutzen wir hier die Buchstaben a, b, c sowohl als Bezeichnung für die drei Seiten(-Längen) (sog. Parameter) als auch zur Benennung der drei Speicher; solange die Maß-zahlen der Dreiecksseiten a, b, c nicht aus den Speichern namens a, b, c verdrängt werden, kann das nicht zu Verwirrungen führen und ist andererseits geeignet, die enge begriffliche Verbindung zwischen dem *Platzhalter* aus der Algebra und dem *Zahlenspeicher* einer Datenverarbeitungsanlage aufzuzeigen!

Verarbeitung

Damit werden Operationen eingerahmt, die vom Programm her gesteuert werden; beim Rechteck sind also im Gegensatz zum Parallelogramm keine handgesteuerten Eingriffe möglich.

2.1.3 Zuweisung

Der Pfeil in den Diagrammen besagt, daß zuerst der rechtsstehende Ausdruck berechnet wird, d.h.
die Inhalte der Speicher a, b, c addiert werden und die Hälfte dieses Wertes einem Speicher namens s
zugewiesen wird. Ähnlich wird im zweiten Rechteck der Wert des rechtsstehenden Terms einem
Speicher namens w zugewiesen.

In einigen Büchern findet man das Symbol : = anstelle von ←, was den Sachverhalt auch gut kennzeichnet, wenn man bedenkt, daß bei Definitionen wie $x^{-n} := 1/x^n$ oder $\sin \beta := b/c$ dem Links-
stehenden die Bedeutung des Rechtsstehenden zugewiesen wird.

Zuweisungen können auch von Hand erfolgen, man unterscheide daher streng zwischen

der *Eingabe* der „drei"   und der Erzeugung einer
mit anschließender $t \leftarrow 3$ „drei" in der *Verarbeitung*, $t \leftarrow 3$
Abspeicherung nach t   also während des Pro-
        grammablaufs, mit anschließender
        Unterbringung in t

2.2 Die „wenn-dann"-Verzweigung

2.2.1 Einführendes Beispiel (Dreisatz)

Die bisher dargestellten Programme verliefen alle *linear* (gradlinig), das folgende ist nicht mehr
linear, weil es eine *Verzweigung* enthält. Erinnern Sie Sich noch an den „Dreisatz"? An die 8 kg
Zucker, deren Preis Sie vorhersagen sollten, weil bekanntermaßen 6 kg Zucker 12 Mark kosteten?
Oder an die 6 Arbeiter, die in 12 Tagen einen bestimmten Graben ausheben sollten, aber früher
fertig wurden, weil sie 2 Mann Verstärkung erhielten?

Solche Aufgaben sind stets nach einem der beiden folgenden Muster gestrickt: (a, b, c gegeben;
x gesucht)

direkter   a ——— b   **indirekter**   a ——— b
Dreisatz   1 ——— b/a   **Dreisatz**   1 ——— b·a

(proportionale $x - \dfrac{b}{a} \cdot c$ (antiproportionale $x - \dfrac{b \cdot a}{c}$
Zuordnung)   Zuordnung)

Die Verzweigung entsteht dadurch, daß wir beide Fälle in *einem* Programm erfassen, also je nach
Ausgangssituation

$$x = b \cdot \frac{c}{a} \qquad \text{oder} \qquad x = b \cdot \frac{a}{c}$$

rechnen lassen.

2.2.2 Allgemeiner Ablaufplan

VN

Anfang des Programms

1. *Eingabe* der a, b, c entsprechenden Zahlen auf drei gleichnamige Speicher und Mitteilung, ob der
   direkte oder indirekte Fall vorliegt.

2. Bildung des Quotienten c/a und dessen Abspeicherung auf s
3. *Wenn* der indirekte Dreisatz in Frage kommt,
4. *dann* 1/s an die Stelle von s setzen
5. b mit s multiplizieren   und
6. *ausgeben*

Ende des Programms

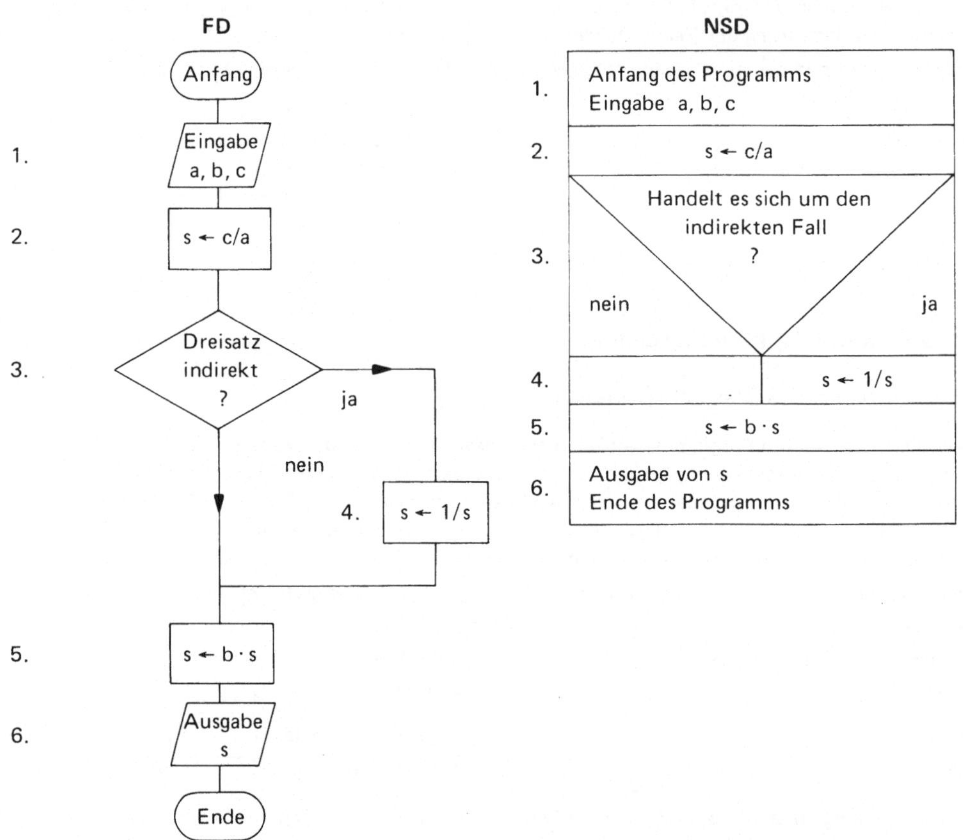

2.2.3 Charakterisierung der „wenn-dann"-Verzweigung

Losgelöst vom Beispiel wird die Verzweigung immer so dargestellt:

Programmschritte vor der Verzweigung .....

— —

Wenn Bedingung A erfüllt ist, **dann** Anweisungen B_1, B_2 usw. ausführen

— —

Programmschritte nach der Verzweigung .....
(Hier wird das Programm fortgesetzt, unabhängig davon, ob die Bedingung erfüllt war oder nicht.)

2.2.4 Möglichkeiten logischer Entscheidung beim PTR

Eine Verzweigung macht eine *Abfrage* zur Überprüfung der gestellten Bedingung nötig; manche sprechen auch davon, daß der Computer an der betreffenden Stelle eine *logische Entscheidung* zu treffen habe.

Im Hinblick auf Anzahl und Art der möglichen logischen Entscheidungen könnte man die PTR in drei Klassen einteilen:

I Der Rechner gestattet nur eine einzige Abfrage, nämlich die, ob die im Anzeigeregister befindliche Zahl negativ ist. Erkennungsmerkmal ist die Skiptaste (SKP ($-$)).

II Der Rechner kann zwei Zahlen, die sich im x-Register und einem weiteren Register (y oder t) befinden, daraufhin überprüfen, ob sie gleich sind, oder ob die in x befindliche Zahl größer oder mindestens gleich der anderen Zahl ist; außerdem sind die dazu gehörigen umgekehrten Abfragen möglich, also, ob die Zahlen ungleich sind bzw. ob die erste kleiner als die zweite ist. Indem man das zweite Register mit Null belegt, kann man die im Anzeigeregister befindliche Zahl daraufhin überprüfen, ob sie Null, ob sie größer gleich Null, ob sie ungleich Null, ob sie kleiner als Null ist. Man erkennt solche Rechner an Tastenaufschriften wie $x = y$, $x \geqslant y$, $x = t$, $x \geqslant t$, if zro (zero)[1], if pos (itiv).

III Wie in Klasse II, jedoch zusätzlich die Möglichkeit, *flags* zu setzen, d.h. außerhalb der Rechenregister bestimmte Zeichen zu setzen, manuell oder als Programmbefehl, von denen an bestimmten Stellen des Programmablaufs der einzuschlagende Weg abhängt (*flag*, Flagge im Sinne von Signal).

---

[1] Wegen $x = y \Leftrightarrow x - y = 0$ ist die Abfrage, ob zwei Zahlen gleich sind, gleichwertig mit der Abfrage, ob deren Differenz Null ist!

2.2.5 PTR-Übersetzungen

Nr.	I		II		III	
00	H	1	H	1	H	1
01	S		S1		S	
02	1		H		01	
03	H		S2		H	
04	S		H		S	
05	2		S3		02	
06	H		R3	2	H	
07	S		:		S	
08	3		R1		03	
09	R	2	=		R	2
10	3		S4		03	
11	:		×⇄t	3	:	
12	R		GTO ①		R	
13	1		R4	4	01	
14	=		1/x		=	
15	S		S4		S	
16	4		LBL ①	5	04	
17	SKP	3	R2		INV	3
18	GTO		x		if flag	
19	2		R4		1	
20	7		=		Ⓐ	
21	R	4	S4		R	4
22	4		R4	6	04	
23	F		RST		1/x	
24	1/x				S	
25	S		(TI 57)		04	
26	4				LBL	5
27	R	5			Ⓐ	
28	2				R	
29	x				02	
30	R				x	
31	4				R	
32	=				04	
33	S				=	
34	4				S	
35	R	6			04	
36	4				R	6
37	GTO				04	
38	0				RST	
39	0				(TI 58)	

(PR-100)

Erläuterungen:

Zu I Im Falle des indirekten Dreisatzes wird c negativ eingegeben. Der unter Adresse 17 befindliche Skipbefehl (*skip*, Sprung) veranlaßt den Rechner zu überprüfen, ob die gerade im Anzeigeregister vorhandene Zahl negativ ist. Wenn das zutrifft, überspringt er den GTO-Befehl und fährt bei Adresse 21 fort, andernfalls bei Adresse 18. Dort beginnt ein sogenannter *unbedingter Sprung,* der eine Verallgemeinerung des schon erläuterten Rücksprungs zum Programmanfang (s. Ps 37 bis 39) darstellt und sich von jenem nur durch die geänderte Adresse unterscheidet; er kann in anderen Programmen auch unabhängig vom Skip-Befehl eingesetzt werden. Der Skip-Befehl ist ein Beispiel für einen *bedingten Sprung,* da er nur bei einer negativen Zahl in der Anzeige wirksam wird. (Wenn dem SKP keine GTO-Anweisung folgt, wird nur 1 Ps übersprungen, vgl. 5.1.2.)

Ps 23 nimmt die *Vortaste* in Anspruch.

Zu II Im Falle des indirekten Dreisatzes wird c negativ eingegeben. In Ps 11 wird die im x-Register befindliche Zahl daraufhin überprüft, ob sie größer gleich Null ist. (Das *Vergleichsregister* t ist beim Testrechner identisch mit Speicher 7, bei den übrigen Texas-Rechnern ein unabhängiger Speicher und automatisch mit Null belegt, solange er nicht adressiert wurde.) Wenn die Frage zu bejahen ist, führt der Rechner Ps 12 aus, andernfalls überspringt er Ps 12 und fährt bei Ps 13 fort. Das Überspringen von Ps 12 ist ein Beispiel für einen *bedingten Sprung,* weil es vom negativen Vorzeichen in der Anzeige abhängig ist. Der Befehl „GTO 1'' stellt einen *unbedingten Sprung* dar, der auch außerhalb von Abfragen verwandt werden kann; „1'' meint das *Label* zu Beginn von Block 5.

Mit der LBL-Taste, gefolgt von einer Ziffer, kann man bis zu 10 verschiedene Stellen innerhalb des Programmspeichers besonders kennzeichnen (*label,* Etikett, Aufschrift), um sie dann mittels GTO anspringen zu können; man hat dabei den Vorteil, sich nicht um die *Sprungadresse* kümmern zu müssen, wie z.B. beim hp 25

10	$x \geqslant 0$
11	GTO 17

oder SR 56

17	$x \geqslant t$
18	2
19	5

(Man beachte im letzten Fall das fehlende GTO!)

Zu III Im Falle des indirekten Dreisatzes betätigt man vor Programmablauf die Tasten „St flg; 1'' (set flag 1).

Wenn der Computer im Programmablauf bei Block 3 angelangt ist, erhält er die Anweisung: „Wenn flag 1 *nicht* gesetzt ist[1], springe zum Label A''. Unter einem *Label* (engl. f. Etikett, Aufschrift) versteht man die *Markierung* einer Stelle im Programmspeicher durch die LBL-Taste in Verbindung mit Buchstaben wie A, B, C, ... oder anderen Symbolen.

Man spricht hier auch von einem *bedingten Sprung,* während die in anderen Programmen verwandte Befehlsfolge „GTO A'' *unbedingter Sprung* genannt wird.

Wenn flag 1 gesetzt ist, wird der Rechner von Block 4 ab weiterarbeiten.

Wenn im Zusammenhang mit Abfragen von „ja'' und „nein'' die Rede ist, muß man streng zwischen dem problemorientierten Ablaufplan und dem maschinenbezogenen PTR-Plan unterscheiden. (Dem „ja'' im FD entspricht z.B. das „nein'' in II ($x \geqslant 0$?).)

Die PTR-Versionen enthalten etliche überflüssige Befehle, man könnte dem Autor Verschwendung von Programm- und Zahlenspeichern vorwerfen. Wen das sehr stört: In Kapitel 5 (Optimierung) ist dieses Programm bis auf 8 Ps zusammengestaucht und auf Zahlenspeicher verzichtet worden; im übrigen s. Anhang!

---

[1] INV von *inverse,* umgekehrt

2.2.6 Testbeispiele

Für eine Ferienreise von 3800 km wurden 412 Liter Benzin benötigt; wieviel verbraucht dasselbe
Auto bei vergleichbaren Straßenverhältnissen auf 2150 km Fahrstrecke? (233,1 Liter)

Der Lehrer plant für seine 42 Schüler eine Busfahrt und hat schon 6,80 DM Fahrtkosten pro Person
veranschlagt. Am Tage des Ausflugs sind 3 Schüler wegen Krankheit nicht dabei, wie hoch ist der
Fahrtkostenanteil jetzt für die übrigen geworden? (7,32 DM)

2.2.7 Übungsaufgabe

Welchen Sinn hat der dargestellte Ablauf?   PTR-Übersetzung!

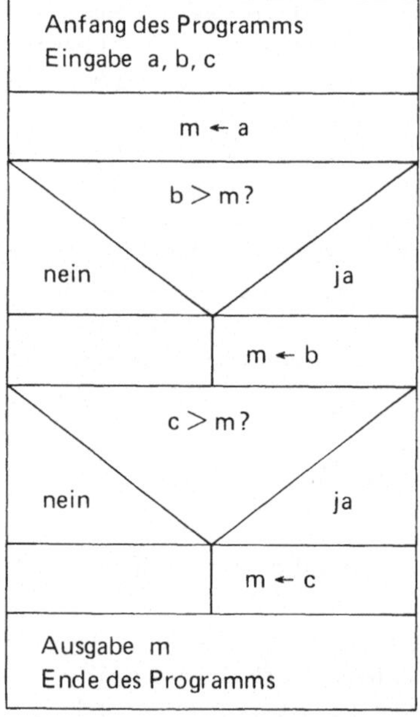

2.3 Die „wenn-dann-sonst"-Verzweigung

2.3.1 Einführendes Beispiel (Überprüfung von Dreiecken auf rechte Winkel)

Gesucht ist ein Programm, welches bewirkt, daß der Rechner nach Eingabe der Maßzahlen für die
drei Seiten des Dreiecks in eindeutiger Weise zu erkennen gibt, ob das Dreieck einen Winkel von $90°$
besitzt oder nicht, natürlich innerhalb der ihm möglichen Genauigkeit.

2.3.2 Allgemeiner Ablaufplan

Anfang des Programms

1. *Eingabe* der drei Seitenlängen auf drei Speicher namens a, b, c; zuletzt die größte Zahl (auf c)
2. Bildung von c^2 und $a^2 + b^2$ und Abspeicherung auf t und s
3. *Wenn* s = t
4. *dann* Ausgabe einer Nachricht, daß das Dreieck rechtwinklig
5. *sonst* Mitteilung, daß das Dreieck nicht rechtwinklig

Ende des Programms

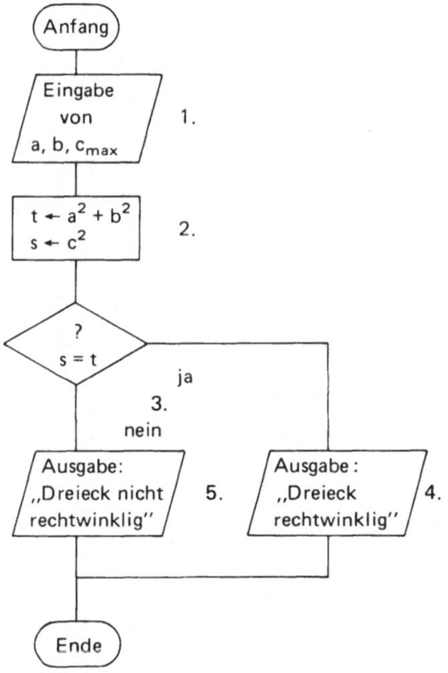

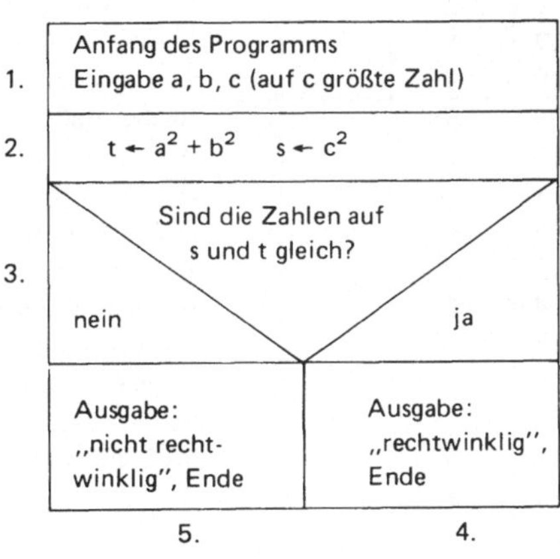

2.3.3 Charakterisierung der Verzweigung

Losgelöst von Beispielen wird die wenn-dann-sonst-Verzweigung nach folgendem Schema dargestellt:

Programmschritte vor der Verzweigung .....

— —

Wenn Bedingung A erfüllt ist
dann Anweisungen B_1, B_2 usw. ausführen
sonst Anweisungen C_1, C_2 usw. ausführen

— —

Programmschritte nach der Verzweigung .....
(Hier wird das Programm gemeinsam weiterlaufen, unabhängig davon, ob vorher die Anweisungen B_1, B_2, ... oder C_1, C_2, ... ausgeführt wurden.)
Der Unterschied zur einfachen wenn-dann-Anweisung besteht offenbar darin, daß auch im Nein-Fall gewisse Befehle erteilt werden.

2.3.4 PTR-Übersetzungen

II ALH

00	H		1.
01	S		
02	1	a	
03	H		
04	S		
05	2	b	
06	H		
07	S		
08	3	c	
09	R		2.
10	1		
11	x^2		
12	$+$		
13	R		
14	2		
15	x^2		
16	$=$		
17	$x \leftrightarrow t$	$a^2 + b^2$	
18	R		
19	3		
20	x^2	c^2	
21	INV		3.
22	$x = t?$		
23	2		
24	8		
25	9		4.
26	0		
27	RST		
28	9		5.
29	0		
30	$+/-$		
31	RST		

(SR-56)

ALH

Es wurde wieder mechanisch Block für Block übersetzt, vgl. die zugeordneten Ziffern. Der Test auf Gleichheit erfolgt mittels eines eigenen Registers „t", der Befehl auf Zeile 17 bedeutet das Abspeichern von $a^2 + b^2$ in dieses Hilfsregister. Durch Umkehrung der ursprünglichen Frage (21) wurde erreicht, daß passend zur verbalen Formulierung des Problems erst die Anweisung des Wenn-Zweiges und später die Anweisung des Sonst-Zweiges durchgeführt wird. Die Ausgabe wurde so arrangiert, daß im rechtwinkligen Fall die Zahl 90 angezeigt wird und andernfalls 90 mit einem Minuszeichen davor, als Symbol der Verneinung.

UPN

Wie ALH; der Test x $\neq$ y deutet durch die Wahl der Buchstaben schon an, daß anstelle eines zusätzlichen Vergleichsregisters das zweite Rechenregister benutzt wird.

II UPN

00	H		1.
01	$S1$	a	
02	H		
03	$S2$	b	
04	H		
05	$S3$	c	
06	$R1$		2.
07	x^2		
08	$R2$		
09	x^2		
10	$+$	$a^2 + b^2$	
11	$R3$		
12	x^2	c^2	
13	$x \neq y?$		3.
14	$GTO\ 18$		
15	9		4.
16	0		
17	$GTO\ 00$		
18	9		5.
19	0		
20	CHS		
21	$GTO\ 00$		

(hp 25)

I ALO

Adr.			Adr.		
00	H		15	x^2	
01	S		16	$=$	$s-t$
02	1	a	17	x^2	
03	H		18	$\sqrt{}$	$\lvert s-t\rvert$
04	S		19	$-$	
05	2	b	20	R	
06	H	c	21	5	d
07	x^2	c^2	22	$=$	
08	$-$		23	$Skip$	$<0?$
09	R		24	1	nein
10	1		25	9	ja
11	x^2		26	0	
12	$-$		27	$GOTO$	Erg.
13	R		28	0	
14	2		29	0	

(PR 56D-NC)

ALO

Weil die hier notwendig werdende Umschreibung der Abfrage s = t? in $\lvert s-t\rvert - d < 0$? ohnehin viel Platz verbraucht, wurden im Vergleich zur anderen algebraischen Version Zwischenspeicherungen vermieden und im Widerspruch zur verbalen Problemformulierung durch Verzicht auf den GOTO-Sprung der Nein-Fall zuerst verarbeitet; er ist in der Ausgabe durch eine der 90 vorangesetzte 1 kenntlich gemacht worden; wenn das Dreieck rechtwinklig ist, wird also eine 90 angezeigt, andernfalls eine 190. Speicher 5 (d) wird *vor* der ersten Programmdurchführung per Hand mit 0.0000005 belegt (bei einstelligen Zahlen; siehe Anhang).

Interessant ist auch der Ersatz für die beim Testrechnen fehlende Betragsfunktion in den Zeilen 17 und 18; in Verbindung mit dem stur reagierenden Rechner merkt man sich leichter, daß

$\sqrt[2]{x^2} = x$ mathematisch falsch ist und warum es richtig $\sqrt[2]{x^2} = \lvert x\rvert$ heißen muß!

2.3.5 Problematik der Gleichheitsabfrage

Wenn Sie (im ALH/UPN-Programm) Zahlentripel wie 1, 2, 3 oder 3, 4, 5 eingeben, erhalten Sie die richtigen Antworten; wenn Sie aber die Tasten 1, 1, $\sqrt{2}$ wählen, erleben Sie eine Enttäuschung: Der Computer erkennt auf „nicht 90°". Steht das nicht im Widerspruch zu der früher aufgestellten Behauptung, ein Rechner würde, wenn er einmal richtig gerechnet hätte, immer das richtige Ergebnis liefern?

Eine genauere Untersuchung zeigt, daß er auch diesmal richtig gerechnet hat in dem Sinne, daß er stets auf die gleiche Art mit derselben Genauigkeit die Rechenfolgen durchläuft. Daß er dennoch zu einem falschen Ergebnis kommen konnte, ist allein unsere Schuld: Wir haben uns die Übersetzung der Abfrage „s = t?", verführt durch die zur Verfügung stehenden Tasten x = t, x = y bzw. deren Verneinungen, zu leicht gemacht. Wenn eine Zahl auf einem Speicher steht, so heißt das, daß jede ihrer Ziffern einzeln abgespeichert ist, wobei immer einige Ziffern mehr aufgenommen werden können, als angezeigt werden; nehmen wir z.B. die Situation in den Speichern x und t zu der Zeit, wo die Befehle zu den Adressen

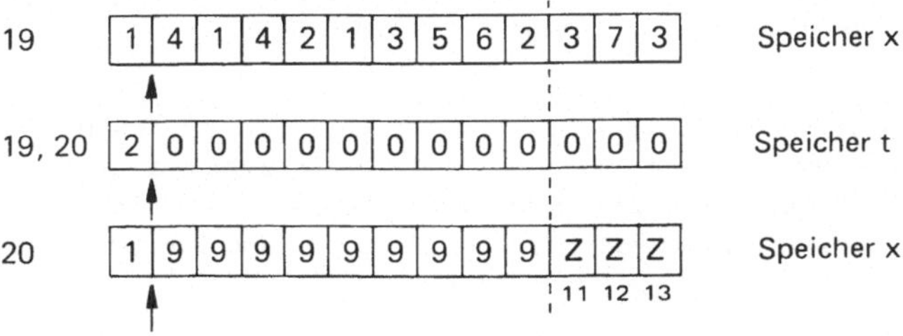

ausgeführt werden (direkter Bezug zum ALH-Programm; sinngemäß auch für UPN). Im skizzierten Fall hat der Rechner 13 Stellen von $\sqrt{2}$ insgesamt gespeichert, er zeigt aber nur 10 Stellen davon durch seine Leuchtdioden an; der kleine Pfeil soll andeuten, das dort das Komma zu denken ist. Intern werden die Zahlen stets in der normierten Form $Z_1, Z_2 Z_3 Z_4, \ldots$ mal 10 hoch $E_1 E_2$ gespeichert, Zahlen unter 10^{10} (bei anderen Rechnern 10^8) treten aber nur auf besonderen Wunsch hin (Taste EE und/oder SCI, *SCIentific notation,* wissenschaftliche Darstellung) so in Erscheinung.

Wir können jetzt einsehen, wie es zur falschen Antwort durch den Computer kam: Wenn er befehlsgemäß die Inhalte der Speicher t und x im Anschluß an Befehl 20 vergleicht, so macht er das offenbar so, daß er Ziffer für Ziffer einzeln abfragt; auf Gleichheit würde er dabei nur erkennen, wenn er das bei sämtlichen Ziffernpaaren feststellen könnte. Davon kann hier natürlich nicht die Rede sein.

Daß der Inhalt des x-Registers sich beim Übergang von 19 nach 20 in der dargestellten Weise verändert, kann man daraus ersehen, daß bei der Kommazahlumschreibung von $\sqrt{2}$ der „unendliche Rest von Ziffern" einfach nach der 12. Nachkommastelle abgeschnitten wurde und beim Quadrieren folglich eine Zahl unterhalb von 2 entstehen muß. Daß die Ziffernspeicher bis auf die letzten drei mit Sicherheit Neunen enthalten, erkennt man daran, daß in der *Anzeige* eine schlichte 2 erscheint, wenn man die Tastenfolge

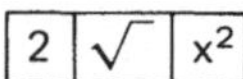

durchführt, eine Folge der *Rundungsautomatik* des Rechners; man kann daher über Z_{11} noch aussagen, daß die gespeicherte Ziffer mindestens 5 sein muß.

Unabhängig von unserem Programm können Sie sich die dargelegten Umstände auch gut anhand der Tastenfolge

$$\boxed{2}\;\boxed{\sqrt{}}\;\boxed{x^2}\;\boxed{-}\;\boxed{2}\;\boxed{=}$$

klar machen, das Anzeigeergebnis

$-1.-11$ (TI 58/59: $-5.-12$ TI 57: $-1.1-09$)

beweist, daß Sie eben *nicht* „$2-2$" berechnet haben (siehe Anhang 1).

Beim hp-Rechner ist die „Schwelle zur Wahrheit" auch zwischen der 8. und 9. Nachkommastelle gelegen, wie Sie erkennen, wenn Sie die Folge

$$\boxed{2}\;\boxed{\sqrt{}}\;\boxed{x^2}\;\boxed{\uparrow}\;\boxed{2}\;\boxed{-}$$

wählen und das Ergebnis

$-1.0000000 - 09$

betrachten. (Wenn Sie nur die ersten drei Tasten betätigen, sehen Sie zunächst eine 2 in der Anzeige; die Ungenauigkeit bleibt bis zum Anzeigeformat von acht Dezimalen erhalten; erst mit dem Befehl, neun Nachkommastellen auszuweisen (Fix 9), wird der „Betrug" offenbar!)

Welcher *Ausweg* bietet sich an?

Generell die Möglichkeit, anstelle der Gleichheitsabfrage $s = t$ die kleiner-als-Abfrage $|s - t| < d$ zu verwenden, d.h. zu fragen, ob die Differenz der beiden in s und t befindlichen Zahlen, absolut genommen, kleiner als eine von uns vorher auf d abzuspeichernde Konstante wie $5 \cdot 10^{-11}$ oder $5 \cdot 10^{-8}$ ist (bei 1-stelligen Zahlen, siehe Anhang 2). In der Form $|s - t| - d < 0$ geschieht dies ja auch beim Skip-Rechner.

Bei TI-Rechnern kann man die Gleichheitsabfrage dadurch retten, daß man von einer Maschineneigenart Gebrauch macht, die darin besteht, die intern gespeicherte Zahl ausnahmsweise der angezeigten Zahl anzupassen, d.h. sie aufs Anzeigeformat zu runden, wenn man die EE-Taste betätigt. Im vorliegenden Plan schiebt man zwischen Zeile 16 und 17 ein „EE" und zwischen Zeile 20 und 21 „EE, INV, EE"; das „INV, EE" verhindert dabei die nicht erwünschte exponentielle Darstellung des Ergebnisses. (Achtung: Sprungadresse jetzt „32"!)

2.4 Kombination von Verzweigungen

2.4.1 Einführendes Beispiel (vollständige Lösung der linearen Gleichung)

Vorgelegt sei eine Gleichung des Typs $a \cdot x + b = c$; nach Eingabe der Konstanten a, b, c soll der Computer die Gleichung lösen!

2.4.2 Allgemeiner Ablaufplan

Verbale Fassung (1)

Anfang des Programms

1. *Eingabe* von a, b, c
2. *Wenn* $a \neq 0$
2.1   *dann* $c - b$ durch a teilen und als Lösung ausgeben
3.   *sonst,* | *wenn* $c - b = 0$
3.1   *dann* mitteilen, daß die Gleichung allgemeingültig ist
3.2   *sonst,* daß die Gleichung unlösbar ist

Ende des Programms

Verbale Fassung (2)

Anfang des Programms

1. *Eingabe* von a, b, c
2. *Wenn* $a = 0$
2.1   *dann,* | *wenn* $c - b = 0$
2.1.1   *dann* mitteilen, daß die Gleichung allgemeingültig ist
2.1.2   *sonst* mitteilen, daß die Gleichung unlösbar ist
3.   *sonst* $c - b$ durch a teilen und als Lösung ausgeben

Ende des Programms

Durch die Art des Einrückens wird bei Hintereinanderschaltung solcher Anweisungen die Reihenfolge der Abarbeitung eindeutig festgelegt!

Graphische Darstellungen (1)

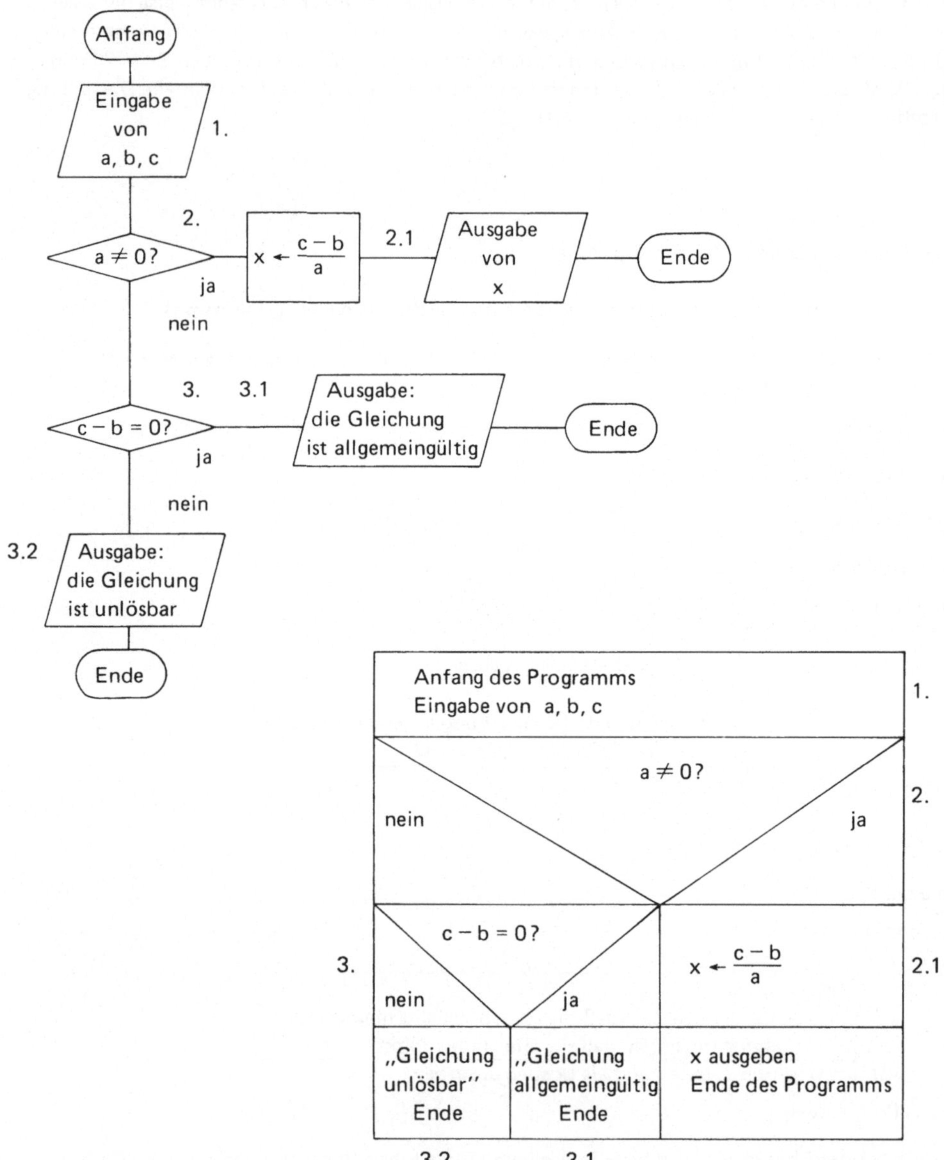

2.4.3 PTR-Übersetzung

Die angegebene ALH-Fassung (TI 57) kennzeichnet den allgemeîn-
gültigen (unlösbaren) Fall durch die Ausgabe einer blinkenden
„2" („3"). Dies wird durch Konstruktion der *Fehlerbedingung* $\sqrt{-4}$
bzw. $\sqrt{-9}$ erreicht.

Bei dem ALO-Rechner PR-100 erscheint in den entsprechenden Fällen
am linken Rand der Anzeige ein F; SKIP-Rechner seiner Art gestatten
die Abfrage x = 0? auf dem Umweg $d - |x| < 0$ (hier etwa mit
$d = 10^{-7}$).

Die UPN-Rechner von hp reagieren auf Fehlerbedingungen stets mit
der Anzeige des Wortes Error.

2.4.4 Testbeispiele

a = 2, b = 3, c = 8   x = 2,5

a = − 17,3084, b = 8278124, c = − 9,0014589

x = 478272,57

a = 0, b = 1, c = 1   allgemeingültig

a = 0, b = 1, c = 2   unlösbar

H	a	1.
S1		
H	b	
S2		
H	c	
S3		
R1	a	2.
x = 0?		
GTO 1		
R3 c		2.1
−		
R2 b		
=	c − b	
:		
R1 a		
=	$\dfrac{c-b}{a}$	
RST		
LBL 1		3.
R3 c		
−		
R2 b		
=	c − b	
x ≠ 0?		
GTO 2		
4		3.1
+/−		
$\sqrt{}$	„2"	
LBL 2		3.2
9		
+/−		
$\sqrt{}$	„3"	

3 Programmabläufe mit Schleifen

3.1 Einführende Begriffsbestimmung

Wenn eine bestimmte Befehlsfolge innerhalb eines Programms mehrfach durchlaufen werden soll, spricht man von einer *Wiederholung* oder *Schleife;* der letzte Ausdruck wird vom Flußdiagramm her verständlich (siehe 3.2.2).

Die Zahl der Wiederholungen oder *Schleifendurchgänge* hängt dabei meist von Bedingungen ab, die erst während des Programmablaufs überprüft werden können, daher gehört in der Regel eine *Austrittsbedingung* am Anfang *(Solange — tue)* oder Ende *(Wiederhole — bis)* der Schleife dazu.[1]

Eine Sonderstellung nehmen die sogenannten *zählergesteuerten Schleifen* ein.

3.2 Die „solange-tue''-Anweisung

3.2.1 Einführendes Beispiel (Fläche unter der Normalparabel)

Die im Bild erkennbaren Rechtecke werden die gesuchte Parabelfläche zwar nie ganz erfüllen, ihr aber mit wachsender Anzahl n recht nahe kommen; die Breite eines einzelnen Rechtecks ist offenbar durch den Term

$$h = \frac{b - a}{n}$$

bestimmt und die Länge durch a^2, $(a + h)^2$ usw.; in dem Bild ist $a = 0,5$; $b = 1,5$; $n = 5$ und somit $h = 0,2$.

Das Computerprogramm soll nun nach Eingabe von a, b, n die Flächenberechnung automatisch durchführen.

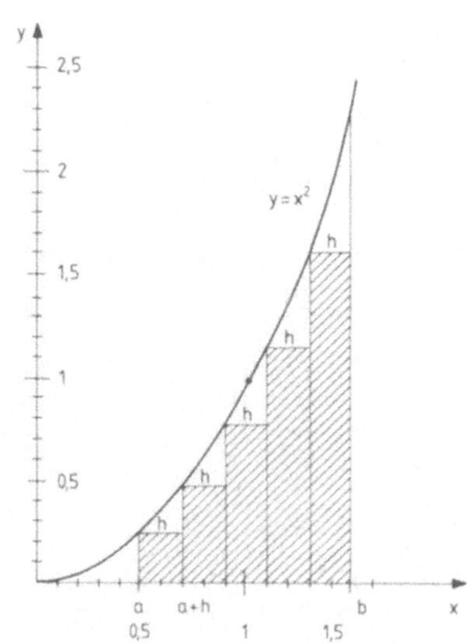

---

[1] entspricht dem *while-do* bzw. *repeat-until* der höheren Programmiersprachen

3.2.2 Allgemeiner Ablaufplan

Anfang des Programms

1. *Eingabe* von a, b, n

2. $h \leftarrow \dfrac{b-a}{n}$; $x \leftarrow a$; $f \leftarrow 0$

3. *Solange* $x \neq b$

        tue folgendes: $\left[\begin{array}{l} \text{Addiere das Produkt aus } x^2 \text{ und h nach f} \\ \text{Addiere h nach x} \end{array}\right.$

4. *Ausgabe* von f

Ende des Programms

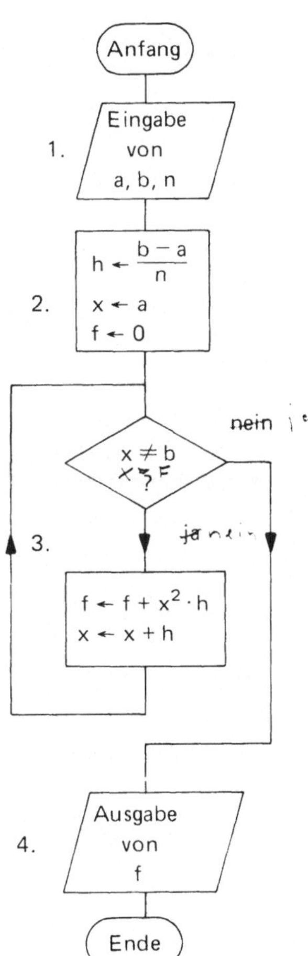

1.	Anfang des Programms Eingabe von a, b, n
2.	$h \leftarrow \dfrac{b-a}{n}$; $x \leftarrow a$; $f \leftarrow 0$
3.	Solange $x \neq b$ tue $\begin{array}{l} f \leftarrow f + x^2 \cdot h \\ x \leftarrow x + h \end{array}$
4.	Ausgabe von f Ende des Programms

Erläuterungen zum Programmablaufplan:

In Block 2 wird zunächst aus den eingegebenen Daten
die Breite h der Rechtecke bestimmt, dann die zu a
gehörende Zahl auf einen Speicher namens x gebracht
und schließlich der Speicher f mit Null belegt; letzteres
ist notwendig, damit beim 2. Programmablauf nicht
die gerade vorher berechnete Zahl hinzukommt, siehe
unten. Zum besseren Verständnis können wir uns vorstellen, daß a = 0,5, b = 1,5 und h = 0,2 ist, wie auf
der Skizze; dann wird die Frage, ob $x \neq b$ ist, zunächst zu bejahen sein und der Rechner die im
Schleifenkörper befindlichen Anweisungen zum
erstenmal ausführen (die Abfrage $x \neq b$ bildet den
Schleifenkopf).

Er wird also die 0,5 aus Speicher x ins Rechenwerk holen, dort quadrieren, mit 0,2 multiplizieren und die so entstandene 0,05 zum Inhalt des Speichers f hinzuaddieren; da dieser eine Null enthielt, ist er anschließend mit 0,05 besetzt, das ist die Flächenmaßzahl des kleinsten Rechtecks. *(Der Speicher x des computerunabhängigen Ablaufplanes ist nicht zu verwechseln mit dem Anzeigeregister x des PTR!)* Der Rechner wird dann zum Inhalt des Speichers x den Inhalt des Speichers h addieren, so daß der Speicher x mit 0,7 belegt ist, wenn es jetzt zurück zum Schleifenkopf geht, zurück zur Frage, ob $x \neq b$, was zum zweiten Mal bejaht werden muß. Dann beginnt alles von neuem, d.h. der Inhalt des Speichers x wird quadriert, mit 0,2 multipliziert und zum Inhalt von f addiert, dem entspricht diesmal die Rechnung $0,7^2 \cdot 0,2 + 0,05 = 0,49 \cdot 0,2 + 0,05 = 0,098 + 0,05 = 0,148$, und der Inhalt von Speicher x wird um 0,2 auf 0,9 vergrößert, dann kommt der Schleifenrücklauf und dann zum dritten Mal die Frage, ob $x \neq b$ ist usw., siehe Tabelle.

Speicherbelegung *vor* Durchgang Nr.	x	f	h	b
1	0,5	0	0,2	1,5
2	0,7	0,05	0,2	1,5
3	0,9	0,148	0,2	1,5
4	1,1	0,31	0,2	1,5
5	1,3	0,552	0,2	1,5
6	1,5	0,89	0,2	1,5

Der 6. Durchlauf findet gar nicht mehr statt, weil zu Beginn die Gleichheit der auf x und b befindlichen Zahlen festgestellt wird und der Computer deshalb *aus der Schleife aussteigt,* um das Programm mit der Anzeige der in f befindlichen Zahl, also von 0,89, zu beenden.

3.2.3 Charakterisierung der „solange-tue"-Anweisung

Losgelöst vom Beispiel kann man die Wiederholung folgendermaßen beschreiben:

Programmschritte vor der Wiederholung .....

— —

Solange Bedingung A erfüllt ist, *tue* (folgendes)

$$\left[\begin{array}{l}\text{Anweisung B}_1 \\ \text{Anweisung B}_2 \\ \text{usw.}\end{array}\right.$$

— —

Programmschritte nach der Wiederholung .....

3.2.4 PTR-Übersetzungen

(Neue Befehle braucht man nicht: Die eigentliche Schleifenbildung erfolgt durch den *GOTO*-Sprung)

UPN

00	H		1
01	$S1$	a	
02	H		
03	$S2$	b	
04	H		
05	$S3$	n	
06	$R2$		2
07	$R1$		
08	$-$	b − a	
09	$R3$		
10	$:$	h errechnet	
11	$S4$	h in Speicher 4	
12	$R1$	a	
13	$S5$	x mit a belegt	
14	0		
15	$S6$	f Null gesetzt	

16	$R2$		3
17	$R5$	Schleifenkopf	
18	$x = y?$		
19	$GTO\ 27$	Ausstieg aus der Schleife	
20	x^2		
21	$R4$		
22	x	Schleifenkörper	
23	$Sto + 6$		
24	$R4$		
25	$Sto + 5$		
26	$GTO\ 16$	Rücksprung zum Kopf	
27	$R6$	f	4
28	$GTO\ 00$	Anzeige des Ergebnisses	

(hp 25)

ALH

00	H		1
01	S		
02	1	a	
03	H		
04	S		
05	2	b	
06	H		
07	S		
08	3	n	
09	R		2
10	2		
11	$-$		
12	R		
13	1		
14	$=$	b − a	
15	$:$		
16	R		
17	3		
18	$=$	h	
19	S		
20	4		
21	R		
22	1		
23	S		
24	5	a in x	
25	0		
26	S		
27	6	f mit Null belegt	
28	R		
29	2	Vorbereitung	
30	$\to t$	des Vergleichs	
31	R	Anfang der	3
32	5	Schleife	
33	$x = t?$		
34	5	Ausstiegsmöglichkeit	
35	2	aus der Schleife	

36	R	Beginn des	
37	5	Schleifenkörpers	
38	x^2		
39	x		
40	R		
41	4		
42	$=$	Einzelrechtecksfläche	
43	sum	nach Speicher f addiert	
44	6		
45	R		
46	4	h	
47	sum		
48	5	x um h erhöht	
49	$GOTO$	Rücksprung	
50	3	zum	
51	1	Schleifenkopf	
52	R		4
53	6	f	
54	RST	Anzeige des Ergebnisses	

(SR 56)

Nr.	Code	Kommentar	
00	H		1.
01	S		
02	1	a	
03	H		
04	S		
05	2	b	
06	H		
07	S		
08	3	n	
09	R		2.
10	2		
11	—		
12	R		
13	1		
14	:		
15	R		
16	3		
17	=		
18	S		
19	4	h	
20	R		
21	1		
22	S		
23	5	a in x	
24	0		
25	S		
26	6	f mit Null belegt	
27	R		3.
28	5	Schleifenkopf	
29	—		
30	R		
31	2		
32	=	$x - b$	
33	SKIP	< 0?	
34	GOTO		
35	5		

ALO

Nr.	Code	Kommentar	
36	3	Ausstieg aus der Schleife	
37	R	Beginn des	
38	5	Schleifenkörpers	
39	x^2		
40	x		
41	R		
42	4		
43	=	Einzelrechtecksfläche	
44	M+		
45	6	nach f addiert	
46	R		
47	4	h	
48	M+		
49	5	x um h vergrößert	
50	GOTO	Rücksprung zum	
51	2	Anfang des	
52	7	Schleifenkopfs	
53	R		4.
54	6	f	
55	GOTO	Anzeige	
56	0	des	
57	0	Ergebnisses	

(PR 56D-NC)

3.2.5 Testbeispiele

a = 0,5; b = 1,5; n = 5   liefert   f = 0,89

a = 0,5; b = 1,5; n = 100   liefert   f = 1,07335

Weitere Beispiele kann man leicht selber überprüfen, wenn man das mit Hilfe der Integralrechnung herleitbare Rezept $(b^3 - a^3)/3$ beachtet; im angeführten Beispiel lautet der exakte Wert demnach 1 1/12 oder 1,0833333 … Lehrreich ist es, z.B. n = 6 statt n = 5 zu wählen (Gleichheitsabfrage!).

Auch der *Zeitfaktor* wird plötzlich interessant: Während bisher die Lösungen stets nach 2 bis 5 Sekunden in Erscheinung traten, muß man sich bei n = 100 jetzt schon 1 bis 2 Minuten gedulden. Es leuchtet daher ein, daß beim Optimieren eines Programms den Schleifen unser besonderes Augenmerk gelten muß; jeder Befehl, der dort eingespart werden kann, bringt eine erhebliche Rechenzeitverkürzung!

Ersetzt man den x^2-Befehl im PTR-Plan durch die $1/x$-Anweisung, erhält man die Fläche unter der Einheitshyperbel, siehe auch 11.4.

3.3 Die „wiederhole-bis"-Anweisung

3.3.1 Wurzeliteration nach Heron: Vom Problem zum allgemeinen Ablaufplan

Vielleicht haben Sie sich auch schon einmal gefragt, wie es kommt, daß man auf einen einzigen Tastendruck hin die ersten acht oder zehn Stellen der 2. Wurzel in die Anzeige bekommt. Da der Vorgang von grundsätzlicher Bedeutung ist — man denke nur an den Logarithmus, den Sinus und die vielen anderen sofort verfügbaren Funktionen —, soll er etwas eingehender beschrieben werden.

Die *Wurzel* (2. Wurzel, Quadratwurzel) einer Zahl R (Radikand) bestimmen, heißt jene (positive) Zahl x suchen, die, mit sich selbst multipliziert, R ergibt.

Beispiel: Eine quadratische Terrasse hat eine Fläche von 22 m^2; wie lang sind die Seiten? Man hat also die Gleichung $x^2 = 22$, $x > 0$ zu lösen.

x $\boxed{\quad 22\ m^2 \quad}$

      x

Die *Lösung* versteht sich hier von vornherein als *Näherungslösung,* weil $\sqrt{22}$ irrational, also gewiß nicht durch eine 10-stellige Kommazahl exakt beschrieben werden kann. Andererseits gehört hier zur 10. Stelle das Maß *millionstel Millimeter,* woraus zu erkennen ist, daß die vom Computer errechneten Näherungslösungen für praktische Zwecke voll ausreichen.

Wenn einer unbefangen, d.h. ohne Vorkenntnisse, an die Aufgabe herangeht, wird er wahrscheinlich einfach probieren:

$4 \cdot 4 = 16$ ist zuwenig, $5 \cdot 5 = 25$ ist zuviel,

also versucht er $4,5 \cdot 4,5 = 20,25$, aber wie geht's weiter?

Heron soll, etwa um 100 n. Chr., folgendermaßen argumentiert haben:

$4,5 \cdot 4,5$ ist also weniger als 22; $4,5 \cdot \dfrac{22}{4,5}$ ist natürlich genau 22, weil 4,5 zuwenig ist, ist $\dfrac{22}{4,5} = 4,9$ zuviel, *also ist der Mittelwert* $\dfrac{4,5 + 4,9}{2} = 4,7$ *besser.* Und jetzt geht das Ganze wieder von vorne los:

$4,7 \cdot 4,7 = 22,09$; also ist 4,7 zuviel, also ist $22 : 4,7 \approx 4,68$ zuwenig, *also ist der Mittelwert* $\dfrac{4,7 + 4,68}{2} = 4,69$ *besser* usw. usw. ...

$4,69^2 = 21,9961$ zeigt, daß man schon recht nahe am exakten Wert von $\sqrt{22}$ ist. In einer Zeichnung würde man schon nach der ersten Kehrwertbildung das Rechteck kaum von einem Quadrat unterscheiden können.

Ein geeigneter Algorithmus zur Wurzelbildung besteht
offenbar aus folgenden Anweisungen:

a) Für die gesuchte $\sqrt{R}$ ist ein Startwert x
   zu wählen
b) x ist zu quadrieren
c) R/x ist zu berechnen
d) Es ist der Mittelwert von x und R/x
   zu bilden
e) Mit diesem Mittelwert anstelle des
   alten x fange man wieder bei b) an

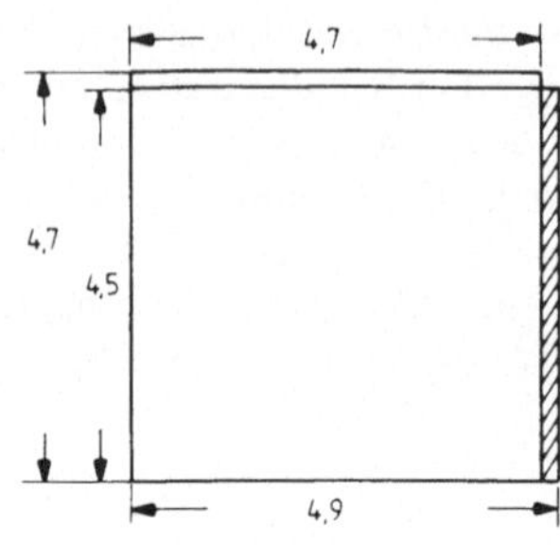

Es ist deutlich zu sehen, daß durch die letzte Anweisung eine Schleife erzeugt wird. Mit Hilfe eines
Flußdiagramms unter Zusammenfassung der Einzelrechnungen könnte man den Vorgang folgendermaßen beschreiben:

Im Hinblick auf die bevorstehende Inanspruchnahme eines
Computers deuten wir R und x wieder als Namen von
Zahlenspeichern und studieren noch einmal die Zuweisung:
Zum Inhalt des Speichers x soll also der Quotient vom
Inhalt des Speichers R und vom Inhalt des Speichers x
addiert werden, das Ganze soll halbiert werden und als
neuer Inhalt dem Speicher x wieder zugeführt werden, und
genau dieser Vorgang soll dauernd wiederholt werden.

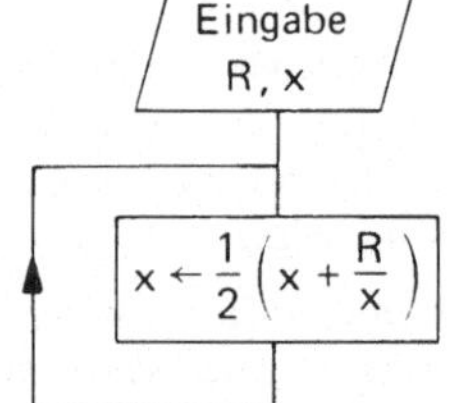

Da ist noch etwas unbefriedigend am bisherigen Programm; wir haben es mit einer sogenannten
Endlosschleife zu tun.

Zwecks Schleifenaustritts fragen wir nach jeder Verbesserung, ob die Inhalte des Speichers x bei
zwei aufeinanderfolgenden Schleifendurchgängen sich um weniger als eine von uns vorher einzugebende Konstante d unterscheiden.

3.3.2 Endgültiger Programmablaufplan

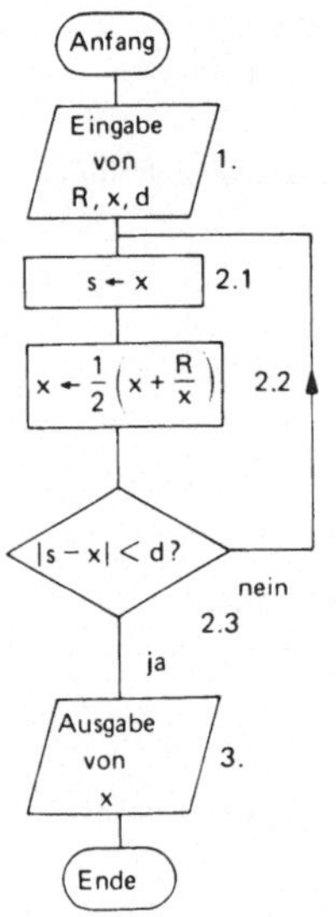

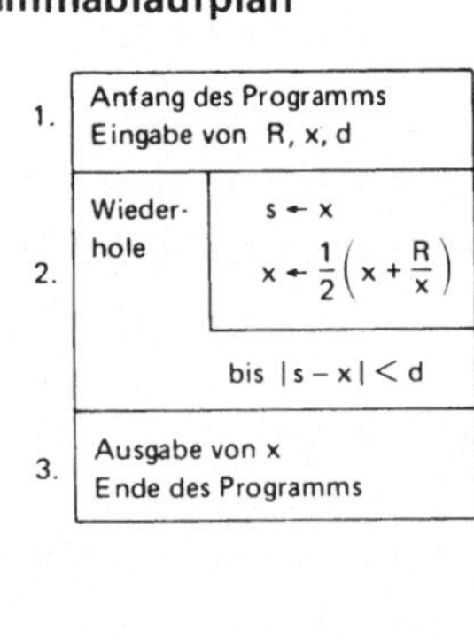

Anfang des Programms

1. *Eingabe* des Radikanden R, eines Startwertes x und einer Genauigkeit d

2. *Wiederhole* $\begin{bmatrix} s \leftarrow x \\ x \leftarrow 1/2 \cdot (x + R/x) \end{bmatrix}$

   $\qquad\qquad bis \ |s - x| < d$

3. *Ausgabe* von x

Ende des Programms

Die Betragsstriche in der Abfrage kann man weglassen, wenn der Startwert $x > \sqrt{R}$ gewählt wird.

3.3.3 Charakterisierung der „wiederhole-bis''-Anweisung

Losgelöst vom Beispiel kann man die Wiederholung folgendermaßen beschreiben:

Programmschritte vor der Wiederholung .....

— —

Wiederhole $\begin{bmatrix} \text{Anweisung } B_1 \\ \text{Anweisung } B_2 \\ \text{usw.} \end{bmatrix}$

$\qquad\qquad bis$ Bedingung A erfüllt ist

— —

Programmschritte nach der Wiederholung .....

Man beachte auch den Umstand, daß man bei Schleifen nur *vor* oder *nach* dem Block der zu wiederholenden Anweisungen aussteigen kann, wenn man sich der verbalen Notation oder des NSD bedient, während man mit dem Flußdiagramm auch Zwischenaustritte zu formulieren vermag. Der erstgenannte Nachteil wird aber bei umfangreicheren Programmen durch den Vorteil der besseren Verständlichkeit (des Algorithmus) mehr als ausgeglichen (siehe Anhang).

3.3.4 PTR-Übersetzungen

ALO

00	*H*		1.
01	*S*		
02	*1*	Radikand R	
03	*H*		
04	*S*		
05	*2*	Startwert für x	
06	*H*		
07	*S*		
08	*3*	Genauigkeit d	
09	*R*		2.1
10	*2*	x	
11	*S*		
12	*4*	s speichert altes x	
13	*1/x*		2.2
14	*x*		
15	*R*		
16	*1*	$\dfrac{R}{x}$	
17	*+*		
18	*R*		
19	*2*		
20	*:*	$x + \dfrac{R}{x}$	
21	*2*		
22	*=*	$\dfrac{1}{2}\left(x + \dfrac{R}{x}\right)$	
23	*S*		
24	*2*	neues x	
25	*+/−*	− x	2.3
26	*+*		
27	*R*		
28	*4*		
29	*−*	s − x	
30	*R*		
31	*3*	d	
32	*=*	s − x − d	
33	*SKIP*	< 0?	
34	*GOTO*	nein-Fall	

35	*0*		
36	*9*		
37	*R*	ja-Fall	3.
38	*2*		
39	*GOTO*	Anzeige des	
40	*0*	Inhalts von	
41	*0*	Speicher x	

(PR 56D-NC)

UPN

00	*H*		1.
01	*S1*	R	
02	*H*		
03	*S2*	Startwert für x	
04	*H*		
05	*S3*	Genauigkeit d	
06	*R2*		2.1
07	*S4*	altes x in s	
08	*1/x*		2.2
09	*R1*	$\dfrac{R}{x}$	
10	*x*		
11	*R2*		
12	*+*	$x + \dfrac{R}{x}$	
13	*2*		
14	*:*	$\dfrac{1}{2}\left(x + \dfrac{R}{x}\right)$	
15	*S2*	neues x	
16	*CHS*	Vorzeichenwechsel	2.3
17	*R4*		
18	*+*	s − x	
19	*R3*	d	
20	*−*	s − x − d	
21	*x ⩾ 0?*		
22	*GTO 06*	Schleifenrücksprung	
23	*R2*	Ergebnis	3.
24	*GTO 00*	Anzeige	

(hp 25)

ALH

00	H		1.
01	S		
02	1	Radikand R	
03	H		
04	S		
05	2	Startwert für x	
06	H		
07	S	vorzugebende	
08	3	Genauigkeit d	
09	R		2.1
10	2		
11	S		
12	4	altes x in s	
13	R		2.2
14	1		
15	:		
16	R		
17	2		
18	+		
19	R		
20	2		
21	=	$x + \dfrac{R}{x}$	
22	:		
23	2		
24	=	$\dfrac{1}{2}\left(x + \dfrac{R}{x}\right)$	
25	S		
26	2	neues x	
27	1		2.2.1
28	sum	Schleifenzähler	

29	5		
30	R		2.3
31	3		
32	$x \leftrightarrow t$	d in t	
33	R		
34	4		
35	−		
36	R		
37	2		
38	=	x − s	
39	S		
40	6		
41	$x \geqslant t?$	$x - s \geqslant d?$	
42	0		
43	8	Schleifenrücksprung	
44	R		3.
45	2	x	
46	H	Anzeige des	
47	R	Näherungswertes	
48	6	x − s; Anzeige der	
49	H	tatsächlich erreichten	
50	R	Genauigkeit	
51	5		
52	H	Anzeige der Anzahl	
53	0	der Schleifenläufe	
54	S	Schleifenzähler	
55	5	auf Null gesetzt	
56	RST	Rücksprung 00	

(SR 56)

Im ALH-Programm wird die Anzahl der Schleifendurchgänge gezählt und die tatsächlich sich ergebende Genauigkeit s − x, die oft erheblich über der geforderten Genauigkeit d liegt, angezeigt. Man könnte statt dessen einen Pausenbefehl in die Schleife legen oder gar einen Halt-Befehl dort einbauen, um die Approximation zu beobachten; im letzten Fall wäre allerdings der ganze Abfragemechanismus (Block 2.3) überflüssig, weil die Schleife dann „handgesteuert" ist.

3.3.5 Testbeispiel (ALH-Programm)

Nach Eingabe des Radikanden zweimal die R/S-Taste betätigen, dann dient der Radikand gleichzeitig als Startwert, und die Bedingung $x > \sqrt{R}$ ist für $R > 1$ automatisch erfüllt

R = 14587	liefert $\sqrt{R}$:	120,7766534
d = 0,001	tatsächliche Genauigkeit:	0,000010436
	Durchläufe:	11

Auf ähnliche Weise liefert das Maschinenprogramm − ausgelöst durch die Wurzeltaste − die Werte, siehe Anhang.

3.3.6 Vergleich von „Solange-tue" und „Wiederhole-bis"

Weil bei der Übersetzung der 2. Form ein GOTO-Befehl weniger erforderlich ist als bei der Übersetzung der 1. Form, sollte man beim PTR die zweite Möglichkeit bevorzugt verwenden. Manche Probleme machen allerdings die erste Form erforderlich; man denke auch daran, daß bei der *Wiederhole-bis* Form der Schleifenkörper auf jeden Fall mindestens einmal durchlaufen wird, weil die Abfrage erst am Ende erfolgt (siehe auch 3.3.3)!

3.4 Zählergesteuerte Schleifen

3.4.1 Einführendes Beispiel (n-te Fakultät)

Zu einer vorgegebenen natürlichen Zahl $n < 70$ soll das Produkt

$$1 \cdot 2 \cdot 3 \cdot 4 \cdot 5 \cdot 6 \cdot \ldots \cdot n = n!$$

berechnet werden.

Indem man für $n = 3$, $n = 4$ und $n = 5$ diese Produkte einmal sukzessiv ausrechnet und den Zusammenhang beachtet, erkennt man schnell, daß man außer einem Speicher zur Aufbewahrung von n mindestens noch zwei weitere Speicher benötigt. In einem von diesen muß der Rechner hinterlegen, wie oft schon multipliziert wurde und in dem zweiten muß das jeweils neueste Zwischenprodukt untergebracht werden; das Ganze muß in einer Schleife verlaufen; Anlaß zum Schleifenaustritt läge vor, wenn n selbst als Faktor bei der Bildung des Zwischenprodukts auftritt (falls man mit dem kleinsten Faktor beginnt).

3.4.2 Allgemeiner Ablaufplan

Anfang des Programms

1. *Eingabe* von n
2. Speicher i mit 0 und Speicher s mit 1 belegen lassen
3. *Wiederhole* $\begin{bmatrix} i \leftarrow i + 1 \\ s \leftarrow s \cdot k \end{bmatrix}$
3.1   *bis* $i = n$
4. *Ausgabe* von s

Ende des Programms

Der Speicher i stellt die *Lauf- oder Kontrollvariable* der Schleife dar, man spricht auch kurz vom *Schleifenzähler.*

3.4.3 PTR-Übersetzung

a)

H	n	1.
$x \leftrightarrow t$		
0		2.
S1	i	
1		
S2	s	
LBL 1		3.
1		
SUM 1		
R1		
PROD 2		
$x \neq t?$		3.1
GTO 1	$i \neq n$	
R2	n!	4.
RST		

b)

H	
S0	n
1	
S1	s
LBL 1	
R0	i
PROD 1	
dsz	
GTO 1	$i \neq 0$
R1	n!
RST	

ALH (TI 57)

Man beachte die Speicherarithmetik!

b) stellt eine gegenüber dem allgemeinen Ablaufplan leicht veränderte Version dar; hier beginnt die Produktbildung mit n als erstem Faktor, gefolgt von $n - 1$, $n - 2$ usw.

Die Abkürzung *dsz* kommt von *decrement skip zero* (Abnahme Sprung Null) und soll folgenden Vorgang kennzeichnen: Zunächst wird der Speicherinhalt von Speicher 0 um 1 vermindert, dann wird festgestellt, ob der Inhalt von Speicher 0 Null ist, wenn das der Fall ist, überspringt der Rechner den nächsten Befehl, sonst nicht.

Im Unterschied zu den anderen Abfragen findet die Überprüfung der Bedingung nicht im Hauptregister x statt, sondern in einem der Zahlenspeicher, meist in Speicher 0. Zusammen mit der automatischen Verminderung des Speicherinhaltes um 1 stellt dies die bequemste Möglichkeit dar, eine *zählergesteuerte Schleife* zu programmieren. (Weil die Befehlsfolgen bei den anderen Rechnertypen ähnlich verlaufen, werden sie hier nicht aufgeführt.)

3.4.4 Testbeispiele

6! =	720	$12! = 4{,}7900160 \cdot 10^8$
7! =	5040	$69! \approx 1{,}7112244 \cdot 10^{98}$
		$70!$ Fehleranzeige $(70! > 10^{100})$

3.5 Kombination von Verzweigung und Schleife

3.5.1 Wurzeliteration nach der Methode der fortgesetzten Halbierung: allgemeiner Ablaufplan

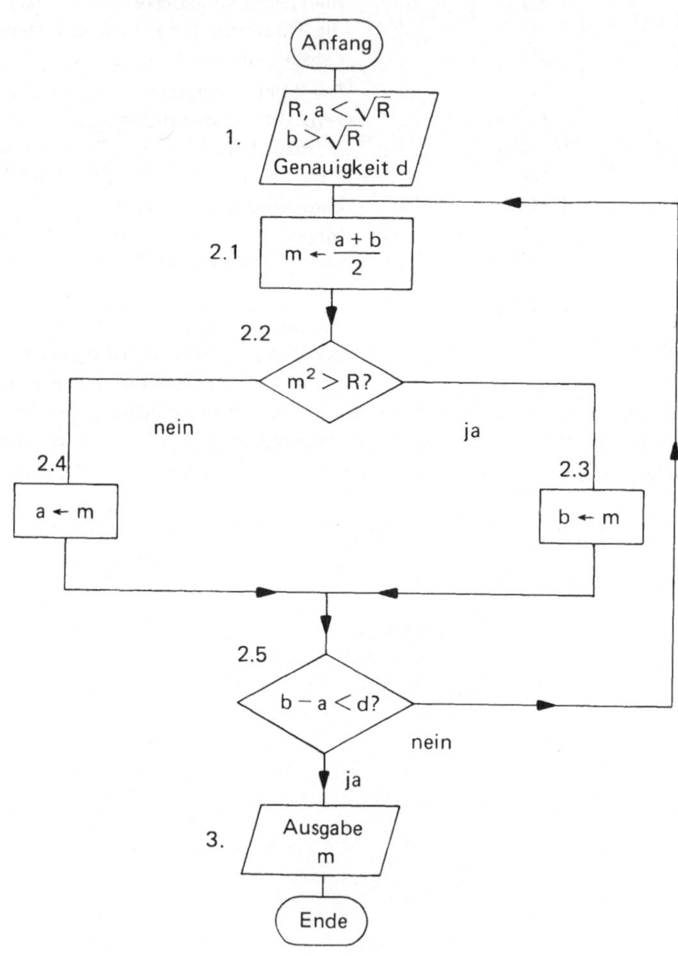

Anfang des Programms

1. *Eingabe* Radikand R, $a < \sqrt{R}$, $b > \sqrt{R}$, Genauigkeit d
2. *Wiederhole* $\begin{bmatrix} m \leftarrow 1/2 \cdot (a + b) \\ \textit{Wenn}\quad m^2 \text{ größer als R} \\ \qquad \textit{dann}\ b \leftarrow m \\ \qquad \textit{sonst}\ a \leftarrow m \end{bmatrix}$

             bis $b - a < d$
3. *Ausgabe* von m

Ende des Programms

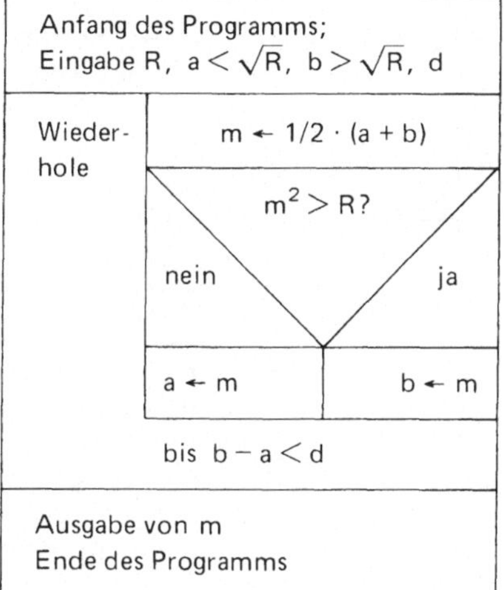

Erläuterungen:

Man versteht den Ablauf am besten, wenn man einige Durchgänge anhand eines Beispiels (hier $\sqrt{22}$) verfolgt.

Nachdem man für a und b 4 und 5 eingegeben hat, wird gemäß der ersten Anweisung im Wiederholungsteil $4{,}5^2 = 20{,}25$ gebildet. Weil 4,5 zu klein ist, wird Speicher a mit 4,5 belegt, damit bei der sich anschließenden zweiten Mittelwertbildung ein größerer Wert entsteht: $4{,}5 + 5 = 9{,}5$; $9{,}5 : 2 = 4{,}75$. Weil $4{,}75^2 = 22{,}56$, ist 4,75 zu groß und wird daher auf Speicher b geschafft, damit bei der dritten Mittelwertbildung der Wert wieder kleiner ist; es steht jetzt schon fest, daß $\sqrt{22}$ zwischen 4,5 und 4,75 gelegen ist, mit jedem weiteren Schleifendurchgang wird dieser Spielraum auf die Hälfte verkleinert und kann somit beliebig klein werden, wenn die Schleife nur oft genug durchlaufen wird.

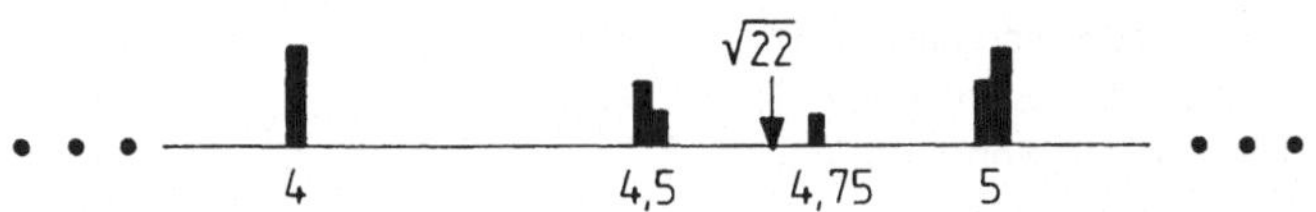

Die Skizze macht verständlich, warum man auch von *dualer Intervallschachtelung* spricht.

3.5.2 PTR-Übersetzung mit Testausdruck

00	H		1.
01	S		
02	1	R	
03	H		
04	S		
05	2	a	
06	H		
07	S		
08	3	b	
09	H		
10	S		
11	4	d	
12	R		2.1
13	2		
14	+		
15	R		
16	3		
17	=		
18	:		
19	2		
20	=	m	
21	S		
22	5		
23	PRT	Drucken	
24	x^2	m^2	2.2
25	$x \leftrightarrow t$		
26	R		
27	1	R	

28	$x \geqslant t?$		
29	3		
30	8		
31	R		2.3
32	5		
33	S		
34	3	m	
35	GOTO		
36	4		
37	2		
38	R		2.4
39	5		
40	S		
41	2	m	
42	R		2.5
43	4		
44	$\to t$		
45	R		
46	3		
47	−		
48	R		
49	2		
50	=		
51	$x \geqslant t?$		
52	1		
53	2		
54	RST		3.

ALH

```
           4.5
          4.75
         4.625
         4.6875
        4.71875
       4.703125
      4.6953125
     4.69140625
    4.689453125
    4.690429688
    4.689941406
    4.690185547
    4.690307617
    4.690368652
     4.69039917
    4.690414429
    4.690422058
    4.690418243
    4.690416336
    4.690415382
    4.690415859
    4.690415621
     4.69041574
      4.6904158
     4.69041577
    4.690415755
    4.690415762
    4.690415759
     4.69041576
     4.69041576
     4.69041576
     4.69041576
     4.69041576
     4.69041576
     4.69041576
```

Die angeführte Version wurde mit dem SR-56 und angeschlossenem
Drucker PC-100 getestet. Auf Zeile 23 befindet sich der *PRinT*-
Befehl, dadurch werden alle Zwischenwerte ausgegeben und die
Iteration als Vorgang verdeutlicht. (Die Ausgabe von m in 3. wird
dadurch überflüssig.)

Testvorgabe: R = 22; a = 4; b = 5; d = $0,5 \cdot 10^{-10}$

4 Unterprogrammtechnik

4.1 Einstufige Unterprogramme

4.1.1 Einführendes Beispiel $\binom{n}{k}$

Beim Zahlenlotto werden 6 aus 49 durchnumerierten Kugeln willkürlich herausgezogen; wie groß ist
die Chance, die richtige Kombination zu erraten?

Beim Skatspiel erhält der Spieler 10 von 32 Karten; wieviel Ausgangssituationen gibt es hier?

Aufgaben dieser Art fragen nach der *Anzahl der k-elementigen Teilmengen einer Menge von n
Elementen,* man spricht kurz von *n über k.*

Wie in den Lehrbüchern der Wahrscheinlichkeitsrechnung bewiesen wird, lautet ein zugehöriges
Rechenrezept

$$\binom{n}{k} = \frac{n!}{k! \cdot (n-k)!}$$

4.1.2 Zum Begriff des Unterprogramms

Zur Lösung der gestellten Aufgabe wird man das Fakultätsprogramm aus 3.4 heranziehen, allerdings
nicht in der Weise, daß man es unter Einfügung einiger Zwischenbefehle dreimal hintereinander in
den Programmspeicher tippt, sondern so, daß das damalige Programm zum *Unterprogramm* wird
und ein noch zu erstellendes *Hauptprogramm* die drei einzeln berechneten Fakultäten nach dem
angegebenen Rezept in $\binom{n}{k}$ überführt.

Ein *Unterprogramm* ist ein in sich abgeschlossener Teil des Gesamtprogramms, der vom restlichen
Programm, dem Hauptprogramm aus in der Regel, *mehrmals* abgerufen wird.

Die das Unterprogramm ausmachende Befehlsfolge kann an einer beliebigen Stelle des Programmspeichers beginnen; wesentlich für das Zusammenspiel von Hauptprogramm und Unterprogramm
ist der folgende Mechanismus: Wenn man irgendwo im Hauptprogramm mittels der Taste
(GO) SUB (R)[1], gefolgt von einem Label oder einer Adresse, zum Anfang des Unterprogramms
springt, so wird automatisch die Adresse desjenigen Programmschrittes, der der SUB-Anweisung
unmittelbar folgt, in einem besonderen Register gespeichert, um nach Abarbeitung der Befehle
des Unterprogramms die gewünschte Fortsetzung im Hauptprogramm zu kennzeichnen.

Der RETURN-Befehl, mit dem jedes Unterprogramm abgeschlossen werden muß (Abkürzung meist
RTN oder INV SUBR), löst dabei den Rücksprung zu jener Adresse im Hauptprogramm aus, die
im Sonderregister aufbewahrt wurde. So ist es also möglich, von beliebig vielen Stellen des Hauptprogramms aus immer wieder zum Anfang des Unterprogramms zu springen und anschließend zu

---

[1] von subroutine, vgl. 1.4

einer stets anderen Adresse im Hauptprogramm zurückzukehren; der Leser mache sich klar, warum dies mit der GOTO-Anweisung nicht organisiert werden kann! Die Skizze möge den Vorgang noch einmal verdeutlichen:

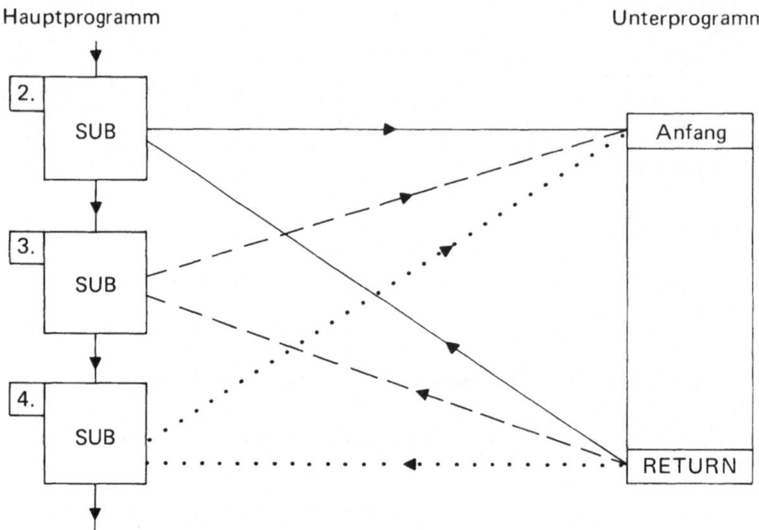

4.1.3 Allgemeiner Ablaufplan

Anfang des Hauptprogramms

1. *Eingabe* von n und k auf zwei Speicher gleichen Namens
2. $x \leftarrow n$; *Unterprogramm;* $a \leftarrow x$
3. $x \leftarrow k$; *Unterprogramm;* $b \leftarrow x$
4. $x \leftarrow n - k$; *Unterprogramm;* $c \leftarrow x$
5. $x \leftarrow \dfrac{a}{b \cdot c}$
6. *Ausgabe* von x

Ende des Hauptprogramms

Beginn des Unterprogramms

1. $i \leftarrow x$; $s \leftarrow 1$
2. *Wiederhole* $\begin{bmatrix} s \leftarrow s \cdot i \\ i \leftarrow i - 1 \end{bmatrix}$

         bis $i = 0$

3. $x \leftarrow s$

Return

Wenn man wie hier ein bereits vorhandenes Programm zum Unterprogramm umfunktionieren will, muß man u.a. auf die schon verplanten Zahlenspeicher achten. Es leuchtet ein, daß man die *lokalen* Speicher i und s des Unterprogramms nicht als (dauerhafte) Speicher im Hauptprogramm verwenden kann; die dort gespeicherten Werte würden sofort überschrieben, wenn die Befehlsfolge des Unterprogramms zur Durchführung gelangt.

Zu Beginn des Unterprogramms wird dem Speicher i der jeweils *aktuelle Wert übergeben*. Wenn nur ein Speicher belegt werden muß wie hier, genügt es, wenn der zu übergebende Wert sich im x-Register befindet; genauso kann das Ergebnis, wenn es unmittelbar vor dem RETURN-Befehl dort hinkommt, übernommen werden ins Hauptprogramm; sind mehrere Werte zu übergeben bzw. zu übernehmen, so muß man sie vorher in genau zu vereinbarende Speicher bringen (siehe Anhang).

Liegt der allgemeine Ablaufplan in Form eines FD oder NSD vor, so werden die ans Unterprogramm zu delegierenden Rechenvorgänge durch zwei zusätzliche senkrechte Striche am Rechteckrand gekennzeichnet (siehe z.B. 7.5).

4.1.4 PTR-Fassung

H.P.

H		1.
S2	n	
H		
S3	k	
R2	n	2.
SUB 2		
S4	a	
R3	k	3.
SUB 2		
S5	b	
R2		4.
−		
R3		
=	n − k	
SUB 2		
x	(n − k)!	5.
R5	k!	
=	$\dfrac{1}{(n-k)!\,k!}$	
1/x		
x		
R4	n!	
=	Erg.	
RST		6.

U.P.

LBL 2	akt.	1.
S0	i	
1		
S1	s	
LBL 1		2.
R0	i	
PROD 1		
dsz		
GTO 1	i ≠ 0	
R1	Fak.	3.
RTN		

(ALH; TI 57)

Alternative zum H.P.

H	
S2	n
−	
H	
S3	k
=	n − k
SUB 2	
x	(n − k)!
R3	k
SUB 2	
=	(n − k)! · k!
1/x	
x	
R2	n
SUB 2	
=	Erg.
RST	

Speicher c — im alternativen H.P. auch a, b — sind entbehrlich; letzteres zeigt deutlich die Vergleichbarkeit mit den rechnereigenen Funktionsunterprogrammen, man stelle sich statt „SUB 2" nur „SIN" oder „LOG" vor! Voraussetzung für diese Art des U.P.-Aufrufs ist allerdings das Nichtvorhandensein von Gleichheitszeichen innerhalb des U.P., sonst würden unvollendete Operationen im H.P. mit falschen Operanden abgeschlossen (siehe Anhang).

4.1.5 Testbeispiele

$$\binom{5}{2} = 10 \qquad \binom{7}{4} = 35$$

$$\binom{32}{10} = 64\,512\,240$$

$$\binom{49}{6} = 13\,983\,816$$

$$w \approx 0,000\,000\,071\,5$$

(Bei 6 aus 49 wurde der Kehrwehrt des Ergebnisses hinzugefügt, die Gewinnchance liegt also noch unter

$$1:10\,000\,000$$

für den Hauptgewinn.)

4.2 Mehrstufige Unterprogramme

4.2.1 Einführendes Beispiel (Binomialkoeffizienten)

Sie kennen sicher die *Binomische Formel*

$$(a + b)^2 = a^2 + 2\,a\,b + b^2\,;$$

in der dazugehörenden Verallgemeinerung für beliebiges natürliches n

$$(a + b)^n = a^n + \binom{n}{1}a^{n-1}b + \binom{n}{2}a^{n-2}b^2 + \binom{n}{3}a^{n-3}b^3 + \ldots + b^n$$

tauchen die Ausdrücke auf, die unser letztes Programm über das zugehörige Unterprogramm berechnen kann. Wir stellen uns jetzt die Aufgabe, ein Programm zu entwickeln, welches auf Eingabe von n hin die *Binomialkoeffizienten* $\binom{n}{1}\,\binom{n}{2}\,\binom{n}{3}$ usw. ausgibt.

Weil die Rechner — soweit sie überhaupt Unterprogrammtechnik erlauben — mindestens zwei sogenannte *Unterprogrammebenen* besitzen, d.h. von einem Unterprogramm aus noch ein zweites Unterprogramm aufrufen können, machen wir unser bisheriges Hauptprogramm zu einem *Unterprogramm erster Stufe,* dann wird unser bisheriges Unterprogramm zu einem solchen *zweiter Stufe.*

4.2.2 Allgemeiner Ablaufplan

Anfang des Hauptprogramms

1. *Eingabe* von n
2. k ← 0
3. *Wiederhole* $\begin{bmatrix} k \leftarrow k + 1 \\ \text{Unterprogramm I} \\ \text{Ausgabe von x} \end{bmatrix}$
   bis k = n − 1

Ende des Hauptprogramms

Beginn von Unterprogramm I

1. x ← n; *Unterprogramm* II; a ← x
2. x ← k; *Unterprogramm* II; b ← x
3. x ← n − k; *Unterprogramm* II; c ← x
4. $x \leftarrow \dfrac{a}{b \cdot c}$

Return

Beginn von Unterprogramm II

1. $i \leftarrow x$; $s \leftarrow 1$

2. *Wiederhole* $\begin{bmatrix} s \leftarrow s \cdot i \\ i \leftarrow i - 1 \end{bmatrix}$

    bis $i = 0$

3. $x \leftarrow s$

Return

4.2.3 PTR-Fassung

H.P.

H		1
S2	n	
−		
1		
=	n − 1	
$x \leftrightarrow t$		
0		2
S3	k	
LBL 4		3
1		
SUM 3		
SUB 3	$\binom{n}{k}$	
Pause		
R3		
$x \neq t?$		
GTO 4	$k \neq n - 1$	
CLR		
RST	Ende	

U.P. I

LBL 3	
R2	n
−	
R3	k
=	
SUB 2	
x	$(n - k)!$
R3	k
SUB 2	
=	$(n-k)! \cdot k!$
1/x	
x	
R2	n
SUB 2	
=	$\binom{n}{k}$
RTN	

U.P. II

LBL 2	akt.	1
S0	i	
1		
S1	s	
LBL 1		2
R0	i	
PROD 1		
dsz		
GTO 1	$i \neq 0$	
R1	Fak.	3
RTN		

(ALH, TI-57)

Bei Verwendung bereits vorhandener Programme als Unterprogramme muß man neben den Zahlenspeichern noch die schon vergebenen *Label* beachten. Ferner kann man den dsz-Zähler nicht ein zweites Mal benutzen, wenn er nur in Verbindung mit Speicher 0 funktioniert; im Hauptprogramm wurde daher k in Speicher 3 mittels SUM aufgestockt und eine Abfrage in Verbindung mit dem t-Register eingebaut. Die einzelnen Binomialkoeffizienten werden durch den Pausenbefehl sichtbar.

4.2.4 Testbeispiele

$n = 6$: 6, 15, 20, 15, 6 $n = 12$: 12, 66, 220, 495, 792, 924, 792 usw.

4.3 Übungsaufgabe

Vorgelegt sei die Funktionenschar $f: x \rightarrow ax^n + bx^m$ mit n, m aus N. Nach Vorgabe der Konstanten soll zu beliebigem x der Funktionswert berechnet werden. Weil die y^x-Taste bekanntlich eine positive Basis verlangt, sollen die Potenzen in einem geeigneten Unterprogramm ohne Verwendung dieser Taste bestimmt werden.

5 Optimieren und Korrigieren von Programmen

5.1 Optimieren von Programmen

5.1.1 Erläuterung des Begriffs

Das Optimieren (lat. optimum) von Programmen umfaßt jene Maßnahmen, die den Einsatz von Programmen ökonomisch günstig beeinflussen. Dazu gehört beim PTR

1. das Einsparen von Programmschritten
2. die Beschränkung auf möglichst wenig Zahlenspeicher
3. die Verkürzung von Rechenzeiten.

Erst langsam breitet sich die Erkenntnis aus, daß auch die *Verständlichkeit* eines Programms in diesem Zusammenhang gesehen werden muß.

Generell kann man noch unterscheiden zwischen einem Optimieren des problemorientierten Programmablaufplanes und einem Optimieren in der jeweiligen Maschinensprache; letzteres steht im Widerspruch zur Forderung nach Verständlichkeit des Programms, ist jedoch bei Rechnern mit 50 oder 72 Programmschritten oft unerläßlich.

5.1.2 Beispiele

1. Die Berechnung des Kugelvolumens bei gegebenem Durchmesser:

   Hier besteht eine Optimierungsmöglichkeit im Programmablaufplan; durch elementare algebraische Umformungen gelangt man zu der Formel $V = \frac{\pi}{6} \cdot d^3$; in der PTR-Übersetzung könnte man dann noch vor dem ersten Programmablauf $\frac{\pi}{6}$ manuell nach Speicher 1 bringen und erhielte dann:

AL	H	d		UPN	H	d
	y^x				$\uparrow$	
	3				x^2	d^2
	x	d^3			x	d^3
	$R1$	$\pi/6$			$R1$	$\pi/6$
	$=$	Erg.			x	Erg.
	RST				$GTO\ 00$	

ALH, TI-57

2. Bei der Heronschen Dreiecksberechnung (1.2.3) kann man die Eingabe leicht um 3 Ps verringern (a)); 10 Ps spart man, wenn man die Eingabe vor Programmablauf per Hand tätigt (c zuletzt) und saldierende Speicher verwendet (b)).

a)

H	
S1	a
+	
H	
S2	b
+	
H	
S3	c
=	
:	
2	
=	s
S4	

usw.

b)

H	c
+	
R2	b
+	
R1	a
=	
:	
2	
=	s
S4	
S7	
−	
R1	
=	s − a
PROD 7	
R4	
−	
R2	
=	s − b
PROD 7	
R4	
−	
R3	
=	s − c
PROD 7	
R7	
$\sqrt{\ }$	Erg.
RST	

3. Dreisatzaufgaben (2.2.5); man beachte die geänderte Reihenfolge der Eingabe:

I

H	a
:	
H	c
=	
SKP	
1/x	
x	
H	b
=	
GOTO	
0	
0	

(PR 56D-NC)

II

H	a
:	
H	c
=	
x ≥ t	
1/x	
x	
H	b
=	
RST	

(TI-57)

II

H	a
H	c
:	
x ≥ 0	
1/x	
H	b
x	
GTO 00	

(hp 25)

4. Die Überprüfung von Dreiecken auf Rechtwinkligkeit (2.3.4):

Man kann zwei Zahlenabspeicherungen vermeiden und 16 Programmschritte sparen:

Die EE-Taste rundet die zu vergleichenden Zahlen auf zehn geltende Stellen (2.3.5). Den 90-Grad-Fall erkennt man in diesem Programm daran, daß eine Zahl $\neq 0$, nämlich c^2, in exponentieller Darstellung erscheint, sonst erscheint in der üblichen Darstellung eine Null.

5. Summe s der Kehrwerte aller Quadratzahlen von 1^2 bis n^2, also
$s = 1 + \frac{1}{4} + \frac{1}{9} + \frac{1}{16} + ... + \frac{1}{n^2}$. An diesem noch nicht besprochenen Fall soll vor allem aufgezeigt werden, welchen Einfluß der Programmierstil auf die *Rechenzeit* haben kann, wenn Schleifen im Spiel sind. Auch das absichtlich recht umständlich formulierte Programm a) funktioniert korrekt, braucht aber dreimal soviel Zeit wie das optimierte Programm c). Test für n = 100:
s = 1,6349839 erscheint nach 91s, 36s, 32s (im letzten Fall muß vor Programmablauf manuell Speicher 0 mit n und Speicher 1 mit Null belegt werden und nach Programmablauf das Ergebnis ebenso aus Speicher 1 abgerufen werden). Die Summe strebt übrigens mit wachsendem n gegen $\frac{\pi^2}{6}$.

II ALH

H	a
x^2	a^2
+	
H	b
x^2	b^2
=	$a^2 + b^2$
EE	
→ t	
H	
x^2	c^2
EE	
x = t?	
0	
0	
CLR	
RST	

(SR-56)

a)

	n
H	n
S1	
1	
S2	
0	
S3	
LBL 1	
R2	
x^2	
1/x	
+	
R3	
=	
S3	
R2	
x ↔ t	
R1	
x = t?	
GTO 2	
R2	
+	
1	
=	
S2	
GTO 1	
LBL 2	
R3	Erg.
RST	

(TI-57)

b)

	n
H	n
S0	
0	
S1	
LBL 1	
R0	
x^2	
1/x	
SUM 1	
dsz	
GTO 1	
R1	Erg.
RST	

c)

R0
x^2
1/x
SUM 1
dsz
RST
H

5.2 Korrigieren von Programmen

5.2.1 Einzelheiten zur Fehlerbehebung

Wenn ein Programmablauf nicht funktioniert, so hat das hauptsächlich zwei Ursachen:

a) Der dem allgemeinen Programmablaufplan zugrunde liegende Algorithmus ist fehlerhaft.
b) Der Fehler steckt irgendwo in der PTR-Befehlsfolge.

Wenn der Algorithmus mit speziellen Zahlen schon getestet wurde und dabei erwartungsgemäß auslief, so ist ein Übersetzungsfehler wahrscheinlich und man beginnt die Fehlersuche zweckmäßigerweise beim PTR-Programm.

Weil beim Eintasten der vielen Einzelbefehle Tippfehler leicht vorkommen können, sollte man als erstes einfach die ganze Befehlsfolge noch einmal eintippen und dabei sorgfältig von Zeit zu Zeit prüfen, ob die Adresse laut Plan auch zum Befehl paßt, denn häufig besteht der Fehler darin, daß man einen Befehl doppelt eintippt oder einen Befehl vergißt.

Die andere Möglichkeit, die in den Firmenhandbüchern empfohlen wird, benutzt die *Codierung* der Befehle in Verbindung mit der STEP-Taste (auch SST abgekürzt von *single step*). Hierzu geht man an den Programmanfang zurück und checkt in der Betriebsart *Programmaufnahme* mittels dieser Taste Zelle für Zelle des Programmregisters noch einmal durch, wobei der jeweilige Befehl durch eine meist zweistellige Zahlenverschlüsselung erkennbar wird; in der Regel bedeutet die erste Ziffer die Zeile und die zweite Ziffer die Spalte, in der sich die zugehörige Taste auf dem Rechner befindet; dieses Vorgehen wird durch den *overlay* sehr unterstützt. (Ein Foliengitter, welches direkt neben der Taste den Code sichtbar macht.)

Wenn man sicher ist, daß kein bloßer Tippfehler vorliegt, beginnt die eigentliche Fehlersuche, und zwar am besten mit der Überprüfung der Sprungadresse bzw. der Abfragen; wenn die auch in Ordnung sind, beginnt die Kleinarbeit: Sie müssen jetzt das ganze Programm durchgehen und dabei auf die Wirkung achten, die von den einzelnen Befehlen ausgeht.

Ein Verfahren besteht darin, den *Programmablauf in Zeitlupe* vorzunehmen, indem man mit der STEP-Taste jeden Befehl einzeln zur Ausführung bringt; ein langwieriges und wegen der dauernd wechselnden Zahlen in der Anzeige einerseits und der nicht angezeigten Adressen andererseits viel Konzentration erforderndes Verfahren.

Eine weitere Möglichkeit besteht darin, den ursprünglich geplanten Ablauf leicht zu verändern, indem man an bestimmten Stellen nachträglich ein *Halt* einprogrammiert, um einen wichtigen Zwischenwert zu überprüfen; auf diese Weise gelingt es meist schneller, den Fehler einzukreisen, wie es sich überhaupt empfiehlt, blockweise nach vermuteter Fehleranfälligkeit zu prüfen und nicht einfach von vorn nach hinten.

Hat man den Fehler endlich gefunden, muß er korrigiert werden. Bei manchen Fabrikaten bedeutet schon ein einziger vergessener Befehl, daß man von der betreffenden Stelle an alles neu einzutippen hat, wobei noch den geänderten Sprungadressen Rechnung getragen werden muß.

Bequem gestaltet sich die Programmkorrektur, wenn INS-Taste und DEL-Taste zum Befehlsrepertoire gehören. INS (*insert,* einfügen, einrücken; vgl. auch das Zeitungsinserat) bewirkt, daß die ganze Befehlsfolge von der betreffenden Stelle ab um einen Programmspeicher nach oben (im Sinne der Adressennumerierung) verschoben wird und der fehlende Befehl anschließend eingetippt werden kann; bei gleichzeitiger Verwendung von Labels können auch die Verzweigungen dadurch nicht verfälscht werden. DEL (*delete,* tilgen, ausmerzen) löscht einen überflüssigen oder falschen Befehl und läßt anschließend die Lücke wieder auffüllen, indem die ganze Befehlsfolge um einen Speicher nach unten verschoben wird.
Ist statt einzelner Befehle eine ganze Befehlsfolge einzubauen, wird man diese im Anschluß an das unvollständige Programm eintippen und die Verbindung mittels zweier GOTO-Sprünge herstellen.

5.2.2 Allgemeine Vorschläge zur Programmerstellung

Im folgenden Flußdiagramm ist noch einmal zusammengefaßt, wie man bei der Programmierung zweckmäßig vorgeht; auf diese Weise würde auch sichergestellt, daß nicht nur der jeweilige Verfasser sein möglicherweise auf einen ganz bestimmten Maschinentyp hin ausgerichtetes Programm versteht, sondern daß es jeder Interessierte auf einem beliebigen Computer nachvollziehen kann!

Wenn durch die Optimierung der vorangegangene allgemeine Ablaufplan wesentlich geändert wurde, sollte das auch notiert werden.

Zur *Dokumentation* gehören außer dem allgemeinen und dem maschinellen Programmablaufplan noch eine *Bedienungsanleitung* für Benutzer; selbst der Erfinder des Programms hat nach einigen Wochen wichtige Einzelheiten vergessen, wie z.B. die Art und Weise der Eingabe, das einzustellende Anzeigeformat, die Reihenfolge des Erscheinens bei mehr als einem Ergebnis und etwaige Einschränkungen der Genauigkeit u.a. Auch eine *Kurzbeschreibung* der Probleme oder Aufgaben, die mit dem Programm gelöst werden können, mit *Testbeispielen* als Beleg, sind nützlicher Bestandteil einer Dokumentation.

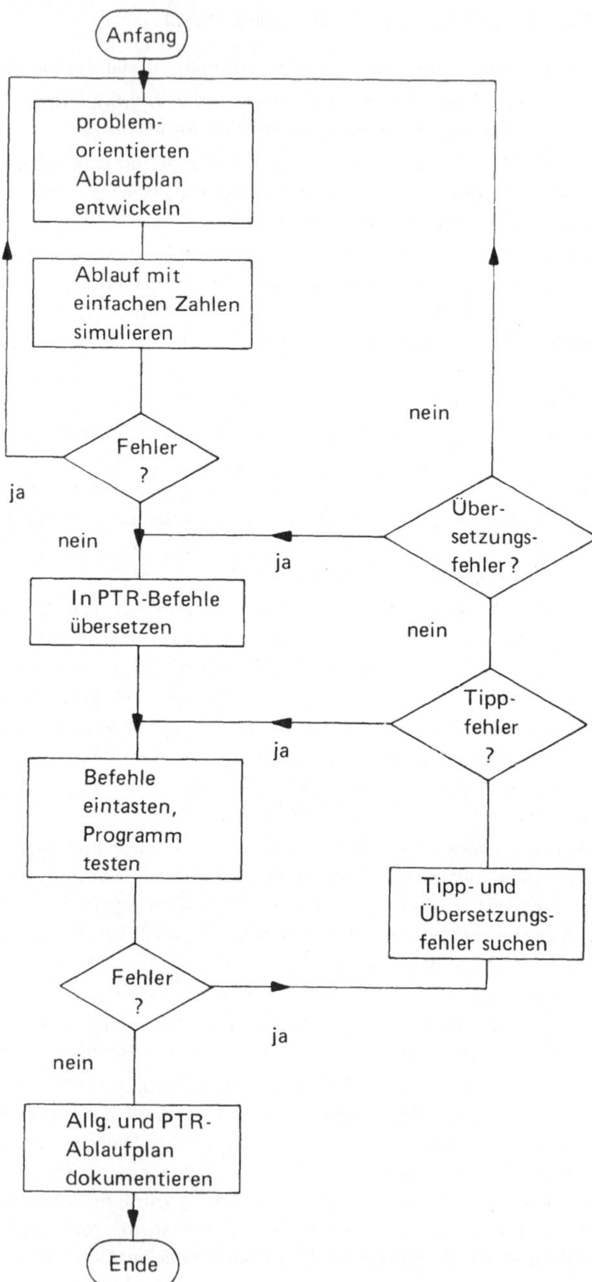

Teil II Anwendungen

Verzeichnis der eingesetzten Testrechner

Nr. 1   Privileg PR 56D-NC
Nr. 2   Commodore PR-100
Nr. 3   SR-56
Nr. 4   SR-52
Nr. 5   hp 25
Nr. 6   hp 19C
Nr. 7   TI-57
Nr. 8   TI-58
Nr. 9   TI-59

(Auswahl und Einsatzhäufigkeit sind rein zufällig)

Aus Gründen der Sparsamkeit sind in vielen PTR-Programmen mehrere Programmschritte in *eine* Zeile gesetzt; Adressen werden nur vereinzelt angegeben (Symbol $\bigcirc$); der Zusammenhang mit dem allgemeinen Ablaufplan wird durch die numerierten Befehlsblöcke deutlich (Symbol $\square$).

6 Gleichungen und Gleichungssysteme

6.1 Quadratische Gleichungen

6.1.1 Reelle Lösungen

a) Mathematischer Hintergrund

Nimmt man die normierte Form

$$x^2 + p \cdot x + q = 0 \,,$$

so kann man sich der bekannten Formel
bedienen.

$$x_{1,2} = -\frac{p}{2} \pm \sqrt{\left(\frac{p}{2}\right)^2 - q}$$

b) Allgemeiner Ablaufplan

Anfang des Programms Eingabe von p und q
$p \leftarrow -\dfrac{p}{2}$; $q \leftarrow \sqrt{p^2 - q}$
Ausgabe von p + q und p − q Ende des Programms

Man beachte die wechselnden Inhalte
der Speicher p und q (Speicherminimierung)!

c) PTR-Übersetzung
(27 Ps, Rechner 1)

H	p
:	
2	
=	
+/−	
S1	$-\dfrac{p}{2}$
x^2	
−	
H	q
=	
$\sqrt{\ }$	
S2	
+	
R1	
=	x_1
H	
R1	
−	
R2	
=	x_2
GTO 00	

d) Testbeispiele

$x^2 + x - 6 = 0$; $x_1 = 2$ und $x_2 = -3$
$x^2 + 27{,}987\,x - 398{,}10678 = 0$; $x_1 = 10{,}377073$
$\qquad\qquad\qquad\qquad\qquad x_2 = -38{,}364073$

$x^2 - 2\,x + 10 = 0$; unlösbar
$x^2 - 2\,x + 1 = 0$; $x_1 = x_2 = 1$

Eine kleine „Textgleichung":

Auf einer Tagung begrüßt jeder jeden; hierbei werden
insgesamt 666mal die Hände geschüttelt!
Frage: Wie viele Teilnehmer gab es? (siehe Anhang)

6.1.2 Komplexe Lösungen

a) Problemstellung

Das vorliegende Thema ist geeignet, in die schon erwähnte *Methode der schrittweisen Verfeinerung* einzuführen; hierzu versetzen Sie sich bitte in die Lage eines Menschen, der — in Kenntnis des mathematischen Hintergrundes — gerade den Auftrag erhalten hat, zur Gleichungsform

$$a \cdot x^2 + b \cdot x + c = 0$$

ein Computerprogramm zu entwerfen, welches zu beliebigen Belegungen von a, b, c jeweils die treffende Antwort liefert, also auch komplexe Lösungen ausgibt.

Die wenigsten können sofort einen endgültigen Ablaufplan hinschreiben; vielmehr wird in der Regel so verfahren, daß man die zunächst nur in groben Umrissen vorhandenen Vorstellungen nach und nach zu präzisieren und konkretisieren sucht. Einige mögliche Entwicklungsstufen dieses Prozesses sollen im folgenden aufgezeigt werden, wozu die verbale Darstellungsform besonders geeignet erscheint.

b) Allgemeiner Ablaufplan in schrittweiser Verfeinerung

Urfassung:

Anfang des Programms

Eingabe von a, b, c
Wenn $a \neq 0$,   *dann* quadratische Gleichung lösen
      sonst lineare Gleichung lösen

Ende des Programms

Erste Verfeinerung:

Anfang des Programms

Eingabe von a, b, c
Wenn $a \neq 0$
  dann mit Hilfe der Formel $x_{1,2} = -\dfrac{p}{2} \pm \sqrt{\left(\dfrac{p}{2}\right)^2 - q}$ arbeiten

  sonst die Gleichung $b \cdot x + c = 0$ nach x auflösen

Ende des Programms

Zweite Verfeinerung:

Anfang des Programms

Eingabe von a, b, c
Wenn $a \neq 0$
  dann $P \leftarrow -\dfrac{b}{2a}$ und $D \leftarrow \sqrt{P^2 - \dfrac{c}{a}}$ setzen und $P - D$ sowie $P + D$ *ausgeben*

  sonst $-\dfrac{c}{b}$ *ausgeben*

Ende des Programms

Dritte Verfeinerung:

Anfang des Programms

Eingabe von a, b, c
Wenn   a $\neq$ 0

      dann   P $\leftarrow -\dfrac{b}{2a}$ und D $\leftarrow$ P$^2 - \dfrac{c}{a}$ setzen

          wenn   D $\geqslant$ 0

            dann P $+ \sqrt{D}$ und P $- \sqrt{D}$ *ausgeben*

            sonst ,,unlösbar'' *anzeigen*

     sonst,   *wenn*   b $\neq$ 0

          dann $-\dfrac{c}{b}$ *ausgeben*

          sonst ,,nicht eindeutig lösbar'' *anzeigen*

Ende des Programms

Vierte und letzte Verfeinerung:

Anfang des Programms

1. *Eingabe* der Konstanten a, b, c
2. *Wenn*   a $\neq$ 0
3.   *dann* P $\leftarrow -\dfrac{b}{2a}$ und D $\leftarrow$ P$^2 - \dfrac{c}{a}$ setzen
4.   *wenn*   D $\geqslant$ 0
5.   *dann, wenn*   D $=$ 0
6.   *dann* P *ausgeben* (Fall 1)
7.   *sonst* P $+ \sqrt{D}$ und P $- \sqrt{D}$ *ausgeben* (Fall 2)
8.   *sonst* P und $\sqrt{-D}$ und $-\sqrt{-D}$ *ausgeben* (Fall 3)
9.   *sonst, wenn* b $\neq$ 0
10.   *dann* $-\dfrac{c}{b}$ *ausgeben* (Fall 4)
11.   *sonst, wenn* c $\neq$ 0
12.   *dann* ,,unlösbar'' *anzeigen* (Fall 5)
13.   *sonst* ,,allgemeingültig'' *anzeigen* (Fall 6)

Ende des Programms

c) PTR-Übersetzung (147 Ps, Rechner 4 mit Drucker)

H		1.
S01	a	
H		
S02	b	
H		
S03	c	
R01	a	2.
x = 0?		
A	(a = 0)	
R02	b	3.
:		
R01	a	
:		
2		
=		
+/−	P	
Exc 03	c	
:		
R01	a	
+/−		
+		
R03	P	
x²		
=		
S04	D	
x < 0?		4.
B	(D < 0)	
x ≠ 0?		5.
C	(D > 0)	
1	zum	6.
E'	U.P.	
R03		
PRT	P	
RST		

LBL C		7.
2	zum	
E'	U.P.	
R04		
√		
S04	$\sqrt{D}$	
+		
R03	P	
=		
PRT	$P + \sqrt{D}$	
R03	P	
−		
R04	$\sqrt{D}$	
=		
PRT	$P - \sqrt{D}$	
RST		
LBL B	D	8.
+/−	− D	
√		
S04	$\sqrt{-D}$	
3	zum	
E'	U.P.	
R03		
PRT	P	
R04		
PRT	$\sqrt{-D}$	
+/−		
PRT	$-\sqrt{-D}$	
RST		
LBL A		9.
R02		
x = 0?		
D	(b = 0)	

4	zum	10.
E'	U.P.	
R03	c	
:		
R02	b	
=		
+/−		
PRT	$-\dfrac{c}{b}$	
RST		
LBL D		11.
R03		
x = 0?		
E	(c = 0)	
5	zum	12.
E'	U.P.	
RST		
LBL E		13.
6	zum	
E'	U.P.	
RST		
LBL E'		U.P.
EE		
PRT		
INV EE		
RTN		

d) Testbeispiele

$$x^2 - 2x + 1 = 0 \qquad x^2 + x - 6 = 0 \qquad 3x^2 + 12x + 24 = 0$$
$$0x^2 + 2x + 6 = 0 \qquad 0x^2 + 0x + 1 = 0 \qquad 0x^2 + 0x + 0 = 0$$

man beachte dabei die Kennzeichnung (U.P.E')!

„eine reelle Lösung'' 1.00

„zwei reelle Lösungen'' 2.00

„konjugiert komplexe Lösungen'' 3.00 bei der quadratischen Form und

„eindeutige Lösung'' 4.00

„keine Lösung'' 5.00

„allgemeingültig'' 6.00 bei der linearen Form.

```
1.   00
1.

2.   00
2.
-3.

3.   00
-2.
2.
-2.

4.   00
-3.

5.   00

6.   00
```

6.2 Lineare Gleichungssysteme

6.2.1 Zwei Gleichungen mit zwei Variablen

a) Mathematischer Hintergrund

Um das System $\begin{array}{c} ax + by = c \\ dx + ey = f \end{array}$ nach x und y aufzulösen, kann man das b-fache der zweiten Gleichung vom e-fachen der ersten Gleichung abziehen und erhält nach der Division den Term

$$x = \frac{ce - bf}{ae - db}\,.$$

Auf ähnliche Weise gelangt man zu $y = \frac{af - dc}{ae - db}\,.$

b) Allgemeiner Ablaufplan

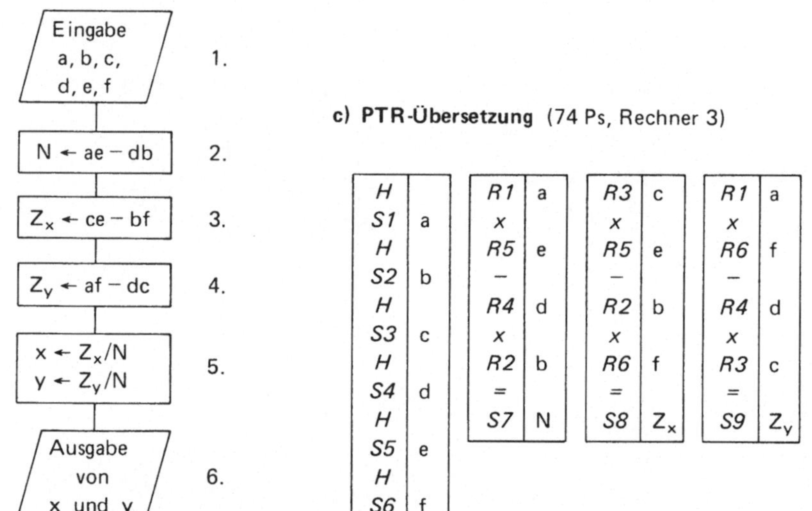

c) PTR-Übersetzung (74 Ps, Rechner 3)

H		R1	a	R3	c	R1	a	R8	Z_x
S1	a	x		x		x		:	
H		R5	e	R5	e	R6	f	R7	N
S2	b	−		−		−		=	
H		R4	d	R2	b	R4	d	H	x
S3	c	x		x		x		R9	Z_y
H		R2	b	R6	f	R3	c	:	
S4	d	=		=		=		R7	N
H		S7	N	S8	Z_x	S9	Z_y	=	
S5	e							RST	y
H									
S6	f								

d) Testbeispiele

Beeindruckend ist, daß der Rechner bei „krummen" Zahlen die Ergebnisse genauso schnell liefert wie bei „glatten" Werten, man prüfe dies an Beispielen wie

$$\begin{array}{ll} 1x + 2y = 3 \\ 4x + 5y = 6 \end{array} \quad \text{und} \quad \begin{array}{l} x + 2y \;\; = 5{,}123470895 \\ \ln 2\, x + 1/7 y = 387516{,}8142^{[1]} \end{array}$$

mit den Lösungen

$$\begin{array}{ll} x = -1 \\ y = 2 \end{array} \quad \text{bzw.} \quad \begin{array}{l} x = 623298{,}76 \\ y = -311646{,}83 \end{array}$$

---

[1] $\ln 2 \approx 0{,}6931$

e) Sonderfälle

Um so mehr wird mancher erstaunt sein, daß der Rechner bei harmlos ausschauenden Systemen wie

$$1x + 2y = 3 \qquad \text{oder} \qquad 1x + 2y = 3$$
$$4x + 8y = 12 \qquad\qquad\qquad\quad 4x + 8y = 11$$

streikt, d.h. „E(RROR)" oder Blinklicht oder dergleichen anzeigt!

Wenn man, um der Sache auf den Grund zu gehen, nach Betätigen der Clear-Taste im Programmspeicher nachschaut, so wird der Divisionsbefehl sichtbar; wenn aber eine Division nicht ausgeführt wird, so kann das nur daran liegen, daß der Divisor Null ist. Dies prüft man mittels „RCL, 7" leicht nach.

Die weitere Untersuchung zeigt, daß im ersten Fall sowohl der Nenner N als auch die beiden Zähler Z_x und Z_y Null sind, d.h. die beiden Gleichungen sind äquivalent, was man auch daran erkennt, daß die erste Gleichung, mit 4 multipliziert, gleich der zweiten wird. Nun gibt es unendlich viele Lösungen, nämlich alle Zahlenpaare x, y, die der Beziehung x + 2y = 3 genügen; auf diesen Fall haben wir den Computer aber nicht vorbereitet!

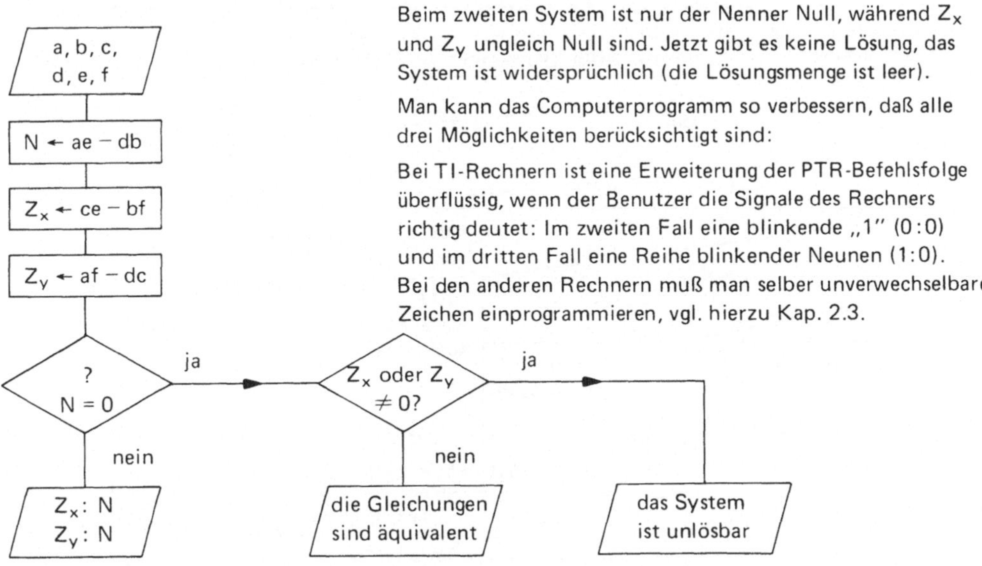

Beim zweiten System ist nur der Nenner Null, während Z_x und Z_y ungleich Null sind. Jetzt gibt es keine Lösung, das System ist widersprüchlich (die Lösungsmenge ist leer).

Man kann das Computerprogramm so verbessern, daß alle drei Möglichkeiten berücksichtigt sind:

Bei TI-Rechnern ist eine Erweiterung der PTR-Befehlsfolge überflüssig, wenn der Benutzer die Signale des Rechners richtig deutet: Im zweiten Fall eine blinkende „1" (0:0) und im dritten Fall eine Reihe blinkender Neunen (1:0). Bei den anderen Rechnern muß man selber unverwechselbare Zeichen einprogrammieren, vgl. hierzu Kap. 2.3.

6.2.2 Drei Gleichungen mit drei Variablen

a) Problemstellung

In den Firmenhandbüchern findet man meist das Determinantenverfahren, welches aber nur im Falle der eindeutigen Lösung anwendbar ist. Wir zeigen hier eine Möglichkeit, *alle* Fälle eines solchen Systems zu berücksichtigen und bedienen uns dabei des *Gaußverfahrens* im engeren Sinne; d.h. wir bringen das Ausgangssystem

$$a_1x + b_1y + c_1z = d_1 \qquad\qquad\qquad a_1x + b_1y + c_1z = d_1$$
$$a_2x + b_2y + c_2z = d_2 \quad \text{in die } \textit{Trapezform}^{[1]} \qquad B_2y + C_2z = D_2$$
$$a_3x + b_3y + c_3z = d_3 \qquad\qquad\qquad\qquad\quad \gamma \cdot z = \delta$$

---

[1] auch Dreieckform oder Staffelform genannt

Hierbei müssen wir $a_1 \neq 0$ voraussetzen, was notfalls durch Zeilen- oder Spaltentausch erzwungen werden kann. Dann eliminieren wir x in der 2. und 3. Gleichung dadurch, daß wir zum a_2-fachen der ersten Gleichung das minus a_1-fache der 2. Gleichung addieren und zum a_3-fachen der 1. Gleichung das minus a_1-fache der 3. Gleichung, dann erhalten wir als Zwischenstufe zur Trapezform

$$a_1 x + b_1 y + c_1 z = d_1$$
$$B_2 y + C_2 z = D_2$$
$$B_3 y + C_3 z = D_3$$

die Bedeutung von $B_2, C_2, D_2, B_3, C_3, D_3$ sowie die weiteren Überlegungen und Rechenabläufe entnehme man dem folgenden NSD.

b) Allgemeiner Ablaufplan

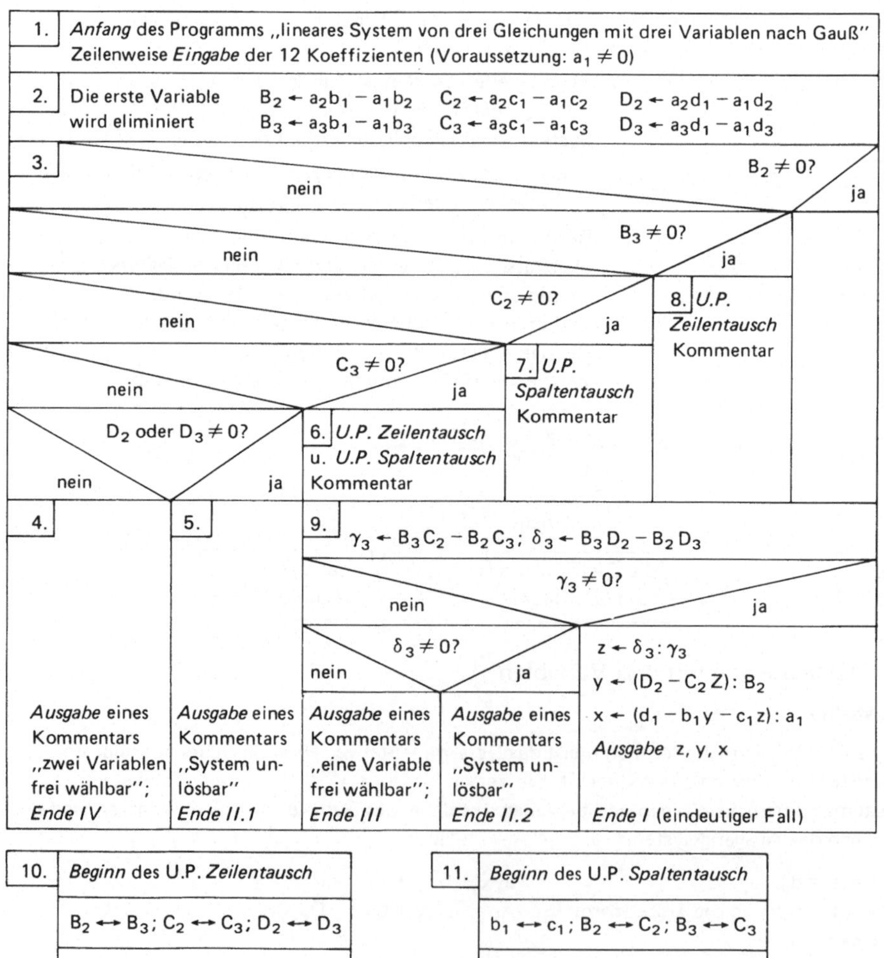

Erläuterungen:

Wie der Leser aus 5.2.1 weiß, kann das Gleichungssystem in der zweiten und dritten Zeile mit den Variablen y und z und den genannten Konstanten eindeutig lösbar sein oder unlösbar sein oder unendlich viele Lösungen haben; wegen der in die Überlegungen mit einzubeziehenden ersten Zeile wird die Fallunterscheidung jetzt etwas aufwendiger, wie man Block 3 entnehmen kann. Zunächst ist klar, daß im Falle von $B_2 = B_3 = C_2 = C_3 = D_2 = D_3 = 0$ y und z frei wählbar sind und nur x durch die Daten der ersten Zeile determiniert ist (Ende IV).

Es leuchtet ferner ein, daß nicht die ersten vier Konstanten Null sein dürfen und D_2 oder D_3 ungleich Null, dann würde mit diesem System auch das ursprüngliche System unlösbar. Wenn $B_2 = B_3 = C_2 = 0$, jedoch $C_3 \neq 0$, dann kann man $C_3 \cdot z$ zur ersten Variablen der ersten Gleichung (des Restsystems in y, z) machen, indem man die Reihenfolge der beiden Gleichungen vertauscht und die Reihenfolge der beiden Variablen; weil sich anschließend der eindeutige Fall ergeben könnte, erfolgt noch ein Kommentar, um der geänderten Ausgabereihenfolge Rechnung tragen zu können (Block 6). Analog ist in Block 7 ein Kommentar für den Spaltentausch vorgesehen; während der Zeilentausch in Block 8 notfalls ohne Kommentar durchlaufen werden könnte.

Wenn nun der Speicher B_2, — dessen Inhalt nach dem soeben gesagten nicht mehr mit dem Parameter B_2 des Gleichungssystems identisch sein muß —, keine Null enthält, kann man die erste Variable in der letzten Gleichung, im Normalfall also y, eliminieren und gelangt so zur Trapezform; daß dieses Gleichungssystem über das Zwischensystem mit dem Ausgangssystem äquivalent ist, also die gleiche Lösungsmenge besitzt, ist eine wesentliche Grundlage des ganzen Verfahrens.
Die drei Möglichkeiten I, II.2 und III sind anhand der Trapezform gut auszumachen.

c) PTR-Übersetzungen

1	1.	*R02*		*E*		*LBL B*	9.	—	
SUM 13		—		*R15*	D_2	*R16*		*R05*	
R13		*R01*		*x*		*x*		*x*	
H		*x*		*R18*	D_3	*R14*		*R03*	
Si 13		*R10*		=		—		+	
RST		=		$x \neq 0?$	δ_3	*R13*		*R04*	
LBL A	2.	*S16*	B_3	*A′*		*x*		=	
R05		*R09*		*2*	4.	*R17*		:	
x		*x*		+		=		*R01*	
R02		*R03*		*x*	Ende	*S19*		=	
—		—		*H*	IV	*R16*		*H*	*x*
R01		*R01*		*LBL A′*	5.	*x*		*LBL B′*	10.
x		*x*		*0*		*R15*		*R13*	
R06		*R11*		*1/x*	Ende	—		*Exc 16*	
=		=		*H*	II.1	*R13*		*S13*	
S13	B_2	*S17*	C_3	*LBL E*	6.	*x*		*R14*	
R05		*R09*		*B′*	Zeilen	*R18*		*Exc 17*	
x		*x*		*C′*	Spalten	=		*S14*	
R03		*R04*		*8*		:		*R15*	
—		—		*7*		*R19*		*Exc 18*	
R01		*R01*		+	Kom-	=	z	*S15*	
x		*x*		*x*	men-	*S05*	oder III	*RTN*	
R07		*R12*		*H*	tar	*H*	oder II.2	*LBL C′*	11.
=		=		*B*		*x*		*R02*	
S14	C_2	*S18*	D_3	*LBL D*	7.	*R14*		*Exc 03*	
R05		*R13*	3.	*C′*	Spalten	*+/−*		*S02*	
x		$x \neq 0?$	B_2	*8*		+		*R13*	
R04		*B*		+	Kom-	*R15*		*Exc 14*	
—		*R16*	B_3	*x*	men-	=		*S13*	
R01		$x \neq 0?$		*H*	tar	:		*R16*	
x		*C*		*B*		*R13*		*Exc 17*	
R08		*R14*	C_2	*LBL C*	8.	=		*S16*	
=		$x \neq 0?$		*B′*	Zeilen	*H*	y	*RTN*	
S15	D_2	*D*		*7*		*x*			
R09		*R17*	C_3	+	Kom-	*R02*			
x		$x \neq 0?$		*x*	men-	*+/−*			
				H	tar				

(267 Ps, Rechner 8; Variante für Rechner 4, siehe Erläuterungen)

Erläuterungen:

Die Eingabe gestaltet sich recht komfortabel, indem nach Betätigung der Programmablauftaste jedesmal die Nummer des Koeffizienten angezeigt wird, der anschließend einzugeben ist; wird die „13" angezeigt, ist der Programmablauf mittels Taste „A" fortzusetzen.

Wesentlicher Bestandteil dieser kurzen Eingabe ist die Befehlsfolge „S i 13", „Store indirekt 13".
Damit hat es folgende Bewandtnis: Die gerade im Anzeigeregister befindliche Zahl wird nicht nach
Speicher Nr. 13 geschafft, sondern nach jenem Speicher, dessen Nummer der Zahl in Speicher 13
entspricht. Zu Beginn des Programmablaufs, der mit einer generellen Speicherlöschung (CMs) ein-
zuleiten ist, wird Speicher 13 auf 1 gesetzt, folglich wird der erste Koeffizient nach Speicher 1 gebracht. Nach dem Rücksprung erhöht sich der Inhalt von Speicher 13 auf 2, folglich wird die zweite
Vorzahl auf Speicher 2 transportiert usw., bis wir den Kreislauf, wie beschrieben, mit der A-Taste
verlassen. Mit dieser sogenannten *indirekten Adressierung* kann man nicht nur Speicherungen,
sondern auch Sprünge organisieren, die Einzelheiten entnehme man den Firmenhandbüchern.

Im eindeutigen Fall ohne vorherige Umspeicherungen werden die drei Werte in der Reihenfolge
z, y, x ausgegeben, vgl. Block 8. Wenn auf dem gleichen Wege Block 9 erreicht wird und $\gamma = 0$,
dann wird im Falle von $\delta \neq 0$ eine blinkende Reihe von Neunen und im Falle von $\delta = 0$ eine blinkende Eins in Erscheinung treten, die Erklärung dafür wurde in 6.2.1 gegeben.

Entsprechend wird das Ende II.1 in 5. und das Ende IV in 4. durch das sofortige Blinken von
Neunen bzw. einer Zwei angezeigt. Die verbleibenden Wege durch 6, 7, 8 sind daran erkennbar, daß
zunächst eine blinkende 87, 8, 7 auftritt als Kommentarersatz und erst nach Betätigung der Tasten
„Clear, Run" dem Ende I, II.2, bzw. III zugesteuert wird.

Variante für Rechner 4: Man kann die Blöcke 1 und 2 übernehmen („IND, STO, 13"). Anschließend
schreibt man „R, 1, 3, if zero, 2, 2, 2", um dann erst Block 9 (ohne LBL B) folgen zu lassen, was
bis 221 reicht. Auf 222 bringt man π, auf 223, den letzten Programmschritt, ein „Halt". Wenn π
angezeigt wird, ist also $B_2 = 0$ (wenn man nicht ganz spezielle Systeme mit π als Konstanter eingegeben hat), und man muß jetzt mit der Hand Block 3 abfahren, also der Reihe nach „R16", „R14",
„R17" usw. tasten, wobei nach dem Vertauschen der Zeilen und/oder Spalten einfach sämtliche
Koeffizienten noch einmal eingegeben werden und der gesamte Programmablauf von vorne beginnt.

Gleichungssysteme dieser Art — also mit nicht eindeutiger Lösung — spielen in der analytischen
Geometrie beispielsweise eine Rolle (Untersuchung von Vektoren auf lineare Abhängigkeit, Lage
einer Geraden relativ zu einer Ebene u.ä.).

d) Testbeispiele

$3x + 4y + 3z = 1$	$x + y + z = 1$	$x + 2y - z = 6$	$7x - y + 5z = 1$	$x + y + z = 0$
$2x - y - z = 6$	$-x - y + z = -1$	$3x + 6y - 3z = 18$	$x + 3y - z = 7$	$-x - y + z = 4$
$x + 3y + 2z = -1$	$-x + y + z = 0$	$-2x - 4y + 2z = -12$	$15x + y + 9z = 9$	$-x - y - z = 0$
Lösung:	Lösung:	Lösung:	Lösung:	Lösung:
$z = -3$	$z = 0$	2 Variable	1 Variable	1 Variable
$y = 1$	$y = 0,5$	sind frei	ist frei	ist frei
$x = 2$	$x = 0,5$	wählbar!	wählbar!	wählbar!
	(Zeilentausch)			(Spaltentausch)

$$7x - y + 5z = 1 \qquad\qquad x + y + z = 0$$
$$x + 3y - z = 7 \qquad\qquad -x - y - z = 0$$
$$15x + y + 9z = 2 \qquad\qquad -x - y + z = 4$$

Lösung: Lösung:
existiert nicht   1 Variable frei wählbar
                                (Zeilen- und Spaltentausch)

6.3 Näherungsverfahren

6.3.1 Lösung einer Gleichung vierten Grades

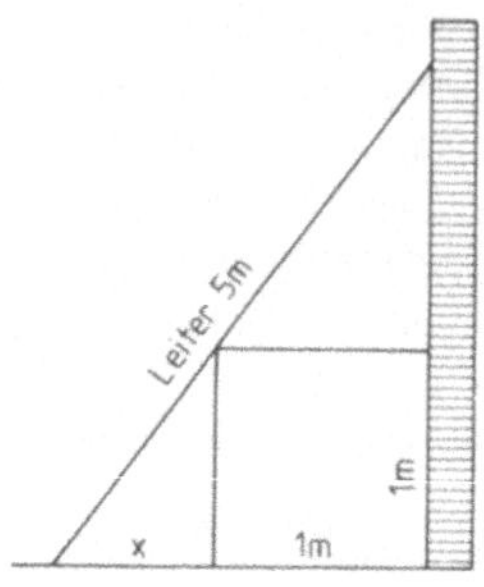

a) Problemstellung

Eine 5 m lange Leiter soll so an eine senkrechte Mauer gelehnt werden, daß sie auch an der Kante einer davor befindlichen Kiste mit dem Querschnitt eines 1-m-Quadrates anliegt (vgl. Skizze).

Frage: In welchem Abstand von der Mauer bzw. Kiste muß der Fuß der Leiter aufgesetzt werden?

Gesucht ist also die Länge der Strecke x; wenn Sie dies nicht selber ausknobeln wollen, können Sie den Lösungshergang im Anhang nachschlagen, um sich davon zu überzeugen, daß man auf die Gleichung

$$x^4 + 2 x^3 - 23 x^2 + 2 x + 1 = 0$$

stößt. Zur Lösung dieser Gleichung gibt es kein einfaches Rezept wie bei der quadratischen Gleichung, man ist daher auf Näherungsverfahren angewiesen. Im folgenden soll ein solches Verfahren vorgestellt werden, welches ohne „höhere Mathematik" (wie z.B. das Newtonverfahren) auskommt und auf der schon in 3.5.1 vorgestellten Methode der fortgesetzten Halbierung beruht.

Durch kurzes Probieren findet man heraus, daß die Gleichung mit einem Wert zwischen 0 und 1 gelöst werden kann (für x = 0 wird der linke Term 1 und für x = 1 wird der linke Term -17); am besten faßt man die Gleichung als Bedingung für die Nullstellen der zugeordneten Funktion mit

$$f(x) = x^4 + 2 x^3 - 23 x^2 + 2 x + 1$$

auf, deren Verlauf im Bereich $0 \leqslant x \leqslant 1$ ganz grob etwa so aussieht:

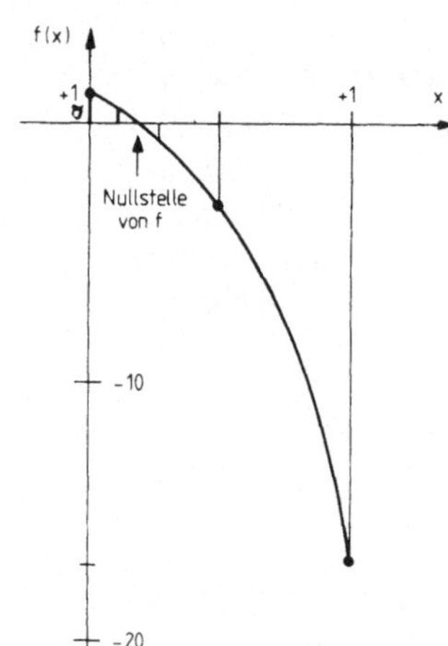

Nach der Skizze müßte der Term für x = 0,5 negativ werden, folglich probiert man mit 0,25 weiter und so fort; man betrachte das folgende Flußdiagramm.

b) Allgemeiner Ablaufplan

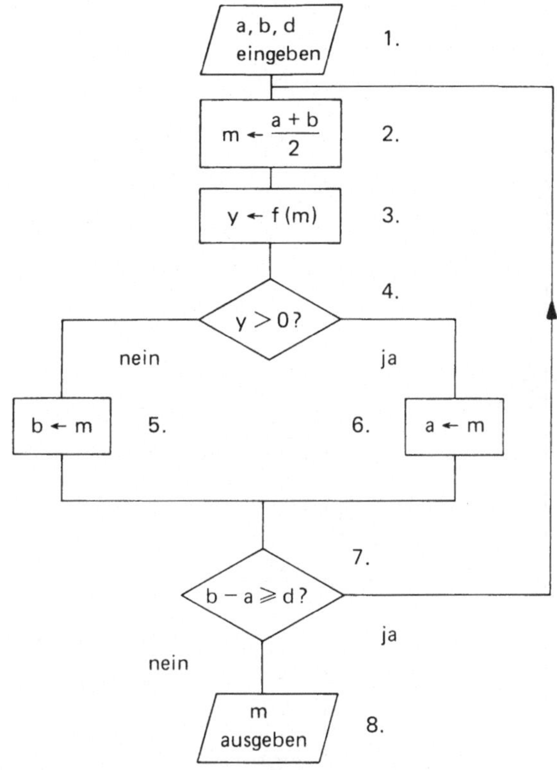

„d" ist eine vorzugebende Genauigkeit, z.B. $d = 0{,}5 \cdot 10^{-8}$.

Der Ablaufplan verlangt positives f (a) und negatives f (b), siehe Anhang; ist bei anderen Funktionen das Umgekehrte der Fall, so muß in Block 3 der Inhalt von y mit „−1" multipliziert werden, bevor die Abfrage beginnt. Die Berechnung des Funktionswertes f (m) kann auch als Unterprogramm angelegt werden; in der unten beigefügten PTR-Übersetzung stehen die Programmspeicher 19 bis 38 dafür bereit. Um im vorliegenden Fall mit dem Platz auszukommen, müssen wir den Funktionsterm nach dem sogenannten *einfachen Hornerschema* berechnen:

$$f(x) = x^4 + 2x^3 - 23x^2 + 2x + 1 = x \, (x^3 + 2x^2 - 23x + 2) + 1 = x \, (x \, (x^2 + 2x - 23) + 2) + 1$$
$$= x \, (x \, (x \, (x + 2) - 23) + 2) + 1$$

c) PTR-Übersetzung (72 Ps, Rechner 2)

H		1.
S1	a	
H		
S2	b	
H		
S3	d	
(09) *R1*		2.
+		
R2		
:		
2		
=		
S4	m	
(19) *+*	Anf.	3.
2	Fkt.	
x	Ber.	
R4		
−		
2		
3		
x		
R4		
+		
2		
x		
R4		
+		
1		
=	f (m)	
(38) *)*	statt NOP[1]	

SKIP		4.
GTO 50		
R4	m	5.
S2	b	
GTO 54		
(50) *R4*	m	6.
S1	a	
(54) *R2*	b	7.
−		
R1	a	
−		
R3	d	
=		
SKIP		
GTO 09		
R4	Erg.	8.
GTO 00		

d) Ergebnis der Aufgabe

Der Testrechner gibt bei a = 0, b = 1 und d = $0{,}5 \cdot 10^{-8}$ den Wert m = 0,2605184 aus, d.h. man müßte die Leiter etwa 26 cm von der Kiste entfernt aufstellen!

6.3.2 Lösung einer transzendenten Gleichung

a) Problemstellung

Gesucht ist der Schnittpunkt der Sinuskurve mit der Geraden zu f (x) = 1 − x. Dessen Abszisse ist Lösung der Gleichung

sin x + x − 1 = 0 ;

solche *transzendenten* Gleichungen kann man grundsätzlich nur *approximativ* (näherungsweise) lösen.

---

[1] No Operation (ein Befehl ohne Wirkung; nicht zu verwechseln mit dem Befehl, eine Null im Anzeigeregister zu erzeugen!)

Für $x = 0$ wird der Term -1, für $x = 1$ sicher positiv, also liegt die Lösung zwischen 0 und 1; hierbei versteht sich Winkel für den Sinus im Bogenmaß (180° entspricht π). Bei dem verwandten Testrechner muß man vor Aufruf der Sinusfunktion das Bogenmaß ins Gradmaß umwandeln, außerdem ist wegen $f(0) < 0$ und $f(1) > 0$ das Vorzeichen von $f(m)$ zu wechseln, damit die Ausgänge der Abfrage 4 des Flußdiagramms vertauscht werden.

b) PTR-Änderungen

	INV	Umkehrung	3.
20	*F*	Zweitfunktion	
	$d \leftrightarrow r$	degree → radiant	
	sin		
	+		
	R		
25	*4*	x	
	−		
	1		
	=	$\sin x + x - 1$	
	+/−		
30	*GOTO*		
	3		
	9		

c) Ergebnis der Aufgabe

Bei Eingabe der Schranke

$d = 0{,}5 \cdot 10^{-8}$ erhält man
den Wert $x = 0{,}5109734$,

somit hat der gesuchte Schnittpunkt die ungefähren Koordinaten 0,51 und 0,49, was durch eine Zeichnung der Sinuskurve und der Geraden $y = 1 - x$ bestätigt wird.

7 Aus der Zahlentheorie

7.1 Teiler einer Zahl

a) Problemstellung

Wir suchen ein Programm, welches zu beliebig vorgelegtem z aus IN alle Teiler t anzeigt.

b) Allgemeiner Ablaufplan in schrittweiser Verfeinerung

Urfassung

Anfang des Programms

1. *Eingabe* der Zahl z
2. Berechnung und *Ausgabe* der Teiler t von z

Ende des Programms

Erste Verfeinerung

Anfang des Programms

1. *Eingabe* der Zahl z
2. Prüfung, ob z durch $2, 3, 4, 5, \ldots, z - 1$ teilbar ist
   Wenn ja, jeweils t ausgeben

Ende des Programms

Zweite Verfeinerung

Anfang des Programms

1. *Eingabe* von z
2. $t \leftarrow 2$
   Wiederhole $\left[\begin{array}{l} q \leftarrow z:t \\ \textit{Wenn} \quad q \text{ natürlich} \\ \qquad\qquad \textit{dann} \text{ t ausgeben} \\ t \leftarrow t + 1 \end{array} \right.$
   bis $t = z$ ·

Ende des Programms

Kommentar: Diese Version wäre schon realisierbar, würde aber viel Rechenzeit verschwenden, wie man z.B. mit $z = 12$ leicht einsieht:

```
 z :   t = q
```

12 : 2 = 6	Ausgabe von 2
12 : 3 = 4	Ausgabe von 3
12 : 4 = 3	Ausgabe von 4
12 : 5 = 2,4	keine Ausgabe
12 : 6 = 2	Ausgabe von 6
12 : 7 = 1, ...	Unterhalb des Quotienten 2 kann es keine echten Teiler mehr geben, daher
12 : 8 = 1, ...	sind alle Divisionen von $t = z/2$ ab sinnlos! Aber auch z/2 als Austrittsbedin-
12 : 9 = 1, ...	gung wäre noch nicht optimal; in unserem Beispiel stehen schon nach dem
12 : 10 = 1, ...	zweiten Durchgang sämtliche Teiler fest, weil mit 12 : 2 = 6 auch 12 : 6 = 2
12 : 11 = 1, ...	gilt und mit 12 : 3 = 4 auch 12 : 4 = 3, d.h. sobald eine Division ohne Rest

aufgeht, erhält man stets zwei Teiler auf einmal, in diesen Fällen müßte man lediglich außer t noch q zur Anzeige bringen. Sobald der Divisor größer wird als der Quotient, kann man aufhören; wie das Beispiel

9 : 2 = 4,5	zeigt, muß der Fall Divisor = Quotient noch miterfaßt werden.
9 : 3 = 3	
9 : 4 = 2,25	

Damit bei der Abfrage „t $>$ q" auch zusammengehörende Werte verglichen werden, muß „t $\leftarrow$ t + 1" an den Schleifenanfang und daher t zu Beginn mit 1 belegt werden:

Dritte und letzte Verfeinerung

Anfang des Programms

1. *Eingabe* von z
2. t $\leftarrow$ 1   2.1

  Wiederhole ⎡ t $\leftarrow$ t + 1   2.2
     ⎢ q $\leftarrow$ z : t   2.3
     ⎢ *Wenn* q natürlich   2.4
     ⎣   *dann* t und q ausgeben   2.5
        bis t $>$ q   2.6

Ende des Programms

Kommentar: Es bleibt noch zu klären, wie der Rechner überprüfen soll, ob das Divisionsergebnis q eine natürliche Zahl darstellt. Hierzu benutzt man zweckmäßigerweise die sogenannte *Integerfunktion* (*integer*, ganze Zahl); die zugehörige Tastenbezeichnung ist meist INT. Sie bewirkt, daß von der gerade in der Anzeige befindlichen Zahl die Nachkommastellen gelöscht werden, so daß der ganzzahlige Anteil bestehen bleibt. Der umgekehrte Befehl INV INT, bei manchen Rechnern auch mit FRAC (*fraction*, Bruch(stück)) bezeichnet, konserviert dagegen die Nachkommastellen und löscht den Vorkommteil. Somit wäre es in diesem Programm am einfachsten, auf den FRAC-Befehl die Abfrage „x = 0?" folgen zu lassen; Im Ja-Fall wären die Inhalte der Speicher t und q als Teiler auszugeben!

Wenn die Umkehrung zu INT nicht zur Verfügung steht, subtrahiert man vor der Abfrage von q dessen ganzzahligen Anteil: q − (integer q); wenn die INT-Taste ganz fehlt, kann man bei manchen Rechnern ein Unterprogramm entwickeln (beim SR-52 z.B. aus nur 12 Befehlen, vgl. Firmeninformation vom August 1976).

c) PTR-Übersetzungen

I

	Code		Schritt
	H		1.
	S1	z	
	PRT		
	1		2.1
	S0	t	
(07)	1		2.2
	SUM 0		
	R1		2.3
	:		
	R0		
	=		
	S2	q	
	FRAC		2.4
	x ≠ 0?		
	30		
	R0		2.5
	PRT	t	
	R2		
	PRT	q	
(30)	R2	q	2.6
	−		
	R0	t	
	=		
	x ⩾ 0?		
	07		
	RST		

II

	Code		Schritt
	H		
	S1	z	
	PRT		
	√		
	S3	√z	
	1		2.1
	S0	t	
(10)	1		2.2
	SUM 0		
	R1		2.3
	:		
	R0		
	=		
	S2	q	
	FRAC		2.4
	x ≠ 0?		
	33		
	R0		2.5
	PRT	t	
	R2		
	PRT	q	
(33)	R3	√z	
	−		
	R0	t	
	−		
	1		
	=		
	x ⩾ 0?		
	10		
	RST		

III (43 Ps)

	Code		Schritt
	H		1.
	S1	z	
	PRT		
	2		2.
	S0	t	
(07)	R1		3.
	:		
	R0		
	=		
	S2	q	
	−		4.
	R0	t	
	=		
	x < 0?		
	00		
	R2	q	5.
	FRAC		
	x ≠ 0		
	37		
	R0	t	6.
	PRT		
	R2	q	
	PRT		
(37)	1		7.
	SUM 0		
	GTO 07		

Erläuterungen:

Die Druckbefehle in Version I (40 Ps, Rechner 3 mit PC-100) können auch durch Pausen- oder Haltanweisungen ersetzt werden.

Wie der Test zeigt (1. Beispiel), hat das Programm noch einen Schönheitsfehler: Das letzte Zahlenpaar wird zweimal ausgegeben!

Man kann das abstellen, indem man entweder auf die Geschlossenheit des Wiederholungsblocks verzichtet und die Abfrage „t > q" direkt nach der Berechnung von q erfolgen läßt — siehe Version III — oder indem man die Abfrage von q unabhängig gestaltet, indem man „t + 1 > $\sqrt{z}$?" zur Ausstiegsbedingung macht, was wegen $\sqrt{z} \cdot \sqrt{z} = z$ möglich ist: Version II (45 Ps).

Zu Version III

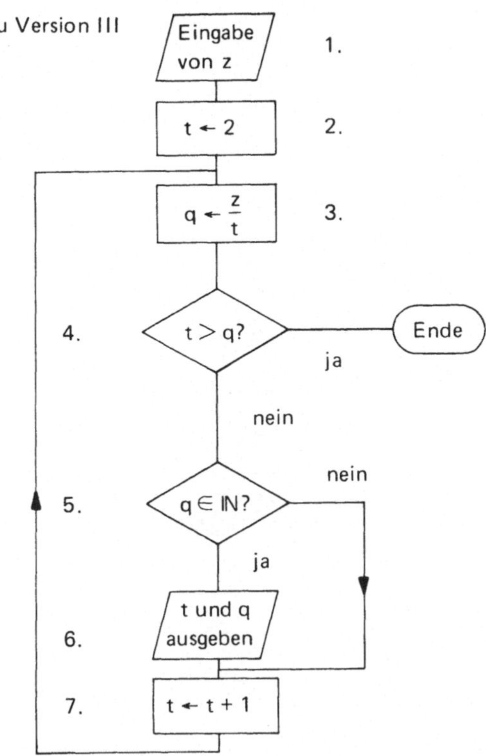

IV	
H	
S1	z
√	
INT	
S0	
R1	
:	
R0	
=	
S2	q
FRAC	
x ≠ 0?	
27	
R0	t
PRT	
R2	q
PRT	
(27) dsz	
07	
RST	

Version IV (31 Ps)

Eine weitere Vereinfachung in der Maschinenebene erzielt man durch Verwendung des dsz-Befehls; zu diesem Zweck beginnt man bei der Division mit $\sqrt{z}$ bzw. dem unmittelbar darunter liegenden ganzzahligem Wert. Gemäß Zeile 27 erfolgt der Schleifenaustritt, wenn der Inhalt des Speicher Null geworden ist; beim letzten Durchgang werden daher noch ,,1'' und ,,z'' ausgegeben.

Auf diese Weise spart man einen Zahlenspeicher, 14 Programmschritte und ca. 30 % Rechenzeit.

d) Testbeispiele

```
  12.              12,            1155.
   2.               2.              3,
   6.               6.            385.
   3.               3.              5,
   4.               4.            231.
   4.                               7.
   3.                             165.
                                   11.
                                  105.
                                   15.
                                   77.
                                   21.
                                   55.
                                   33.
                                   35.
```

7.2 Durchschnittsnote im Abitur

a) Problemstellung

Die INT-Funktion stimmt für positive Zahlen mit der sogenannten Gaußklammerfunktion überein;
hierzu ein aktuelles Beispiel: Die Durchschnittsnote eines Abiturzeugnisses wird in NRW nach
folgender Vorschrift ermittelt:

$$P \to \begin{cases} 1, & \text{falls } P > 840 \\ \dfrac{1}{10} \cdot \left[\dfrac{1020 - P}{18} \right] & \text{falls } 300 \leqslant P \leqslant 840 \end{cases}$$

b) Allgemeiner Ablaufplan

Anfang des Programms

1. Punktzahl P *eingeben*
2. *Wenn* P > 900 oder P < 300
2.1   *dann* Fehlanzeige
3.   *sonst, wenn* P > 840
4.   *dann* ,,1'' ausgeben
5.   *sonst* 1/10 · int ((1020 − P): 18) ausgeben

Ende des Programms

c) PTR-Übersetzung (68 Ps, Rechner 2)

```
        H         1.
        S1    P
        900       2.
        –
        R1
        =
        SKIP
        GTO 18
        0         2.1
        GTO 00¹⁾
(18)    R1
        –
        300
        =
        SKIP
        GTO 33
        0         2.1
        GTO 00¹⁾

(33)    840       3.
        –
        R1
        =
        SKIP
        GTO 48
        1         4.
        GTO 00  „1"
(48)    1020      5.
        –
        R1
        :
        18
        =
        INT
        x
        .1
        =     Note
        GTO 00
```

d) Testbeispiele

Punktzahl	Note
903	0
900	1
870	1
840	1
823	1
822	1,1
805	1,1
804	1,2
529	2,7
431	3,2
301	3,9
300	4
297	0

7.3 Primfaktoren

a) Mathematischer Hintergrund

Eine interessante Variante zu 7.1 (Teiler einer Zahl) besteht darin, auf die Ausgabe *aller* Teiler zu verzichten und sich statt dessen nur jene Teiler bestimmen zu lassen, die *Primzahlen* sind. Um einen geeigneten Algorithmus zur Berechnung dieser Zahlen zu erhalten, betrachten wir zunächst ein Beispiel:

$$2 \cdot 2 \cdot 2 \cdot 3 \cdot 3 \cdot 5 \cdot 7 = 2520$$

Der sogenannte *Hauptsatz der elementaren Zahlentheorie* besagt nun, daß jede natürliche Zahl von 2 an aufwärts genau eine solche Produktdarstellung aus Primzahlen besitzt *(Primfaktoren)*. Wie bekommt man nun rückwärts aus der Zahl 2520 diese Faktoren? Etwa so:

2520 : 2 = 1260	d.h. 2520 enthält den Primfaktor 2
1260 : 2 = 630	d.h. 2520 enthält den Primfaktor 2 zum 2. Mal
630 : 2 = 315	d.h. 2520 enthält den Primfaktor 2 zum 3. Mal
315 : 2 = 157,5	d.h. von jetzt ab sind keine Zweien mehr zu erwarten
315 : 3 = 105	d.h. 2520 enthält den Primfaktor 3
105 : 3 = 35	d.h. 2520 enthält den Primfaktor 3 zum 2. Mal
35 : 3 = 11,66 ...	d.h. von jetzt ab sind keine Dreien mehr möglich
35 : 5 = 7	d.h. 2520 enthält den Primfaktor 5; weil der Computer die „7" nicht
7 : 5 = ...	sehen kann wie im Augenblick der Leser, erhebt sich die Frage, wie das Ende der Rechnungen signalisiert werden soll.

Eine Möglichkeit besteht darin aufzuhören, sobald der Teiler größer als die Wurzel aus der zu teilenden Zahl wird, in unserem Beispiel ist $\sqrt{35}$ etwa 5,9, so daß als letztes 7 : 5 berechnet wird, wobei das Ergebnis nicht mehr interessiert, wohl aber der Dividend, denn dieser stellt gleichzeitig den

---

¹⁾ kennzeichnet unzulässige Eingabe P durch „0"

letzten Primfaktor dar! Indem man nicht nur die Primfaktoren selbst, sondern auch ihre jeweilige Anzahl ermitteln läßt, erreicht man außerdem eine enorme Verkürzung der Rechenzeit, weil durch das fortwährende „Abdividieren" der gerade gefundenen Teiler der nächste Dividend viel kleiner wird; außerdem wird dadurch sichergestellt, daß man anschließend nicht mehr durch die Vielfachen der bereits gefundenen Teiler dividieren braucht, also z.B. oben nicht durch 4.

Eine konsequente Ausnutzung des letzten Umstandes würde bedeuten, daß man der Reihe nach nur noch durch die Primzahlen bis $\sqrt{z}$ dividieren ließe, wozu man aber in einem gesonderten Programm diese erst einmal aus der Menge der ungeraden Zahlen herausfiltern müßte, was hier zu aufwendig wäre (vgl. 7.4). Zwecks Vereinfachung des Algorithmus wollen wir auch darauf verzichten, den Faktor 2 zu erfassen, setzen also im folgenden eine ungerade Zahl voraus.

b) Allgemeiner Ablaufplan

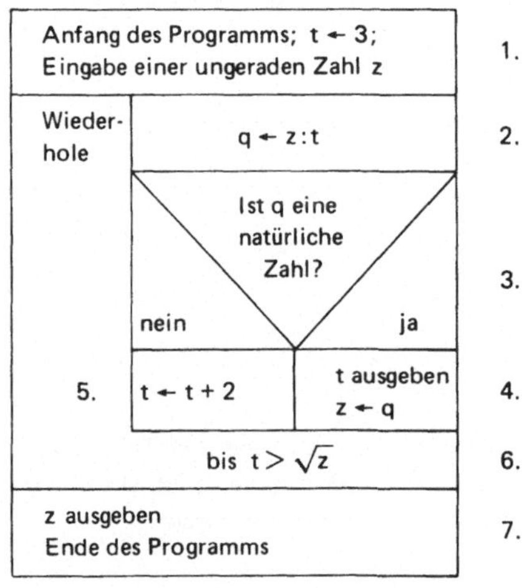

Falls z selbst schon eine Primzahl ist, wird nur z ausgegeben, d.h. auf dem Druckstreifen erscheint zweimal die Zahl z, siehe unten. Das Programm kann also auch dazu dienen festzustellen, ob eine vorgegebene Zahl eine Primzahl ist oder nicht!

d) Testbeispiele

```
    75.              1155.
     3.                 3.
     5.                 5.
     5.                 7.
                       11.

  111.
    3.            147407.
   37.               13.
                     17.
                     23.
                     29.

   13.
   13.

                 2061675.
                       3.
                       3.
 1003.                 5.
   17.                 5.
   59.                 7.
                       7.
                      11.
                      17.
```

c) PTR-Übersetzung (48 Ps, Rechner 3 mit Drucker)

		1.
H		
S1	z	
PRT		
3		
S2	t	

07	R1		2.
	:		
	R2		
	=		
	S3	q	
	FRAC		3.
	x ≠ 0?		
	31		
	R2		4.
	PRT	t	
	R3		
	S1	q	
	GTO 34		

31	2		5.
	SUM 2		
	R1		6.
	$\sqrt{}$	$\sqrt{z}$	
	–		
	R2	t	
	=		
	x ≥ 0		
	07		
	R1	z	7.
	PRT	bzw.	
	RST	q	

7.4 Primzahltest

a) Vorüberlegungen

Wie schon erwähnt, kann man das letzte Programm zu Primzahluntersuchungen heranziehen; man
muß lediglich in Block 4 statt „z ← q" den Befehl geben, an das Ende des Programms zu springen,
denn mit dem ersten Ausdruck eines Teilers t ist die Frage „Primzahl oder nicht" negativ entschieden. Außerdem entfällt die Ausgabe von „z" im 7. Abschnitt, immerhin wird das Programm
als PTR-Folge dadurch um neun Befehle kürzer!

Zu Testzwecken können Sie u.a. die Fermatsche Zahl $2^{(2^5)} + 1$ prüfen, falls Ihr Rechner zehn
Stellen anzeigt; Sie müßten allerdings etwa sechs Minuten Geduld haben, bis Ihnen jener Teiler
verraten wird, den Euler vor etwa 200 Jahren durch theoretische Überlegungen herausfand (siehe
Anhang).

Auch bei kleineren Zahlen kann die Rechenzeit sich deutlich bemerkbar machen, vor allem dann,
wenn man das vorhandene Programm ausweitet, um eine Primzahltabelle zu erhalten. Es stellt sich
daher die Frage, wie man die Primzahluntersuchung noch schneller bewerkstelligen kann. Wesentliche Zeitersparnis kann man — wenn überhaupt — nur in der Schleife bekommen, und zwar dadurch, daß man die Anzahl der Divisionen herabsetzt; im Moment werden alle ungeraden Zahlen
genommen, wir hatten schon gezeigt, daß es genügen würde, nur Primzahlen als Divisoren zu nehmen.
Einen Schritt in diese Richtung bedeutet es schon, wenn man noch alle jenen ungeraden Zahlen
herausnimmt, die Vielfache von 3 sind; Voraussetzung wäre lediglich, daß die zu untersuchende
Zahl nicht durch 3 teilbar ist, was mit Hilfe der Quersumme schnell festgestellt werden kann. Wie
man der folgenden kleinen Skizze entnehmen kann, würde der Speicher t der Divisoren nicht mehr
stets um 2, sondern nur noch abwechselnd um 2 und um 4 aufgestockt werden:

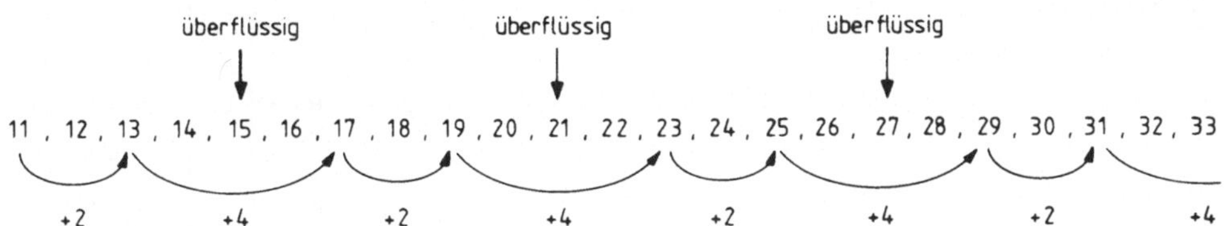

b) Allgemeiner Ablaufplan

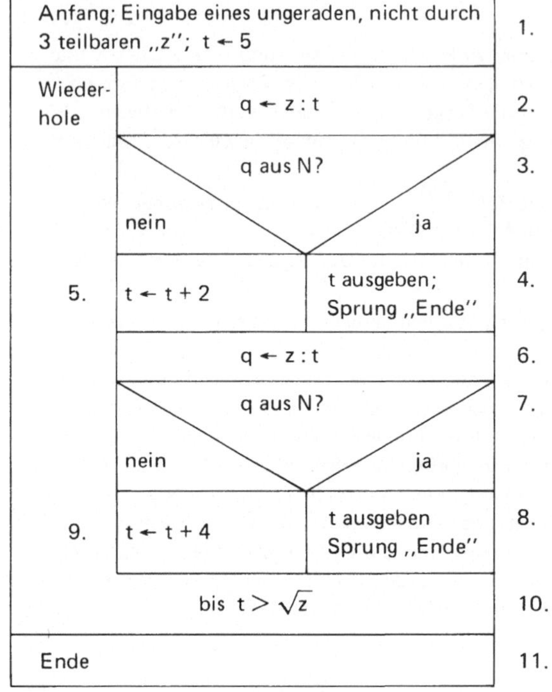

c) PTR-Übersetzung
(47 Ps, Rechner 3)

H			1.
S1	z		
5			
S2	t		
(06) R1			2.
:			
R2			
=	q		
FRAC			3.
x = 0?			
00			4.
2			5.
SUM 2			
R1			6.
:			
R2			
=	q		
FRAC			7.
x = 0?			
00			8.
4			9.
SUM 2			
R1			10.
√	√z		
−			
R2	t		
=			
x ⩾ 0?			
06			
R1	z		11.
RST			

Erläuterungen:

Bei der Übersetzung in die PTR-Befehlsfolge wurden die Blöcke 4 und 8, die gemeinsam den Fall „nicht Primzahl'' abdecken, insofern verändert, als zunächst nur eine Null angezeigt wird; man kann aber in diesen Fällen per Hand (Recall 2) den Teiler anschließend in die Anzeige bringen. Durch die Einfügung von „Recall 1'' im letzten Block wird für den Fall, daß z Primzahl ist, einfach diese Zahl noch einmal angezeigt und außerdem auf Umwegen sogar noch $z = 5$ und $z = 7$ in die Untersuchung einbeziehbar!

d) Testbeispiele

Sind die Zahlen $2^{31} - 1$ bzw. $2^{31} + 99$ Primzahlen? (siehe Anhang)

7.5 Primzahltabellierungen

7.5.1 Schnellverfahren

a) Vorüberlegungen

Es handelt sich um die Aufgabe, alle Primzahlen zwischen zwei gegebenen Zahlen auszudrucken. Um Zeit zu gewinnen, kann man auf eine Abfrage bezüglich der oberen Grenze verzichten und den Computer bei Bedarf selbst abstellen, d.h. man nimmt eine Endlosschleife in Kauf. Im übrigen wird man das zuletzt besprochene Programm verwenden wollen, daher ist es nicht gleichgültig, welche Zahl als untere Grenze eingegeben wird, denn man kann das Prinzip, welches für die Auswahl der Teiler maßgebend wurde, nämlich abwechselnd 2 und 4 zu addieren, noch einmal anwenden bei der Aussortierung der ungeeigneten „Primzahlanwärter": Man braucht nur mit einer Zahl zu beginnen, die um 1 größer (kleiner) als eine gerade, durch 3 teilbare Zahl, also eine durch 6 teilbare Zahl, ist, um anschließend abwechselnd 2 und 4 (4 und 2) addieren zu können, vgl. hierzu noch einmal die Skizze im vorigen Abschnitt. Im folgenden Entwurf wählen wir die erste Möglichkeit; die als untere Grenze einzugebende Zahl ist also von der Form $z = 6 \cdot n + 1$, n aus IN.

b) Allgemeiner Ablaufplan

Hauptprogramm

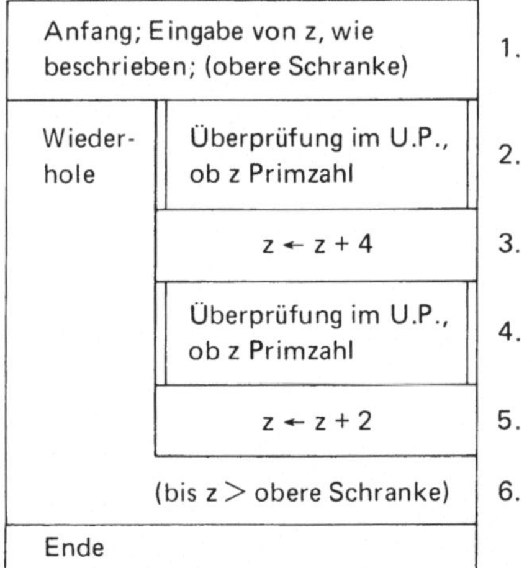

Unterprogramm

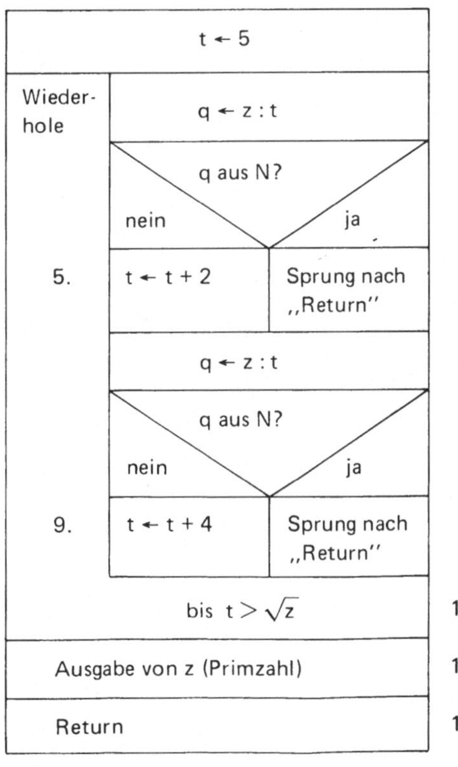

Das Unterprogramm ist im Vergleich zum früheren selbständigen Programm an drei Stellen geringfügig verändert worden:
Die Eingabe von z entfällt; in den Blöcken 4 und 8 wird der Rücksprung aus dem U.P. organisiert (keine Primzahl, da Teiler vorhanden), und zwar unter Aussparung von 11., wo ggf. die Primzahl ausgedruckt wird.

c) PTR-Übersetzung (63 Ps, Rechner 3)

H.P.

H		
S1	z	
(48) SUB 00		2.
4		3.
SUM 1		
SUB 00		4.
2		5.
SUM 1		
GTO 48		6.

U.P.

(00) 5		1.
S2	t	
R1		2.
:		
R2		
=	q	
FRAC		3.
x = 0?		
44		4.
2		5.
SUM 2	t	
R1		6.
:		
R2		
=	q	
FRAC		7.
x = 0?		
44		8.
4		9.
SUM 2	t	
R1		10.
$\sqrt{\ }$	$\sqrt{z}$	
−		
R2	t	
=		
$x \geqslant 0?$		
03		
R1		11.
PRT		
(44) RTN		12.

Entsprechend wenig haben sich die PTR-Befehle geändert (zwei Adressenänderungen, Einfügung des Printbefehls und Ablösung von „Reset" durch „Return"! Zu beachten ist, daß das gesamte Programm mit „GOTO, 4, 5, Run" gestartet wird.

d) Testbeispiele

13.	997.	9997.	100003.
17.	1009.	10007.	100019.
19.	1013.	10009.	100043.
23.	1019.	10037.	100049.
29.	1021.	10039.	100057.
31.	1031.	10061.	100069.
37.	1033.	10067.	100103.
41.	1039.	10069.	100109.
43.	1049.	10079.	100129.
47.	1051.	10091.	100151.
53.	1061.	10093.	100153.
59.	1063.	10099.	
61.	1069.	10103.	

7.5.2 Siebmethode

Hier eine Version, welche bei der Division nur Primteiler benutzt; sie ist geeignet, die Primzahlen bis 10000 zu tabellieren.

(Rechner 3; 87 Ps; bei Rechner 8/9 Tabellierung bis 1 Million möglich)

Vor Betätigung der Programmstarttaste muß man

.0305071113   nach Speicher 5

.1719232931   nach Speicher 6

.3741434753   nach Speicher 7

.5961677173   nach Speicher 8

.7983899797   nach Speicher 9   bringen!

Außerdem muß Speicher 4 mit −1 und Speicher 1 mit einer Zahl der Form 6n + 1 belegt werden. Weil 100 die Wurzel aus 10000 ist, müssen bei diesem Programm die Primzahlen bis 97 vorher abgespeichert werden; weil nicht genug Speicher zur Verfügung stehen, ist hier mit dem „Trick" gearbeitet worden, je fünf Primzahlen aneinandergereiht in einem Speicher unterzubringen, in Block 5 werden sie dann wieder einzeln zurückgewonnen; wie immer bei solchen maschinennahen Manipulationen lohnt sich ein allgemeiner Ablaufplan kaum; der interessierte Leser mag die Einzelheiten der Programmierung der PTR-Befehlsfolge bzw. der diesbezüglichen Kommentierung entnehmen.

Es sei noch bemerkt, daß die Grundidee des Verfahrens als „Sieb des Eratosthenes" schon im 3. Jahrhundert v. Chr. bekannt wurde.

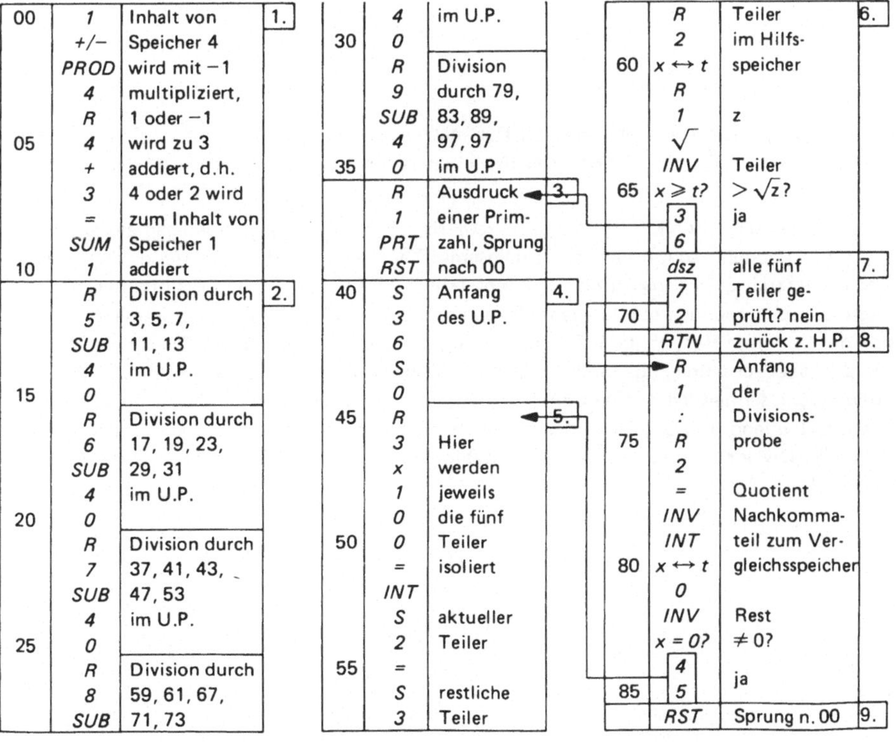

00	1	Inhalt von	1.
	+/−	Speicher 4	
	PROD	wird mit −1	
	4	multipliziert,	
	R	1 oder −1	
05	4	wird zu 3	
	+	addiert, d.h.	
	3	4 oder 2 wird	
	=	zum Inhalt von	
	SUM	Speicher 1	
10	1	addiert	
	R	Division durch	2.
	5	3, 5, 7,	
	SUB	11, 13	
	4	im U.P.	
15	0		
	R	Division durch	
	6	17, 19, 23,	
	SUB	29, 31	
	4	im U.P.	
20	0		
	R	Division durch	
	7	37, 41, 43,	
	SUB	47, 53	
	4	im U.P.	
25	0		
	R	Division durch	
	8	59, 61, 67,	
	SUB	71, 73	

	4	im U.P.	
30	0		
	R	Division	
	9	durch 79,	
	SUB	83, 89,	
	4	97, 97	
35	0	im U.P.	
	R	Ausdruck ◄	3.
	1	einer Prim-	
	PRT	zahl, Sprung	
	RST	nach 00	
40	S	Anfang	4.
	3	des U.P.	
	6		
	S		
	0		
45	R	◄	5.
	3	Hier	
	x	werden	
	1	jeweils	
	0	die fünf	
50	0	Teiler	
	=	isoliert	
	INT		
	S	aktueller	
	2	Teiler	
55	=		
	S	restliche	
	3	Teiler	

	R	Teiler	6.
	2	im Hilfs-	
60	$x \leftrightarrow t$	speicher	
	R		
	1	z	
	$\sqrt{\ }$		
	INV	Teiler	
65	$x \geq t?$	$> \sqrt{z}?$	
	3	ja	
	6		
	dsz	alle fünf	7.
	7	Teiler ge-	
70	2	prüft? nein	
	RTN	zurück z. H.P.	8.
	R	Anfang	
	1	der	
	:	Divisions-	
75	R	probe	
	2		
	=	Quotient	
	INV	Nachkomma-	
	INT	teil zum Ver-	
80	$x \leftrightarrow t$	gleichsspeicher	
	0		
	INV	Rest	
	$x = 0?$	$\neq 0?$	
	4	ja	
85	5		
	RST	Sprung n. 00	9.

7.5.3 Vorschläge zu weiteren Varianten

a) Man lasse nur die Primzahlzwillinge ausgeben, das sind Primzahlen, deren Differenz 2 beträgt wie z.B. 11 und 13 oder 1031 und 1033.

b) Sei $A(n)$ die Anzahl aller Primzahlen im Bereich von 2 bis n (n soll eine beliebige natürliche Zahl sein). Man bestätige durch ein entsprechend abgeändertes Programm, daß sich $A(n)$ mit größer werdendem n immer mehr dem Term $n/\log n$ nähert, wobei mit $\log n$ der natürliche Logarithmus von n gemeint ist (Kap. 8).

7.6 g.g.T. und k.g.V.

a) Mathematische Vorüberlegungen

Wichtige Begriffe der Zahlentheorie sind der *größte gemeinsame Teiler g.g.T.* und das *kleinste gemeinsame Vielfache k.g.V.* zweier Zahlen. Wenn etwa $u = 36$ und $v = 24$, so ist der g.g.T. von u und v 12 und das k.g.V. von u und v 72.

Zur Berechnung des g.g.T. verwendet man den *Euklidschen Algorithmus,* hierfür einige Beispiele:

u = 36; v = 24	u = 21; v = 8	u = 39; v = 21
36 : 24 = 1 Rest 12	21 : 8 = 2 Rest 5	39 : 21 = 1 Rest 18
24 : 12 = 2 Rest 0	8 : 5 = 1 Rest 3	21 : 18 = 1 Rest 3
der g.g.T. von	5 : 3 = 1 Rest 2	18 : 3 = 6 Rest 0
36 und 24 ist 12	3 : 2 = 1 Rest 1	der g.g.T. von
	2 : 1 = 2 Rest 0	39 und 21 ist 3
	der g.g.T. von	
	21 und 8 ist 1	

Die Beispiele zeigen zweierlei: Erstens wird der Rest nach endlich vielen Schritten Null und zweitens ist der g.g.T. gleich jenem Divisor, der den Rest Null bewirkt; daß dies kein Zufall ist, sieht man folgendermaßen ein:

$u : v = k$ Rest R bedeutet $u : v = k + \dfrac{R}{v}$ oder $u = k \cdot v + R$; wenn nun t irgendeinen gemeinsamen Teiler von u und v darstellt, so muß t auch gemeinsamer Teiler von v und R sein, denn wenn man beide Seiten der letzten Gleichung durch t teilt, entsteht links eine natürliche Zahl und bei der Division des ersten Summanden rechts ebenfalls, dann muß aber auch der zweite Summand R bei der Division durch t ohne Rest bleiben! Folglich kann man anschließend den g.g.T. von v und R bestimmen, d.h. aber für v und R gelten anstelle von u und v auch die gerade angestellten Überlegungen usw.; wenn schließlich der Rest Null auftritt, so ist offensichtlich der Divisor der gemeinsame Teiler von Dividend und Divisor und damit auch der größtmögliche Teiler des Ausgangspaares u und v. Ist dieser Divisor 1, so haben die beiden Zahlen keinen echten Teiler gemeinsam, sie sind dann *teilerfremd.*

b) Allgemeiner Ablaufplan

c) PTR-Übersetzung (35 Ps, Rechner 3)

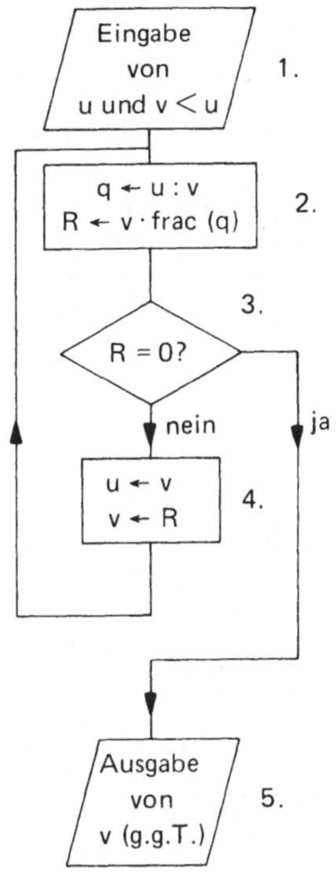

d) Fehlerquelle

Indem wir den Nachkommateil von q (frac (q)) mit v multiplizieren, erhalten wir den Rest R; allerdings können sich die Rundungsfehler von q in der Schleife so aufsummieren, daß ohne die Korrektur „+ .1" oft der g.g.T. nicht berechnet würde, weil R nie Null werden kann, wenn unterwegs z.B. statt R = 1   R = 0,99999999 entsteht. Der Leser kann dies unmittelbar überprüfen, indem er in der Betriebsart Rechnen mit u = 998 und v = 997 Block 2 durchführt! In diesem Fall entsteht der Fehler schon im ersten Durchgang. Im eigentlichen Programmablauf kann dieser Fehler nicht mehr auftreten, weil 0,99999999 + 0,1 = 1,09999999 wird und der ganzzahlige Bestandteil davon 1 ist! (Bei der Übersetzung des Flußdiagramms in die PTR-Befehlsfolge wurden q und R mit dem Anzeigeregister realisiert!)

e) Programmänderungen zwecks zusätzlicher k.g.V.-Bestimmung

Das kleinste gemeinschaftliche Vielfache zweier Zahlen u und v kann man dadurch erhalten, daß man deren Produkt durch den g.g.T. teilt, also

$$\text{k.g.V. von } (u, v) = \frac{u \cdot v}{\text{g.g.T. von } (u, v)}$$

Begründung: Sei T der g.g.T. von u und v, dann sind $u_1 = u : T$ und $v_1 = v : T$ bezüglich eines gemeinsamen Divisors die kleinstmöglichen ganzzahligen Ergebnisse. Es gilt

$$u \cdot v = u_1 \cdot T \cdot v_1 \cdot T \quad \text{bzw.} \quad \frac{u \cdot v}{T} = u_1 \cdot v_1 \cdot T \; ;$$

der rechte Term der letzten Gleichung ist aber sowohl das u_1-fache von v als auch das v_1-fache von u und daher das kleinste gemeinsame Vielfache von u und v.

Im Programmablaufplan müssen lediglich u und v zusätzlich abgespeichert werden, damit am Ende das Produkt durch den g.g.T. dividiert werden kann, da die im bisherigen Programm benutzten beiden Speicher ihre ursprünglichen Inhalte während des Ablaufs verlieren. Wir bringen eine Version für Rechner 2 (60 Ps):

Block				Block		
H	u	1.		R3	u	5.
S1				x		
S3				R4	v	
H	v			:		
S2				R2	g.g.T.	
S4				H		
R1		2.		=	k.g.V.	
:				GTO 00		
R2			48	+		4.
=	q			.5		
FRAC				=		
x				Exc 2		
R2				S1		
+				GTO 10		
.1						
=						
INT	R					
−						
.5		3.				
=						
SKIP						
GTO 48						

f) Testbeispiele

u	v	g.g.T.	k.g.V.
72	48	24	48
889	381	127	2667
590221	544457	673	47748879(1)[1]

---

[1] Bei 8-stelliger Anzeige erscheint die letzte Ziffer nicht mehr, sie kann aber gemäß $u \cdot v_1$ aus deren Endziffern bestimmt werden!

7.7 Addition und Subtraktion von Brüchen

a) Mathematischer Hintergrund

Hauptnenner nebst anschließendem Kürzen; die Bestimmung des g.g.T. (7.6) muß im Unterprogramm erfolgen, weil der g.g.T. der beiden Nenner zur Bestimmung des Hauptnenners als das k.g.V. dieser Nenner gebraucht wird und der g.g.T. von Zähler und Nenner des Additionsergebnisses letzteres teilerfremd werden läßt, d.h. zum „Durchkürzen" benötigt wird.

b) Allgemeiner Ablaufplan

Hauptprogramm

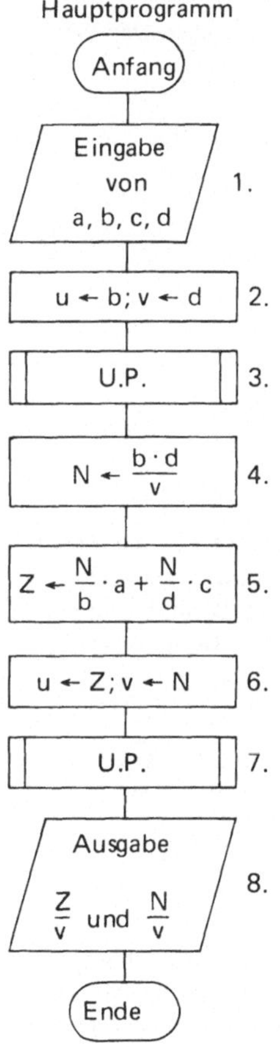

Unterprogramm

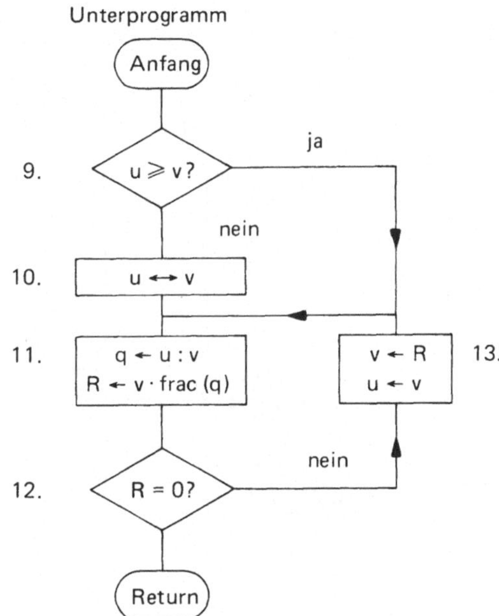

Erläuterungen:

a und c sind die Zähler, b und d die Nenner der beiden einzugebenden Brüche; sie werden auf vier Speicher gleichen Namens gebracht. Anschließend werden die Speicher u und v fürs Unterprogramm mit den aktuellen Werten belegt, also mit den beiden Nennern. Das Unterprogramm beginnt mit einer Abfrage, die bewirkt, daß stets die größere von zwei Zahlen auf Speicher u sitzt, wenn der g.g.T. wie gehabt bestimmt wird; beim Rücksprung ins Hauptprogramm befindet sich der g.g.T. in Speicher v, daher wird N mit dem k.g.V. der beiden Nenner b und d, also dem Hauptnenner, belegt. Im nächsten Block werden die Erweiterungszahlen N : b und N : d für die Zähler a und c gebildet, so daß anschließend Z den Zähler des Ergebnisses beherbergt. Indem u und v mit den Inhalten von Z und N versehen wird, kann man nach abermaligem Durchlauf des Unterprogramms den endgültigen Zähler und Nenner nach Division durch v ausgeben! (Der Doppelpfeil in Block 10 des Unterprogramms soll den Austausch der Inhalte der Speicher u und v symbolisch darstellen; die beiden Zuweisungen in Block 13 folgen einander *von unten nach oben*!)

c) PTR-Übersetzung (100 Ps, Rechner 3)

R2	b	2.
S5	u	
R4	d	
S6	v	
SUB 64		3.
R2	b	4.
x		
R4	d	
:		
R6	v	
=		
S7	N	
:		5.
R2	b	
x		
R1	a	
+		
R7	N	
:		
R4	d	
x		
R3	c	
=		
S8	Z	
| |	|Z|	6.
S5	u	
R7	N	
S6	v	
SUB 64		7.
R6	v	8.
1/x		
PROD 7		
PROD 8		
R8		
H	Z_0	
R7		

	H	N_0	
	RST		
(64)	x ↔ t	Anf.	9.
	R5	U.P.	
	x ≥ t	u ≥ v	
	74		
	Exc 6		10.
	S5		
(74)	CP	t löschen	
	:		
	R6		
	=	q	
	FRAC		
	x		
	R6	v	
	+		
	.1		
	=		
	INT	R	
	x = 0		12.
	99		
	Exc 6		13.
	S5		
	GTO 64		
(99)	RTN		

In der PTR-Übersetzung müssen die Zähler und Nenner manuell abgespeichert werden, bevor die Programmstarttaste betätigt wird. Der Befehl zur Betragsbildung in Zeile 40 ermöglicht auch Subtraktionen mit negativen Ergebnissen; statt eines entsprechenden Operationsbefehls muß man bei Subtraktionen c negativ belegen, vgl. den Speicherplan.

Namen der zugeordneten Speicher

im FD	beim PTR
a	1
b	2
c	3
d	4
u	5
v	6
N	7
Z	8

Wenn man den Hauptnenner auch noch sehen will, muß man, während der Rechner gemäß Zeile 62 anhält, durch die Tastenfolge „mal, Recall, 6, =" den Nenner wieder mit dem g.g.T. multiplizieren!

Wenn Ihr Rechner für den vorliegenden Ablaufplan nicht genug Programmspeicher hat, bleibt immer noch die Möglichkeit, nach der Formel

$$\frac{a}{b} + \frac{c}{d} = \frac{a \cdot d + b \cdot c}{b \cdot d}$$

zu programmieren, um anschließend (ohne U.P.-Technik) den g.g.T. zu bilden und durch ihn kürzen lassen; bei den 72 Programmschritten von Testrechner 2 muß man allerdings etwas um maschinengemäße Optimierung bemüht sein.

d) Testbeispiele

5/12 + 11/24 = 7/8
7/13 − 5/17 = 54/221
3/8 + 5/6 = 29/24
1/2 − 5/7 = − 3/14

735/1086 − 413/970 =
89859/353674
735/1086 + 413/977 =
388871/353674

7.8 Pythagoräische Zahlentripel

7.8.1 Berechnung sämtlicher Tripel

a) Mathematischer Hintergrund

Pythagoräische Tripel sind Zusammenstellungen natürlicher Zahlen a, b, c, bei denen das Quadrat der größten Zahl c gleich der Summe der Quadrate der beiden anderen Zahlen b und a ist, also

$$a^2 + b^2 = c^2$$

Man kann a, b, c daher als Seitenlängen rechtwinkliger Dreiecke deuten. Das erste derartige Zahlentripel ist a = 3, b = 4, c = 5; wie könnte ein Programm aussehen, das systematisch solche Tripel sucht und anzeigt?

Eine Möglichkeit besteht darin, den Rechner einfach probieren zu lassen, etwa dadurch, daß zu verschiedenen a, b der Term

$$\sqrt{a^2 + b^2}$$

gebildet und auf Ganzzahligkeit überprüft wird. Dieses Verfahren ist aber zeitaufwendig; wenn man z.B. a und b unabhängig voneinander die Zahlen von 1 bis 100 durchlaufen ließe, wären das 10000 Einzeltests. Infolge der Kommutativität der Addition kann man diese immerhin auf 5050 reduzieren, wie die folgende Übersicht zeigt:

$100^2 + 100^2$	$100^2 + 99^2$	$100^2 + 98^2$	$100^2 + 2^2$	$100^2 + 1^2$
$99^2 + 100^2$	$99^2 + 99^2$	$99^2 + 98^2$	$99^2 + 2^2$	$99^2 + 1^2$
$98^2 + 100^2$	$98^2 + 99^2$	$98^2 + 98^2$	$98^2 + 2^2$	$98^2 + 1^2$
$3^2 + 100^2$	$3^2 + 99^2$	$3^2 + 98^2$	$3^2 + 2^2$	$3^2 + 1^2$
$2^2 + 100^2$	$2^2 + 99^2$	$2^2 + 98^2$	$2^2 + 2^2$	$2^2 + 1^2$
$1^2 + 100^2$	$1^2 + 99^2$	$1^2 + 98^2$	$1^2 + 2^2$	$1^2 + 1^2$

Nach diesem Schema ist das folgende Flußdiagramm entstanden.

b) Allgemeiner Ablaufplan

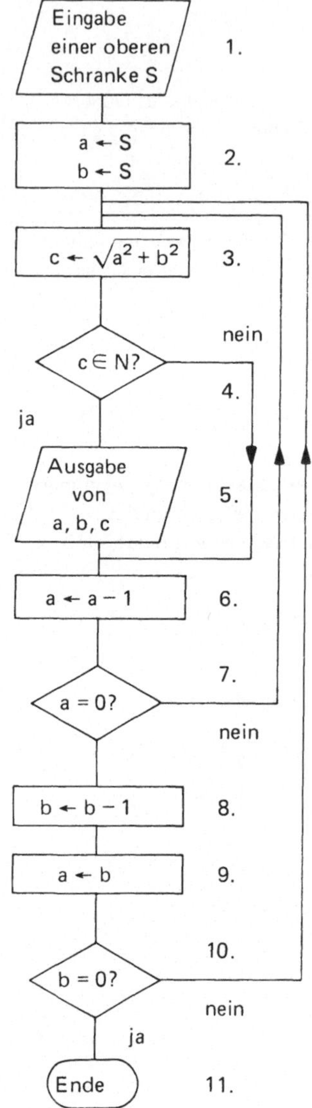

c) PTR-Übersetzung (51 Ps, Rechner 3 mit Drucker)

	H	S	1
	SO	a	2
	S1	b	
(05)	RO		3
	x^2		
	+		
	R1		
	x^2		
	=		
	$\sqrt{\ }$		
	EEIEE	1)	
	S2	c	
	FRAC		4
	$x \neq 0?$		
	35		

	RO	a	5
	PRT		
	R1	b	
	PRT		
	R2	c	
	PRT		
	PAP	2)	
(35)	dsz		6; 7
	05		
	1 +/−		8
	SUM 1		
	R1	b	9
	SO		
	$x \neq 0?$		10
	05		
	RST		11

Erläuterungen:

Die im Schema zusammengestellten
Zahlenblöcke werden innerhalb eines
jeden Blockes von oben nach unten
und als ganze von links nach rechts
abgearbeitet. Dem entspricht im Flußdiagramm eine innere und eine äußere
Schleife („Schleifenschachtelung"),
die beide mit 3. beginnen und durch
die Nein-Ausgänge von 7. und 10.
zurückgeführt werden. Zum Ausdruck
aller Tripel von a = 75, b = 100, c = 125
bis hinunter zu a = 3, b = 4, c = 5
wurden 1 Std. 24 min. benötigt.

1) siehe 2.3.5
2) PAPiervorschub (Leerzeile)

d) Testbeispiele (S = 100, Ausschnitt)

```
S=100        a=  75.                    9.
             b=100.                    12.
             c=125.                    15.

      usw.    20.                       5.
              99.                      12.
             101.                      13.

              72.                       6.
              96.                       8.
             120.                      10.

              40.                       3.
              96.                       4.
             104.                       5.

              • • •
```

7.8.2 Beschränkung auf Grundtripel

a) Vorüberlegungen

Bei Betrachtung der Ergebnisse fällt auf, daß z.B. der Fall 6, 8, 10 gegenüber dem Fall 3, 4, 5 nichts wesentlich Neues bringt, weil ersterer aus letzterem durch schlichte Multiplikation mit 2 viel einfacher und vor allem schneller gewonnen werden kann; ähnliches gilt für das Tripel 9, 12, 15 usw.; es würde sinnvoller sein, sich auf die Berechnung teilerfremder Zusammenstellungen von a, b, c zu beschränken! Diese *Grundtripel* erhält man nach folgendem Rezept:

m und n seien natürliche Zahlen, die den Bedingungen

I. $m > n$
II.   m und n teilerfremd
III. m und n nicht beide ungerade

genügen müssen, dann erhält man *sämtliche* Grundtripel aus den Termen

$$2 \cdot m \cdot n; \quad m^2 - n^2; \quad m^2 + n^2;$$

eine Herleitung hierzu finden Sie z.B. in

A. Aigner, Zahlentheorie, de Gruyter, Berlin 75, S. 34/35 oder in
B. Gündel, Pythagoras im Urlaub, 6. Aufl., Diesterweg, S. 87 bis 91.

b) Allgemeiner Ablaufplan

c) PTR-Übersetzung (99 Ps, Rechner 3)

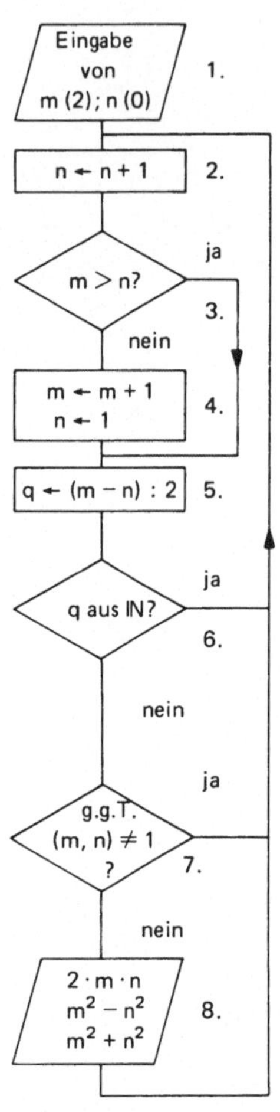

1		
SUM 2		
R2	n	3
–		
R1	m	
=		
x < 0?		
18		
1		4
SUM 1		
S2		
R1	m	5
S4		
–		
R2	n	
S3		
=		
:		
2		
=	q	
FRAC		6
x = 0		
00		

(18)

(36)			7
R3	Anf.		
Exc 4	der		
S5	g.g.T.		
:	Ab-		
R4	frage		
=			
FRAC			
x			
R4			
+	vgl.		
.1	7.6		
=			
INT			
S3			
x ≠ 0?			
36			
R4	g.g.T.		
–			
1			
=			
x ≠ 0	≠ 1?		
00			

R1	g.g.T.
x	= 1
R2	
x	
2	
=	
PRT	2 mm
R1	
x^2	
–	
R2	
x^2	
S6	
+	
PRT	$m^2 - n^2$
2	
x	
R6	
=	
PRT	$m^2 + n^2$
PAP	
RST	

Erläuterungen zum Flußdiagramm:

Wenn man mit Startwerten m = 2 und n = 1 arbeitet, erhält man alle Tripel, beginnend mit 4, 3, 5, allerdings in anderer Reihenfolge als beim letzten Programm; man beachte auch, daß die Variable n zwischendurch immer mal wieder auf 1 heruntergesetzt wird (Block 4). Die Bedingung, daß m und n nicht beide zugleich ungerade sein dürfen, wird durch 5. und 6. realisiert.

Erläuterungen zur PTR-Befehlsfolge:

Um mit 100 Programmschritten auszukommen, mußte die Abspeicherung von m und n auf die Speicher 1 und 2 per Hand vor Betätigung der Programmstarttaste erfolgen; aus dem gleichen Grund wurde die g.g.T.-Bestimmung gegenüber dem früheren Programm etwas abgeändert (Zeilen 36 bis 70) und schließlich Block 8 stellenweise etwas gekünstelt übersetzt (Ausgabe von $m^2 - n^2$ und Berechnung von $m^2 + n^2$).

d) Testbeispiele

Für die Berechnung und Ausgabe der Tripel von 4, 3, 5 bis 612, 35, 613 benötigte der Rechner
etwa 5 min.

```
  4.                 ...

  3.

  5.
                     396.               120. |
                     203.               119. |
 12.                 445.               169. |

  5.

 13.
                     468.                ...
                     155.
  8.                 493.               264. |
 15.                                     23.
 17.                                    265. |
                     612.
                      35.
 24.                 613.

  7.

 25.


 20.

 21.

 29.
```

Bei Betrachtung der Tripel fallen zwei besondere Fälle auf:

a) die erste und zweite Zahl unterscheiden sich nur um 1

b) die erste und dritte Zahl unterscheiden sich nur um 1.

Wenn wir die Zahlen als Seiten rechtwinkliger Dreiecke deuten, so haben wir im Fall a) ein fast
gleichschenkliges Dreieck und im Fall b) ein langgestrecktes Dreieck vor uns; man hat bewiesen,
daß es von beiden Sorten unendlich viele gibt. (Man könnte das Programm so abändern, daß nur
noch solche besonderen Tripel ausgedruckt werden!)

7.9 g-adische Zahlensysteme

7.9.1 Verwandlung vom Zehnersystem ins fremde System

a) Vorüberlegungen

Es soll ein Programm entwickelt werden, das zu einer gegebenen Zahl des Zehnersystems nach Wahl
einer Basis $g \geq 2$ die entsprechende Darstellung im anderen System liefert.

Um einen geeigneten Algorithmus zur ersten Aufgabe zu finden, betrachten wir als Beispiel die
Umwandlung von 71 ins Dreiersystem: Wir suchen zunächst die größte Dreierstufe, die in 71 enthalten ist, das wäre $27 = 3^3$; sie ist zweimal in 71 enthalten, wobei ein Rest von 17 übrig bleibt;
in 17 ist $9 = 3^2$ einmal enthalten, der Rest 8 setzt sich aus zweimal 3 und 2 zusammen. Es gilt also

$$71 = 2 \cdot 3^3 + 1 \cdot 3^2 + 2 \cdot 3 + 2 \cdot 1 = (2122)_3$$

Im mittleren Term kann man mehrfach die 3 ausklammern und erhält

$71 = 3 \cdot (3 \cdot (3 \cdot \underline{2} + \underline{1}) + \underline{2}) + \underline{2}$

In dieser Darstellung erkennt man in der Folge der unterstrichenen Ziffern die Lösung der gestellten Aufgabe wieder; man könnte nun nacheinander, beginnend mit der Einerziffer, die gesuchte Zahl aus dem Dreiersystem bekommen, wenn man 71 durch 3 teilt, den Rest notiert, die verbliebene Zahl wieder durch 3 teilt, den Rest notiert usw., bis das Ergebnis Null wird; der diesbezügliche Rest ist dann die erste Ziffer der gesuchten Darstellung:

71 : 3 = 23 Rest 2
23 : 3 = 7 Rest 2
 7 : 3 = 2 Rest 1
 2 : 3 = 0 Rest 2

b) Allgemeiner Ablaufplan

Anfang des Programms

Eingabe der umzuwandelnden Zahl n und der gewünschten Basis g
Wiederhole $\left[\begin{array}{l} q \leftarrow n : g \\ R \leftarrow g \cdot frac(q) \\ Ausgabe \text{ von } R \\ n \leftarrow int(q) \end{array}\right.$
$\qquad bis \;\; q = 0$

Ende des Programms

c) PTR-Übersetzung (37 Ps, Rechner 2)

	H	
	S1	n
	H	
	S2	g
(06)	R1	
	:	
	R2	
	=	
	S1	q
	FRAC	
	M −	int(q)
	1	in Sp. 1
	x	
	R2	
	=	R
	H	
	R1	q
	−	
	.1	
	=	
	SKIP	
	GTO 06	q ≠ 0
	GTO 00	

d) Testbeispiele

$1939 = (793)_{16}; \quad 2109 = (4075)_8;$
$194 = (1234)_5; \quad 733 = (1011011101)_2$

e) Variante des Programms (55 Ps, Rechner 2)

H			x	R
S1	n		R3	
H			10^x	
S2	g		=	
0			M +	
S3			4	
S4			1	
(11) R1			M +	
:			3	
R2			R1	
=			–	
S1	q		.1	
FRAC			=	
F			SKIP	
M –			GTO 11	
1			R4	Erg.
x			GTO 00	
R2				

Das Programm unter c) war nur durch die 8- oder 10-stellige Eingabe beschränkt, während die Ausgabe bei beliebiger Basis $g \geq 2$ Ziffer für Ziffer erfolgte; wenn man die Ausgabe auch in Form *einer* Zahl haben möchte, muß $g \leq 9$ sein bzw. dürfen die Ziffern der auszugebenden Zahl nicht größer als 9 sein; das vorliegende Programm summiert die anfallenden Ziffern unter Beachtung ihres jeweiligen Stellenwertes in Speicher 4.

7.9.2 Verwandlung vom fremden System ins Zehnersystem

a) Vorüberlegungen

Nehmen wir an, 4075 ist eine Zahl im Achtersystem, dann kann man einfach ansetzen:

$$4075 = 4 \cdot 8^3 + 0 \cdot 8^2 + 7 \cdot 8^1 + 5 \cdot 8^0 = 2048 + 56 + 5 = 2109$$

Bei der Programmierung entstehen hauptsächlich zwei Probleme, nämlich erstens die Isolierung der einzelnen Ziffern, hier 4, 0, 7, 5, und zweitens die Bereitstellung der zugehörigen Multiplikatoren, hier $8^3, 8^2, 8^1, 8^0$. Im Hinblick auf das zweite Problem erweist sich der Zehnerlogarithmus der eingegebenen Zahl als nützlich, weil dessen ganzzahliger Anteil gerade gleich dem höchsten Exponent ist, anschließend wird man diesen Wert jeweils um eins vermindern, um die übrigen Faktoren aufbauen zu können; daß man den Einern noch den Faktor 8^0 oder allgemein g^0 angehängt hat, ist kein unnötiger Luxus, man kann durch die Abfrage „Ist der Exponent Null?" den Schleifenausstieg arrangieren, siehe unten.

Weil wir beim PTR keine Befehle haben, die uns einen unmittelbaren Zugriff zu den einzelnen Ziffern einer abgespeicherten Zahl ermöglichen, muß man etwa folgendermaßen vorgehen: Man setzt nach der ersten Stelle der eingegebenen Zahl ein Komma, im Beispiel entsteht also die Zahl 4,075; dies erreicht man dadurch, daß man die eingegebene Zahl durch den Term $10^{E.\,max.}$ teilt, wobei E.max. der oben beschriebene größtmögliche Exponent ist. Dann kann man die Ziffer vor dem Komma durch den Integerbefehl herauslösen; anschließend multipliziert man den verbliebenen Nachkommateil mit 10 und erhält vor dem Komma die nächste Ziffer, in unserem Beispiel ergibt $10 \cdot 0.075$ dann 0,75 usw. usw.

b) Allgemeiner Ablaufplan

Anfang des Programms

1. *Eingabe* der Basis g und der umzuwandelnden Zahl n
2. $E \leftarrow \text{int}(0,01 + {}^{10}\log n)$
3. $s \leftarrow 0$
4. $n \leftarrow n : 10^E$

$$\textit{Wiederhole } 5.\begin{bmatrix} s \leftarrow \text{int}(n) \cdot g^E + s \\ 6.\ n \leftarrow 10 \cdot \text{frac}(n) \\ 7.\ E \leftarrow E - 1 \end{bmatrix}$$
$$8.\quad \textit{bis}\ E = 0$$

9. $s \leftarrow s + n$
10. *Ausgabe* von s

Ende des Programms

Erläuterungen zum Ablaufplan:

Auf die Gefahren, die von einer unreflektierten Benutzung der INT- und FRAC-Befehle ausgehen, wurde schon anläßlich der g.g.T.-Bestimmung eingegangen; wegen der zusätzlichen Rundungsfehler bei der Logarithmusbildung wurde hier ein Korrektursummand schon in den allgemeinen Ablaufplan eingefügt, bei manchen PTR liefert die Tastenfolge ,,100, log, INT'' tatsächlich ,,1''! Aber auch teuere Modelle lassen ,,6, 10^x, INT'' ,,999999'' sein.

Der Summand wurde 0.01 gesetzt, weil bei $g \leqslant 9$ der Logarithmus von $88888888 = 7,9488475$ durch den Zusatz hinsichtlich seines Integeranteils nicht verfälscht wird und damit alle weiteren Konstellationen erst recht nicht; andererseits aber der o.a. Fehler nicht mehr auftreten kann.

c) PTR-Übersetzung (72 Ps, Rechner 2)

Nach Betätigung der Programmstarttaste müssen zunächst g und n manuell auf die Speicher 2 und 1 gebracht werden, und zwar in dieser Reihenfolge; am Ende des Programmablaufs dient der Haltbefehl von Zeile 00 dann noch zum Betrachten der Ergebniszahl.
(Testbeispiele siehe 7.9.1)

H	n
${}^{10}\log$	
+	
.01	
=	
INT	
SO	E
0	
S3	s
R1	n
:	
RO	E
10^x	
=	
S1	
R2	g
y^x	
RO	E
x	
R1	
INT	
=	
M+	
3	

(Die Markierung ②④ steht neben der Zeile R2.)

R1	
FRAC	
x	
10	
=	
S1	
1	
M –	
0	
RO	
–	
.1	
=	
SKIP	
GTO 24	
R1	
M +	
3	
R3	
GTO 00	Erg.

7.10 Ungelöste Probleme der Zahlentheorie

7.10.1 Die Vermutung von McCarthy

a) Problemstellung

In den sechziger Jahren entdeckte der Amerikaner McCarthy folgende Gesetzmäßigkeit:

Man nehme eine beliebige natürliche Zahl. Ist sie gerade, so teilt man so lange durch zwei, bis das Ergebnis ungerade wird. Falls man nicht eins erhält, multipliziert man das Ergebnis mit drei und addiert eins; mit der so entstandenen geraden Zahl wiederhole man den Vorgang.

Ist die Ausgangszahl ungerade, verfährt man mit ihr wie oben mit dem ungeraden Zwischenergebnis usw.

Die bisher verwandten natürlichen Zahlen lieferten bei diesem Vorgang stets eine Folge von Zahlen, die mit 4, 2, 1 abbricht; man weiß jedoch noch nicht, ob dies für jede natürliche Zahl gilt.

Beispiele:

Gegeben sei 18, dann erhält man 9, 28, 14, 7, 22, 11, 34, 17, 52, 26, 13, 40, 20, 10, 5, 16, 8, 4, 2, 1.
Gegeben sei 21, man bekommt 21, 64, 32, 16, 8, 4, 2, 1.

Entscheidend für den Abbruch ist offenbar das Auftauchen einer Zweierpotenz!

Das unten angegebene Flußdiagramm zählt zusätzlich die Anzahl der Folgeglieder im Speicher k.

b) Allgemeiner Ablaufplan

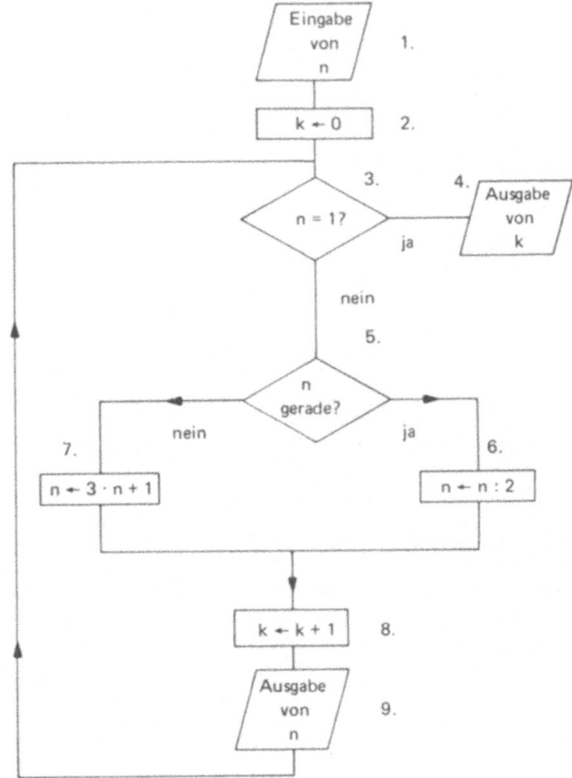

c) PTR-Übersetzung (66 Ps, Rechner 2)

```
       H
       S1   n
       0
       S2   k
(06)   R1
       −
       1.1
       =
       SKIP
       GTO 22
       R2   k
       GTO 00
(22)   R1        5.
       :
       2
       =
       FRAC
       −
       .1
       =
       SKIP
       GTO 47
       R1        6.
       :
       2
       =
       S1
       GTO 56
```

```
(47)   R1        7.
       x
       3
       +
       1
       =
       S1
(56)   1         8.
       M+
       2
       R1
       H    n
       GTO 06
```

d) Testbeispiele (Rechner 3 mit Drucker)

n=12.	n= 907.	820.
		410.
6.		205.
3.		616.
10.	2722.	308.
5.	1361.	154.
16.	4084.	77.
8.	2042.	232.
4.	1021.	116.
2.	3064.	58.
1.	1532.	29.
	766.	88.
k= 9.	383.	44.
	1150.	22.
	575.	11.
	1726.	34.
	863.	17.
	2590.	52.
	1295.	26.
	3886.	13.
	1943.	40.
	5830.	20.
	2915.	10.
	8746.	5.
	4373.	16.
	13120.	8.
	6560.	4.
	3280.	2.
	1640.	1.
		k= 54.

7.10.2 Klassische Fälle

Zu den bekanntesten Vermutungen, die bisher nicht widerlegt, aber auch nicht in voller Allgemeinheit bewiesen werden konnten, zählen die von *Goldbach* und von *Fermat* (18. bzw. 17. Jh.).

Erstere besagt, daß jede gerade Zahl oberhalb von 2 als Summe von zwei Primzahlen dargestellt werden kann wie z.B. 12 = 7 + 5; letztere verneint die nichttriviale ganzzahlige Lösbarkeit von $x^n + y^n = z^n$ für $n \geqslant 3$.

Aber bremsen Sie Ihren Forscherdrang noch ein wenig; zum letzten Problem wäre anzumerken, daß man schon vor dem Einsatz von Computern durch theoretische Überlegungen (*E. Kummer* u. a., 19. Jh.) die Nichtlösbarkeit bis hinauf zu $n = 642$ nachweisen konnte, mit Computerunterstützung ist man mittlerweile bei $n = 25000$ angekommen,[1] d.h. mit Ihrem PTR kommen Sie da nicht mehr mit! Ähnlich wird es mit der *Goldbach*schen Vermutung sein; bei den nächsten beiden Fragen ist dem Autor nicht bekannt, wie groß der bisher untersuchte Zahlenraum ist:

Gibt es ungerade *vollkommene* oder *perfekte* Zahlen?

Gemeint sind solche Zahlen, die sich als Summe sämtlicher Teiler — außer der Zahl selbst als trivialem Teiler — darstellen lassen.

Beispiele: $6 = 1 + 2 + 3$; $28 = 1 + 2 + 4 + 7 + 14$

Ist das wenigstens mit einer echten Teilmenge der oben genannten Teiler möglich, nennt man die Zahl „pseudoperfekt".

Beispiel: $945 = 1 + 9 + 21 + 27 + 35 + 45 + 63 + 105 + 135 + 189 + 315$[1]

Ungerade perfekte Zahlen hat man bis heute nicht gefunden! Schon *Euler* hat gezeigt, daß sie von der Form $12n + 1$ oder $36n + 9$ sein müßten.

Ungelöst ist auch die Frage, ob es einen Quader mit natürlichen Kanten a, b, c gibt, so daß sowohl die Raumdiagonale $\sqrt{a^2 + b^2 + c^2}$ als auch die drei Flächendiagonalen $\sqrt{a^2 + b^2}$; $\sqrt{a^2 + c^2}$; $\sqrt{b^2 + c^2}$ natürlich sind.

Einige weitere untersuchenswerte Probleme dieser Art finden Sie z.B. in [11] auf S. 55.

---

[1] nach *Aigner,* siehe 7.8.2

8 Näherungsweise Berechnung irrationaler Zahlen

8.1 Bestimmung der n-ten Wurzel

8.1.1 Methode der fortgesetzten Halbierung

In 3.5.1 wurde die zweite Wurzel über eine duale Intervallschachtelung approximiert. Dieses Verfahren läßt sich auf beliebige Wurzelexponenten verallgemeinern.

Zu diesem Zwecke hat man lediglich im Block 2.2 des FD die Abfrage $m^2 > R$? in die Abfrage $m^n > R$? zu verwandeln (und n bei der Eingabe zu berücksichtigen). Allerdings darf man bei der Übersetzung in die Sprache des Taschenrechners nicht die Potenztaste y^x verwenden; dies wäre insofern Unsinn, als $x = 1/n$ gesetzt werden könnte, was der allgemeinen Wurzeltaste entspricht. (Ganz davon abgesehen, daß bei den meisten Rechnern die der y^x-Taste entsprechende Routine den Logarithmus benutzt, während es doch in diesem Programm darum geht, die allgemeine Wurzel auf die Grundrechenarten zurückzuführen.)

Wir können jedoch ohne logische Schnitzer das zu 4.3 gehörende Unterprogramm zur Berechnung von Potenzen mit natürlichen Exponenten heranziehen, die Durchführung sei dem Leser überlassen.

Testbeispiel (Rechner 3 mit zusätzlichem Print-Befehl innerhalb der Schleife)

```
        R= 2.
        a= 1.
        b = 2.
    d= 0. 0005
        n= 3.


            1. 5
          1. 25
         1. 375
        1. 3125
       1. 28125
      1. 265625
     1. 2578125
    1. 26171875
   1. 259765625
   1. 260742188
   1. 260253906


 1. 25992105
```

8.1.2 Methode von Newton

a) Mathematischer Hintergrund

Es handelt sich um die Verallgemeinerung des Heronschen Verfahrens (3.3.1); ohne Zuhilfenahme der Differentialrechnung kann man sie folgendermaßen verstehen:

Man setzt $\sqrt[n]{R} = x_0 + d_0$, wobei x_0 einen ersten Näherungswert und d_0 den zugehörigen Fehler darstellen soll. Nach Potenzierung der Gleichung mit n ergibt sich

$$R = (x_0 + d_0)^n = x_0^n + n \cdot x_0^{n-1} \cdot d_0 + \ldots$$

weil d_0 klein gegenüber x_0 ist — man denke sich etwa x_0 als kleinste ganze Zahl unter $\sqrt[n]{R}$ —, kann man die Glieder mit d_0^2, d_0^3 usw. vernachlässigen und erhält

$$d_0 \approx \frac{R - x_0^n}{n \cdot x_0^{n-1}} \, ,$$

so daß $\sqrt[n]{R} \approx x_0 + \dfrac{R - x_0^n}{n \cdot x_0^{n-1}}$ einen besseren Näherungswert darstellt als $\sqrt[n]{R} \approx x_0$. Nun wiederholt

man das Nevfahren:

$$\sqrt[n]{R} = x_1 + d_1, \quad \text{wobei} \quad x_1 = x_0 + \frac{R - x_0^n}{n \cdot x_0^{n-1}}$$

und d_1 der neue, kleinere Fehler. Mehrfache Wiederholung führt auf den Ausdruck

$$k \in \mathbb{N}_0; \quad x_{k+1} = x_k + \frac{R - x_k^n}{n \cdot x_k^{n-1}} \, .$$

b) Allgemeiner Ablaufplan

Der letzten Gleichung entspricht die Schleife $x \leftarrow x + \dfrac{R - x^n}{n \cdot x^{n-1}}$.

Nach Eingabe des Radikanden R, des Wurzelexponenten n und eines Startwertes x wird x^{n-1} im Unterprogramm (4.3) berechnet und auf s abgespeichert und anschließend das neue x gemäß

$$x \leftarrow \frac{R}{n \cdot s} - \frac{x}{n} + x \text{ berechnet.}$$

Den Zusammenhang mit dem Spezialfall $n = 2$ erkennt man am besten aus der Umformung

$$x \leftarrow \frac{1}{n} \cdot \left((n-1) \cdot x + \frac{R}{x^{n-1}} \right) .$$

c) PTR-Übersetzung (65 Ps, Rechner 3)

	H			$S1$	Anf.
	$S3$	R	(80)	$S2$	U.P.
	H			$1 +/-$	
	$S4$	n		$SUM\,0$	
	$-$		(88)	$R1$	
	1			$PROD\,2$	
	$=$			dsz	
	$S5$	$n-1$		88	
	H			$R2$	x^{n-1}
	$S6$	x_0		RTN	
(14)	$R5$				
	$S0$				
	$R6$	$x\,(\text{alt})$			
	$SUB\,80$				
	x	x^{n-1}			
	$R4$	n			
	$=$				
	$1/x$				
	x				
	$R3$	R			
	$-$				
	$R6$				
	$:$				
	$R4$				
	$+$				
	$R6$				
	$=$				
	$S6$	$x\,(\text{neu})$			
	PRT				
	$GTO\,14$				

d) Testbeispiele

```
R  = 2.              R = 13879.
n  = 3.              n  =    45.
x₀ = 1.5             x₀ =    1.5

1.296296296          1.466672176
1.260932225          1.434094269
1.259921861          1.402265293
 1.25992105          1.371210654
 1.25992105          1.341025435
                     1.311986803
                     1.284827948
                     1.261287705
                     1.244565442
                      1.2372491
                     1.236119884
                     1.236096587
                     1.236096577
                     1.236096577
```

8.1.3 Schnellverfahren

Der Ausdruck

$$x \leftarrow x \cdot \frac{n \cdot (x^n + R) - (x^n - R)}{n \cdot (x^n + R) + (x^n - R)}$$

konvergiert noch schneller gegen die n-te Wurzel aus R, wie man dem folgenden Druckbild entnehmen kann; die zugehörige Programmierung bietet nichts Neues und wird daher nicht vorgeführt (siehe Anhang).

```
R = 13879.
    n = 45.
   x₀ = 1.5
```

```
1.434803696
1.372569774
1.313932472
1.263551404
1.238112049
1.236097478
1.236096577
1.236096577
```

8.2 Berechnung von Logarithmen

8.2.1 Elementares Verfahren

a) Problemstellung

Das hier vorgestellte Verfahren beruht wieder auf der Methode der fortgesetzten Halbierung und ermöglicht neben der praktischen Berechnung gleichzeitig eine begriffliche Fundierung (Intervallschachtelung sichert Existenz des Logarithmus!).

In einer Gleichung wie $2^3 = 8$ ist „3" der *Exponent* bezüglich der Basis 2; bezogen auf die Zahl 8, den *Numerus,* nennt man 3 auch *Logarithmus:* 3 ist der *Logarithmus* von 8 zur *Basis* 2. Wenn man einen Logarithmus berechnen soll, müssen also zwei Zahlen, nämlich Basis und Numerus, bekannt sein; die Gleichung

$$7^x = 3 \quad \text{ist gleichwertig mit} \quad {}_7\log 3 = x$$

Anders als oben kann man den Logarithmus von 3 zur Basis 7 nicht sofort angeben; wir wollen anhand des folgenden Flußdiagramms studieren, wie man sich Näherungswerte beliebiger Genauigkeit beschaffen kann.

b) Allgemeiner Ablaufplan

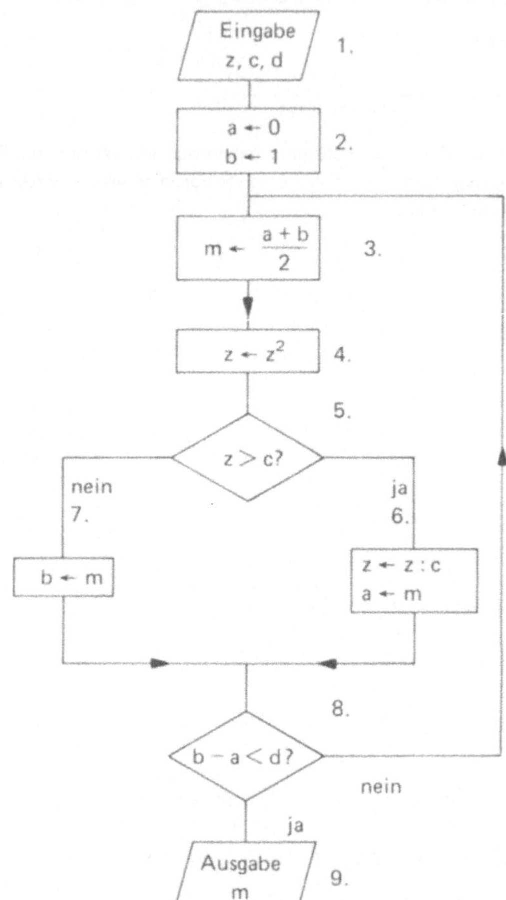

Erläuterungen:

Man beachte die Ähnlichkeit mit dem Flußdiagramm aus 3.5.1.

„c" meint die Basis und „d" wie üblich eine vorzugebende Genauigkeit. Der Numerus wird auf „z" abgespeichert, dort aber im Verlauf des Programms von anderen Zahlen verdrängt. Ein volles Verständnis der Vorgänge ergibt sich aus der nun folgenden Simulation (z sei mit 3 und c mit 7 belegt):

1. Durchlauf

$m \leftarrow 1/2$; $z \leftarrow 9$; $9 > 7$? ja, daher $z \leftarrow 9/7$ und $a \leftarrow 1/2$.
Wir wissen jetzt: $9 = 7^{2x} > 7$, d.h. $1/2 < x < 1$

2. Durchlauf

$m \leftarrow 3/4$; $z \leftarrow 81/49$; $81/49 > 7$? nein, daher $b \leftarrow 3/4$.
Wir wissen jetzt: $81/49 = 7^{4x}/7^2 < 7$, d.h. $1/2 < x < 3/4$

3. Durchlauf

$m \leftarrow 5/8$; $z \leftarrow 3^8/7^4 \approx (8/5)^2$; $(8/5)^2 > 7$? nein, daher $b \leftarrow 5/8$.
Wir wissen jetzt: $3^8/7^4 = 7^{8x}/7^4 < 7$, d.h. $1/2 < x < 5/8$

4. Durchlauf

$m \leftarrow 9/16$; $z \leftarrow 3^{16}/7^8$ ist größer 7, daher $z \leftarrow 3^{16}/7^9$ und $a \leftarrow 9/16$.
Wir wissen jetzt: $3^{16}/7^8 = 7^{16x}/7^8 > 7$, d.h. $9/16 < x < 5/8$

usw.; wie man sieht, benutzt man außer den Grundrechenarten lediglich einige Potenzgesetze in
Verbindung mit natürlichen Exponenten:

$$\left(\frac{x}{Y}\right)^2 = \frac{x^2}{y^2}; \quad (x^n)^m = x^{nm}; \quad n > m \Rightarrow x^n > x^m \text{ für } n, m \text{ aus } \mathbb{N} \text{ und } x > 1.$$

Es muß auch noch hervorgehoben werden, daß unser Verfahren nur unter der Voraussetzung
$1 <$ Numerus $<$ Basis funktioniert, was aber wegen der bekannten Regel $\log xy = \log x + \log y$
keine Einschränkung darstellt (Beispiel: $_7\log 12 = {_7}\log 3 + {_7}\log 4$).

c) PTR-Übersetzung (72 Ps, Rechner 3)

H		1
S1	z	
H		
S2	c	
H		
S3	d	
0		2
S4	a	
1		
S5	b	
⑮ R4	a	3
+		
R5	b	
=		
:		
2		
=		
S6	m	
R1	z	4
x^2		
S1		
$x \leftrightarrow t$		5
R2	c	
$x \geqslant t?$	$> z$	
52	?	
R1		6
:		
R2		
=	z : c	
S1		
R6	m	
S4		
GTO 56		

d) Testbeispiele

Beispiele der Basen 10 und $e \approx 2,718$ kann
man mit den entsprechenden Tasten „log"
und „ln" überprüfen; bei den übrigen Basen
benutzt man am besten die Beziehung

$$_c\log z = {_{10}}\log z \cdot \frac{1}{_{10}\log c}.$$

Sollen alle Dezimalen richtig sein, benötigt
der Rechner ca. eine Minute.

㊾ R6	m	7
S5		
㊱ R5	b	8
−		
R4	a	
=		
$x \leftrightarrow t$		
R3	d	
$x < t?$		
15		
R6	m	9
RST	Erg.	

8.2.2 Reihen

a) Mathematische Vorüberlegungen

Zur Berechnung der natürlichen Logarithmen eignet sich

$$\ln z = 2 \cdot \left[\left(\frac{z-1}{z+1}\right) + \frac{1}{3}\cdot\left(\frac{z-1}{z+1}\right)^3 + \frac{1}{5}\cdot\left(\frac{z-1}{z+1}\right)^5 + \frac{1}{7}\cdot\left(\frac{z-1}{z+1}\right)^7 + \ldots \right]$$

Man kann zeigen, daß die Reihe für jedes positive z konvergiert und daß der Fehler beim Abbruch nach dem n-ten Glied

$$F \leqslant 2 \cdot \left| \frac{1}{2n+1}\left(\frac{z-1}{z+1}\right)^{2n+1} \cdot \frac{1}{1-\left(\frac{z-1}{z+1}\right)^2} \right| \,, \text{ siehe Anhang.}$$

Für Numeri in der Nähe von e ist die Konvergenz gut; je weiter aber z von e entfernt ist, um so schwächer wird sie; die ersten n = 10 Glieder der Reihe liefern z.B. ln 2 bis auf eine Einheit der zehnten Dezimale genau, während ln 23 unter Verwendung von zehn Gliedern noch nicht einmal die erste Dezimale erhält, siehe unten; dies ist aber nach der oben vorgestellten Fehlerabschätzung nicht anders zu erwarten; man bekommt für z = 2 und n = 10   F = 1,02 · 10^{-11} und für z = 23 und n = 10   F = 0,096.

b) Allgemeiner Ablaufplan

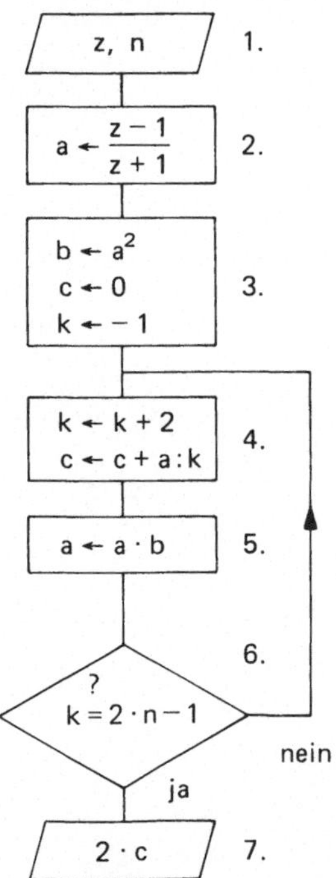

Man kann also die Anzahl der Schleifendurchgänge, d.h. die Anzahl der berücksichtigten Summanden, durch Eingabe von n festlegen.

c) PTR-Übersetzung (62 Ps, Rechner 3)

H		1
$S1$	z	
H	n	
$x\,2-1=$		
$x \leftrightarrow t$		
$R1-1$		2
$=:($		
$R1+1)$		
$=S3$	a	
$x^2\,S4$	b	3
$0S5$	c	
$1+/-S6$	k	
㉟ $2\,SUM\,6$		4
$R3:R6$		
$=SUM\,5$		
$R4$		5
$Prod\,3$		
$R6$	k	6
$x \neq t?$		
35		
$R5\,x2=$		7
RST	Erg.	

d) Testbeispiele

(mit zusätzlichem Druckbefehl innerhalb
der Schleife; Rechenzeit 11 s)

$Z=2$	$Z=23$
.6666666667	1.833333333
.6913580247	2.346836642
.6930041152	2.605727559
.6931347573	2.76111361
.6931460474	2.862666068
.6931470738	2.932483382
.6931471703	2.982123791
.6931471795	3.01827396
.6931471805	3.045076474
.6931471805	3.065227341

8.2.3 Numerische Integration

Die Beziehung

$$\ln x = \int_1^x \frac{1}{t}\,dt$$

wird auch zur Definition des Logarithmus benutzt; demnach kann man durch Approximation der
Fläche unter der Hyperbel $t \to 1/t$ von $t = 1$ bis $t = x$ ln x bestimmen, siehe 3.2.5 und 11.4.

8.3 Die Zahl e

a) Mathematischer Hintergrund

Die Basis der natürlichen Logarithmen $e \approx 2{,}718281828$ kann man als Grenzwert der Folge mit

$$a_n = \left(1 + \frac{1}{n}\right)^n \qquad \text{bzw.} \qquad b_n = 1 + \frac{1}{1!} + \frac{1}{2!} + \frac{1}{3!} + \frac{1}{4!} + \frac{1}{5!} + \frac{1}{6!} + \dots + \frac{1}{n!}$$

definieren. Die Unterschiede in der Konvergenzgeschwindigkeit sind beträchtlich: (Rechner 3 mit
Drucker).

```
      a₁= 2.                    b₁= 2.
       2.25                      2.5
    2.37037037               2.666666667
    2.44140625               2.708333333
       2.48832               2.716666667
    2.521626372              2.718055556
    2.546499697              2.718253968
    2.565784514               2.71827877
    2.581174792              2.718281526
  → 2.59374246             → 2.718281801
    2.604199012              2.718281826
    2.61303529               2.718281828
    2.620600888              2.718281828
```

Die Genauigkeiten sind relativ einfach vorherzusagen; die a_n steigen monoton und sind andererseits stets kleiner als die monoton fallenden $c_n = \left(1 + \frac{1}{n}\right)^{n+1}$, daher ist $c_n - a_n = a_n : n$ eine obere Schranke für den Fehler des Gliedes a_n. Bei b_n liegt der Fehler unterhalb von

$$\frac{3}{(n+1)!} \quad \text{bzw.} \quad \frac{1}{n \cdot n!} ,$$

wie man mit Hilfe der Taylorreihe der e-Funktion bzw. Majorisierung der zu b_n gehörenden Reihe durch eine geometrische Reihe erkennen kann, siehe Anhang. So ist z.B. $a_{10} = 2{,}59374246$ mit einem maximal möglichen Fehler von 0,26 versehen, d.h. noch nicht einmal die erste Dezimale ist gesichert, während $b_{10} = 2{,}718281801$ wegen $1/10 \cdot 10! \approx 0{,}0000000276$ auf 7 Nachkommastellen genau ist.

b) Allgemeiner Ablaufplan

Anfang des Programms

1. *Eingabe* von n
   $k \leftarrow 1; \; s \leftarrow 2$
2. *Wiederhole* $\big[\, k \leftarrow k + 1$
        zu k die Fakultät im U.P.
        bilden und nach f abspeichern
       $s \leftarrow s + 1/f \,\big]$
         bis $k = n$
3. *Ausgabe* von s

Ende des Programms

Für die a_n erübrigt sich ein Programm (Potenztaste!).

c) PTR-Übersetzung

(22 Ps, Rechner 7; hierzu paßt das Fakultätsunterprogramm aus 4.1.4)

H	n	1.
$x \leftrightarrow t$		
1 S2	k	
2 S3	s	
LBL 3		2.
1 SUM 2		
R2	k	
SUB 2	U.P.	
1/x		
SUM 3		
R2	k	
$x \neq t?$	$\neq$ n	
GTO 3		
R3	Erg.	3.
RST		

8.4 Die Zahl π

8.4.1 Rechteckmethode

a) Mathematischer Hintergrund

Meist wird π als doppelter Umfang oder (einfacher) Inhalt des Einheitskreises definiert. Von daher ergeben sich mehrere Möglichkeiten, diese Zahl auf elementare Weise zu approximieren. Die einfachste besteht wohl darin, den Viertelkreis mit Rechtecken auszulegen, für die wechselnden Höhen h benötigt man den Lehrsatz des Pythagoras; da der „Abfall" für die letzten Rechtecke besonders groß ist, nimmt man besser nur einen 30°-Ausschnitt des Kreises.

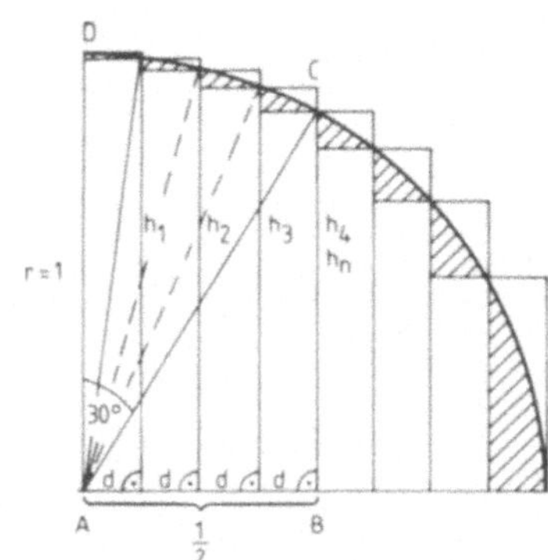

In einem Dreieck mit den Winkeln 30°, 60°, 90° verhält sich die kleinere Kathete zur Hypotenuse wie 1:2. Weiter gilt nach Pythagoras:

$$h_1^2 = 1 - d^2$$
$$h_2^2 = 1 - (2d)^2$$
$$h_3^2 = 1 - (3d)^2$$
$$\vdots$$
$$h_n^2 = 1 - (nd)^2$$

Wenn n die Anzahl der Rechtecke ist, gilt

$$d = \frac{1}{2} : n = \frac{1}{2 \cdot n} .$$

Die Maßzahl für die Fläche des 30°-Sektors ACD ergibt sich näherungsweise aus „Rechtecksumme" minus „Dreieck ABC", also

„Untersumme": $d \cdot (h_1 + h_2 + h_3 + h_4 + \ldots + h_n) - \frac{1}{2} \cdot \frac{1}{2} \cdot h_n;$ wobei $h_n = \dfrac{\sqrt{3}}{2}$

„Obersumme": $d \cdot (1 + h_1 + h_2 + h_3 + \ldots + h_{n-1}) - \frac{1}{8} \cdot \sqrt{3}$

Im folgenden Programm wird auch noch der Mittelwert von Unter- und Obersumme ausgegeben, dies entspricht dem *Trapezverfahren*.

b) Allgemeiner Ablaufplan

Anfang des Programms

1. *Eingabe* von n
2. $k \leftarrow n;\ d \leftarrow 1/2n;\ h \leftarrow 0$
3. *Wiederhole* $\left[\begin{array}{l} h \leftarrow h + \sqrt{1 - (kd)^2} \\ k \leftarrow k - 1 \end{array}\right.$
4.   *bis* $k = 0$
5. $U \leftarrow (dh - \sqrt{3} : 8) \cdot 12$
6. $O \leftarrow U + 12 \cdot d \cdot (1 - \sqrt{3} : 2)$
7. $M \leftarrow (U + O) : 2$
8. *Ausgabe* von U, M, O

Ende des Programms

Im Speicher h werden die Höhen h_1 bis h_n summiert, beginnend mit h_n, damit man in der PTR-Folge den dsz-Befehl in der Schleife benutzen kann.

c) PTR-Übersetzung (82 Ps, Rechner 3)

H	n	1
S0	k	2
x 2 =		
1/x S1	d	
0 S2	b	
(12) R0		3
x		
R1 =		
x^2 +/−		
+ 1 =		
$\sqrt{}$		
SUM 2		
dsz		4
12		
R1		5
x		
R2		
− 3		
$\sqrt{}$		
: 8 =		
x 12		
= S3	U	
+ R1		6
x 12		
x (		
1 − 3		
$\sqrt{}$		
: 2)		
= S4	O	
+ R3 =		7
: 2 = S5	M	
R3 H	U	8
R5 H	M	
R4 RST	O	

d) Testbeispiel

```
               n = 1.
2.598076211
                    3.
3.401923789


               n = 4.
3.032102978
3.152583925
3.233064872


               n = 10.
3.099957219
3.140149598
3.180341977

               n = 100.
3.137558982
  3.14157822
3.145597458


              n = 1000.
3.141190585
3.141592509
3.141994433


π ≈ 3.141592654
```

Bei 1000 Rechtecken benötigt der Testrechner knapp 12 min.; der Ausdruck zeigt deutlich
die bessere Konvergenz des Trapezverfahrens gegenüber der einfachen Rechtecksummation.

8.4.2 Vieleckmethode

a) Mathematischer Hintergrund

Eine Methode, die schon Archimedes verwandte, besteht darin, die Kreisfläche durch regelmäßige Vielecke „auszuschöpfen":

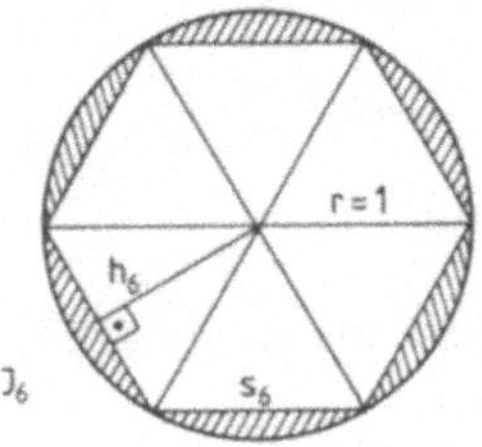

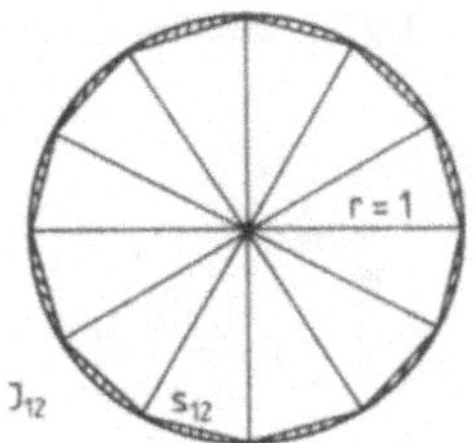

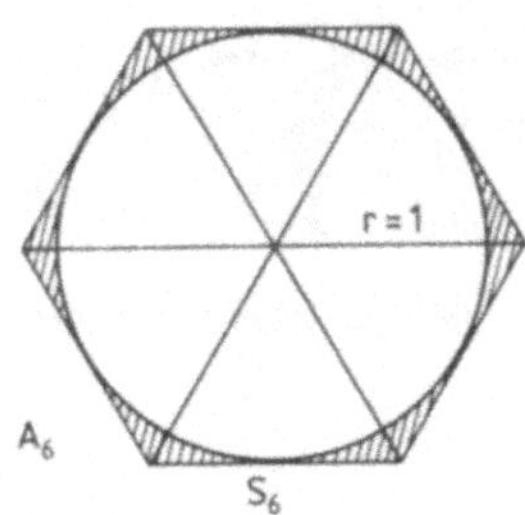

Man beginnt beispielsweise mit dem Sechseck und verdoppelt dann laufend die Eckenzahl; weiter unten wird gezeigt, wie man mit den Ausgangswerten des Sechsecks, also $s_6 = 1/2$ und $h_6 = 1/2 \cdot \sqrt{3}$ (Pythagoras) zunächst die Daten des Zwölfecks, s_{12} und h_{12}, dann die des 24-Ecks, dann die des 48-Ecks usw. rekursiv bestimmen kann (Formeln (5) und (2) z.B.). Die Fläche eines beliebigen n-Ecks erhält man dann als das n-fache der zugehörigen Dreiecksfläche $1/2 \cdot s_n \cdot h_n$. Nennen wir diese I_n, so ergibt sich die entsprechende Flächenmaßzahl für das umbeschriebene n-Eck zu $A_n = I_n : h_n^2$ (Formel (1)); die gesuchte Kreisflächenzahl muß dann zwischen I_n und A_n liegen.

Statt der Kreisfläche kann man auch den Kreisumfang approximieren; hierzu genügt im wesentlichen die Beziehung (5). (Man beachte aber, daß zu deren Ableitung auch h_n einbezogen werden mußte!)

Der halbe Kreisumfang wird von unten durch $U_n = 1/2 \cdot n \cdot s_n$ und von oben durch $O_n = U_n : h_n$ eingegrenzt (vgl. (1a)).

Einzelheiten zum Beweis

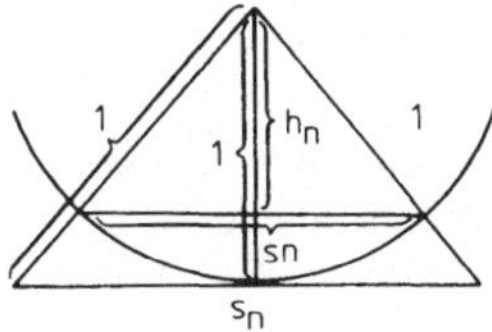

In ähnlichen Figuren verhalten sich entsprechende Flächen wie die Quadrate entsprechender Strecken.

I_n (A_n) bezeichne die Maßzahl für die Fläche des einbeschriebenen (umbeschriebenen) n-Ecks, dann gilt — vgl. Skizze —

$$\frac{I_n}{A_n} = \frac{h_n^2}{1^2} \Leftrightarrow A_n = I_n : h_n^2 \tag{1}$$

Aus dem 2. Strahlensatz folgt „$1/2 \cdot S_n$ zu $1/2 \cdot s_n = 1$ zu h_n'' oder $S_n = s_n : h_n$ und somit auch $O_n = U_n : h_n$, wenn damit der halbe Streckenzug des um- bzw. einbeschriebenen Vielecks bezeichnet wird.

$$O_n = U_n : h_n \tag{1a}$$

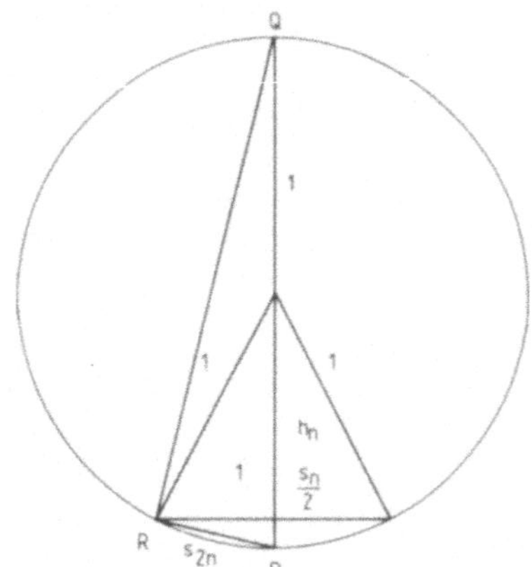

Winkel PRQ = 90°   (Thales)

$$h_n^2 = 1 - \frac{(s_n)^2}{2} \qquad \text{(Pythagoras)} \tag{2}$$

$$s_{2n}^2 = 2 \cdot (1 - h_n) \qquad \text{(Kathetensatz} \atop \text{des Euklid)} \tag{3}$$

Daraus ergibt sich die Rekursionsformel:

$$s_{2n} = \sqrt{2 \cdot \left(1 - \sqrt{1 - \frac{(s_n)^2}{2}}\right)} \tag{4}$$

Noch zwei Abänderungen der Rekursionsformel:

$$s_{2n} = \sqrt{2 - \sqrt{4 - s_n^2}} \tag{5}$$

$$s_{2n} = \frac{s_n}{\sqrt{2 + \sqrt{4 - s_n^2}}} \tag{6}$$

Anmerkung: (6) entsteht aus (5), indem man mit $\sqrt{2 + \sqrt{4 - s_n^2}}$ erweitert!

b) Allgemeiner Ablaufplan

Anfang des Programms

$n \leftarrow 6$; $s \leftarrow 1$; $h \leftarrow 1/2 \cdot \sqrt{3}$ 1.

Wiederhole
$\quad U \leftarrow 1/2 \cdot n \cdot s$ 2.
$\quad O \leftarrow U : h$
$\quad$ *Ausgabe* von U und O
$\quad s \leftarrow f(s)$ 3.
$\quad h \leftarrow \sqrt{1 - s^2 : 4}$ 4.
$\quad I \leftarrow n \cdot s \cdot h$ 5.
$\quad A \leftarrow I : h^2$ 6.
$\quad n \leftarrow 2 \cdot n$
$\quad$ *Ausgabe* von n, I, A

$\quad$ *bis* (von Hand) abgestellt

Ende des Programms

$s \leftarrow f(s)$ meint wahlweise eine der rekursiven Bestimmungen von s_{2n} durch s_n, also (4) oder (5) oder (6). Wem das Programm zu umfangreich ist, der kann leicht einzelne Verfahren herausnehmen; so stellen z.B. die Teile 1 (ohne h), 2 (ohne O), 3 und „$n \leftarrow 2n$'' für sich genommen die Approximation durch einbeschriebene Umfänge dar!

c) PTR-Übersetzung (88 Ps, Rechner 3 mit Drucker; Ps 35 bis 47 realisieren
alternativ Formel (5) und (6))

```
        6 S1    n   1.              48    x²      s_2n    4.
        1 S2    s                        : 4 =    neu
        3 √                              +/− + 1
        : 2 =                            = √
        S3      h                        S3       h_2n
 (13)   R1 x R2     2.                    R1 x R2          5.
        : 2 =                             x R3 =
        PRT     U                         S4       I
        : R3 =                            2                6.
        PRT     O                         Prod 1
 (27)   R2 x²   s_n 3.                     R1       n
        +/− + 4 alt                       PRT
        = √                               R4
     +/− + 2    NOP                       PRT      I
     = √        + 2                        : R3
     S2         = √                        x² =
     PAP        1/x                        PRT      A
     GTO 48     x R2 =                    GTO 13
     NOP        S2
     NOP        PAP
```

d) Erstes Testergebnis
(bei Verwendung von Formel (5) unter Auslassung der beiden Teilergebnisse zum 6-Eck)

```
    n    12.                        96.                          768.
J          3.             3.139350206                   3.141557721
A 3.215390309             3.142714602                   3.141610289
U 3.105828541             3.141031954                   3.141584005
O 3.215390309             3.142714602                   3.141610289

         24.                       192.                         1536.
  3.105828541             3.141031955                   3.141584709
  3.159659942             3.141873054                   3.141597851
  3.132628613             3.141452476                    3.14159128
  3.159659942             3.141873054                   3.141597851

         48.                       384.                         3072.
  3.132628614             3.141452526                   3.141593392
  3.146086216             3.141662801                   3.141596678
  3.139350204             3.141557661                   3.141595035
  3.146086216             3.141662801                   3.141596678
```

6144.	393216.	50331648.
3.141605889	3.170208743	79.58132303
3.14160671	3.170208743	
3.1416063	3.170208743	100663296.
3.14160671	3.170208743	159.1626461
12288.	786432.	201326592.
3.141621217	3.28988109	318.3252921
3.141621422	3.28988109	
3.141621319	3.28988109	402653184.
3.141621422	3.28988109	636.6505843
24576.	1572864.	805306368.
3.141741448	3.517030823	1273.301169
3.1417415	3.517030823	
3.141741474	3.517030823	1610612736.
3.1417415	3.517030823	2546.602337
		3221225472.
		5093.204674
49152.	3145728.	
3.142462298	4.97383269	
3.142462311	4.97383269	6442450944.
3.142462305	4.97383269	10186.40935
3.142462311	4.97383269	
98304.	6291456.	
3.143423154	9.947665379	
3.143423157	usw.	1.288490189 10
3.143423156	usw.	20372.8187
3.143423157	usw.	
196608.	12582912.	
3.154930539	19.89533076	
3.15493054		
3.154930539	25165824.	
3.15493054	39.79066152	

e) Analyse des Testergebnisses

Das Zahlenmaterial ist in mehrfacher Hinsicht lehrreich. Man fragt sich zunächst, warum man über fünf richtige Nachkommastellen für π nicht hinauskommt. Die besten Werte erhält man beim 3072-Eck, dann entfernt sich alles in schöner Eintracht wieder von π, erst langsam, dann immer schneller; vom 3 145 728-Eck ab ändert sich sogar der Vorkommateil, bei $n = 6\,442\,450\,944$, dem

letzten ,,n'', das überhaupt noch exakt — bei 10-stelliger Mantisse — erfaßt wird, ist der Wert schon
auf rund 10186 angewachsen. Es fällt auf, daß sich zum Schluß die Werte immer verdoppeln;
studiert man noch einmal den Ablaufplan, h ist fast 1, so vermutet man mit Recht einen Fehler
im Zusammenhang mit ,,s''. Wenn man — etwa in dem oben erwähnten Minimalprogramm — zusätzlich einen Ausgabebefehl für den Inhalt von s einbaut, wird diese Vermutung bestätigt:

```
        n= 12.                  98304.                  1572864.
U 3.105828541           3.143423156             3.517030823
s .5176380902            .0000639531              .0000044721


          24.                  196608.                  3145728.
3.132628613             3.154930539             4.97383269
 .2610523845             .0000320936              .0000031623


          48.                  393216.                  6291456.
3.139350204             3.170208743             9.947665379
 .1308062585             .0000161245              .0000031623


  USW.                      786432.
  USW.                    3.28988109
                           .0000083666
```

Die Unregelmäßigkeit tritt erstmals deutlich in Erscheinung beim Übergang vom 1 572 864-Eck
zum 3 145 728-Eck; statt sich von 0,0000044721 auf ungefähr die Hälfte zu verkleinern, wird s zu
0,0000031623 und stagniert trotz weiterer Verdoppelung der Eckenzahl von nun an bei dieser Zahl.
Der Grund dafür muß also in der Rekursion

$$s \leftarrow \sqrt{2 - \sqrt{4 - s^2}}$$

liegen; bei eingehenderer Betrachtung dieses Terms stellt man fest, daß mit wachsendem n der Radikand für die äußere Wurzel immer ungenauer wird, *weil von 2 etwas subtrahiert wird, was sich selbst
von 2 immer weniger unterscheidet.* Dies wird insbesondere dann kritisch, wenn nach Ausführung
der Subtraktion nur noch die ,,Sicherheitsstellen'' übrigbleiben, beim Testrechner z.B. die 3 Stellen,
die jenseits des 10-stelligen Anzeigeregisters an sich dafür bestimmt sind, die unvermeidlichen Abbruchfehler und deren Folgen aufzufangen. (Man denke an 1/3 oder 1/7 und natürlich an die irra-
tionalen Zahlen.) Diese teilweise durch Zufallsprozesse entstandenen letzten Ziffern rücken nun
anschließend in der normierten maschineninternen Darstellung ungebührlicherweise in die vorne
befindlichen führenden Positionen auf (vgl. die Skizze in 2.3.5).

Im vorliegenden Fall tritt dieser Vorgang mit $0{,}0000044721^2 = 2 \cdot 10^{-11}$ in die entscheidende Phase; $\sqrt{4 - 2 \cdot 10^{-11}}$ errechnet die Maschine zu $2 - 1 \cdot 10^{-11}$, so daß bei der anschließenden Subtraktion $1 \cdot 10^{-11}$ übrigbleibt. Die Wurzel daraus gibt der Rechner mit $0{,}0000031623$ an (er speichert sie intern mit $3{.}16227766016 \cdot 10^{-6}$). Quadriert wird das wieder zu $1 \cdot 10^{-11}$. Der Rechner vermag aber keinen Unterschied mehr festzustellen zwischen $\sqrt{4 - 2 \cdot 10^{-11}}$ und $\sqrt{4 - 1 \cdot 10^{-11}}$, auch im zweiten Fall lautet seine Antwort $2 - 1 \cdot 10^{-11}$, daher dreht sich von nun an alles im Kreise:

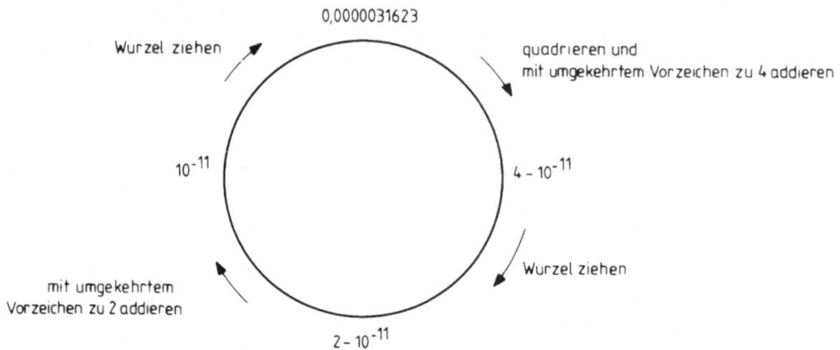

Andere Rechner rennen sich mit einer anderen Zahl auf die nämliche Weise fest, der TI-57 z.B. mit $0{,}0000316$, der Commodore PR-100 mit $0{,}0000859$.

Der Leser überzeuge sich davon, in dem er die entsprechende Tastenfolge in der Betriebsart „Rechnen" durchführt; bei hp-Rechnern ist allerdings eine neue Überraschung sicher; bei ihnen wird die Seite s und damit „π" schließlich Null:

```
   (Rechner 6)

 s  0.517638098  ***          0.000130384  ***
 n  12.00000000  ***          49152.00000  ***
 U  3.105828539  ***          3.204318366  ***
    0.261852384  ***          0.000063246  ***
    24.00000000  ***          98304.00000  ***
    3.132620623  ***          3.188645431  ***
    0.138806258  ***          0.000031623  ***
    48.00000000  ***          196608.0000  ***
    3.139350188  ***          3.188645431  ***
                           s  0.000000000  ***
                           n  393216.0000  ***
                           U  0.000000000  ***
```

Entscheidend dafür, ob die oben beschriebene „Subtraktionskatastrophe" — ein Ausdruck von
A. Engel in [31] — unser erhofftes π zu Null schrumpfen oder im Unendlichen verschwinden läßt,
ist die Art, wie der Computer *rundet;* daß ein Rechner, der grundsätzlich nur *abrundet,* d.h. von
einer bestimmten Stelle an alles folgende einfach „abschneidet" (engl. *chopping*), „s" irgendwann
mal Null werden läßt, ist einzusehen. Man kann dies auch praktisch demonstrieren; beim TI-Rechner
braucht man nur im letzten Programm nach der Bildung der inneren Wurzel durch die Befehlsfolge
„EE, INV, EE" die Abrundung auf das 10-stellige Anzeigeformat zu erzwingen (vgl. 2.3.5), dann
wird an der entscheidenden Stelle $\sqrt{3{,}999999999} = 2$, weil ein Fehler der Größenordnung 10^{-10},
da außerhalb der Anzeige liegend, gelöscht wird. Die Folgen sieht man beim 393 216-Eck:

(Rechner 3)

```
        n=12.                    49152.
U 3. 105828539             3. 204317184
s . 5176380898             0. 000130384


          24.                    98304.
3. 132628603               3. 108647731
. 2610523836               . 0000632456


          48.                   196608.
3. 13935018                3. 108647731
. 1308062575               . 0000316228


                      n    393216.
                      U         0.
                      s         0.
```

Ähnlich verhält sich der hp-Rechner, weil er die 10-stelligen Werte der Anzeige intern zwar zunächst 13-stellig aufbaut, etwa bei der Wurzelbildung, sie anschließend aber — *auch als Maschinen-
zahl* — dem 10-stelligen Anzeigeformat anpaßt!

f) Zweites Testergebnis (unter Auslassung der beiden Teilergebnisse zum 6-Eck)

Wenn man anstelle von (5) die Zuweisung (6), also

$$s \leftarrow \frac{s}{\sqrt{2 + \sqrt{4 - s^2}}}$$

nimmt, wird — bei sonst unveränderter Befehlsfolge — die Situation völlig anders:

	n=12.	768.	49152.
J	3.	3.141557608	3.141592645
A	3.215390309	3.141610177	3.141592658
U	3.105828541	3.141583892	3.141592651
O	3.215390309	3.141610177	3.141592658
	24.	1536.	98304.
	3.105828541	3.141583892	3.141592651
	3.159659942	3.141597034	3.141592655
	3.132628613	3.141590463	3.141592653
	3.159659942	3.141597034	3.141592655
	48.	3072.	196608.
	3.132628613	3.141590463	3.141592653
	3.146086215	3.141593749	3.141592654
	3.139350203	3.141592106	3.141592653
	3.146086215	3.141593749	3.141592654
	96.	6144.	393216.
	3.139350203	3.141592106	3.141592653
	3.1427146	3.141592927	3.141592654
	3.141031951	3.141592517	3.141592654
	3.1427146	3.141592927	3.141592654
	192.	12288.	786432.
	3.141031951	3.141592517	3.141592654
	3.14187305	3.141592722	3.141592654
	3.141452472	3.141592619	3.141592654
	3.14187305	3.141592722	3.141592654
	384.	24576.	1572864.
	3.141452472	3.141592619	3.141592654
	3.141662747	3.141592671	3.141592654
	3.141557608	3.141592645	3.141592654
	3.141662747	3.141592671	3.141592654

Hervorzuheben ist der Umstand, daß mathematisch gleichwertige Terme in der EDV zu verschiedenen Ergebnissen führen können. Im Hinblick auf unser Beispiel könnte man überspitzt formulieren, daß die dritte binomische Formel für den Computer nicht gilt (sie vermittelt ja (6) aus (5)). Die oben gemachten Erfahrungen sind generell von Wichtigkeit für Konvergenzuntersuchungen empirischer Art; es ist eben eine fragwürdige Methode, die Konvergenz einer Folge von Zahlen dadurch feststellen zu wollen, daß man eine Abfrage zur Differenz zweier aufeinanderfolgender Glieder einprogrammiert und die letzte Zahl als Grenzwert ausgibt, wenn die Differenz Null geworden ist (ganz abgesehen davon, daß man die Null ab 10^{-11} oder 10^{-13} als gegeben ansehen müßte).

Auch beim allgemeinen Iterationsprinzip werden wir uns an den obigen Vorgang zu erinnern haben (Kap. 11).

8.4.3 Leibniz-Reihe

Eine große Enttäuschung stellt die Reihe

$$\frac{\pi}{4} = 1 - \frac{1}{2} + \frac{1}{3} - \frac{1}{4} + \frac{1}{5} - \frac{1}{6} + - \ldots$$

dar, weil sie extrem langsam konvergiert; für lächerliche fünf Nachkommastellen mühte sich Rechner 3 ca. 16 Stunden ab und addierte bzw. subtrahierte in dieser Zeit nicht weniger als 152600 Stammbrüche:

```
n             20.                      10000.
s_n  3.091623807                 3.141492654
s_n+1 3.189184782                3.141692644
              40.                     10200.
     3.116596557                 3.141494614
     3.165979273                 3.141690683
              60.              .......·
     3.124927144                    25000.
     3.157984995                 3.141552654
              80.                 3.141632652
     3.129093142                    25200.
     3.153937862                 3.141552971
             100.                 3.141632335
     3.131592904
     3.151493401              .......

     .......                         92600.
                                 3.141581854
            1000.               3.141603453
     3.140592654                   112600.
     3.142591654                 3.141583773
            1200.                3.141601535
     3.14075932                    132600.
     3.142425293                 3.141585112
                                 3.141600195
                                    152600.
                                 3.141586101
                                 3.141599207
```

(Die Differenz $S_{n+1} - S_n$ stellt den maximalen theoretischen Abbruchfehler dar, vgl. 8.5.2.)
Wer π auf diese Weise gewinnen will, müßte schon von Modifikationen wie

$$\pi = 2 \cdot \sqrt{3} \cdot \left(1 - \frac{1}{3 \cdot 3} + \frac{1}{5 \cdot 3^2} - \frac{1}{7 \cdot 3^3} + \frac{1}{9 \cdot 3^4} - \frac{1}{11 \cdot 3^5} + - \ldots\right)$$

oder

$$\pi = \left(\frac{2}{3} + \frac{1}{7}\right) - \frac{1}{3} \cdot \left(\frac{2}{3^3} + \frac{1}{7^3}\right) + \frac{1}{5} \cdot \left(\frac{2}{3^5} + \frac{1}{7^5}\right) - \frac{1}{7} \cdot \left(\frac{2}{3^7} + \frac{1}{7^7}\right) + - \ldots$$

ausgehen (arctan-Reihe für das Argument $1/\sqrt{3}$ bzw. $\pi/4 = 2 \cdot \arctan 1/3 + \arctan 1/7$).

8.4.4 Methode von Cusanus

a) Mathematischer Hintergrund

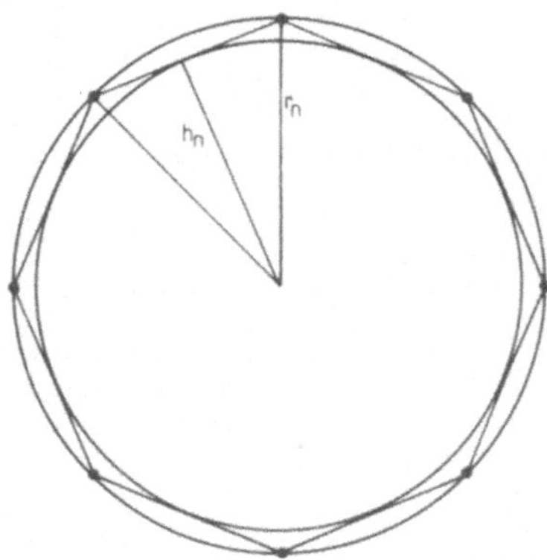

Gegeben ist die Schar der regelmäßigen 2^n-Ecke vom festen Umfang 2.

Jedem Vieleck kann man einen Inkreis (Radius h_n) und einen Umkreis (Radius r_n) zuordnen. Für die beteiligten Umfänge gilt:

$$2\pi h_n < 2 < 2\pi r_n$$

oder

$$\frac{1}{r_n} < \pi < \frac{1}{h_n}.$$

Man beginnt zweckmäßig mit dem Quadrat der Seitenlänge 1/2, d.h. mit n = 2, der Eckenzahl $2^2 = 4$, $h_2 = 1/4$ und (Pythagoras!) $r_2 = \sqrt{2}/4$.
Die benötigten Rekursionsformeln kann man folgendermaßen erhalten:

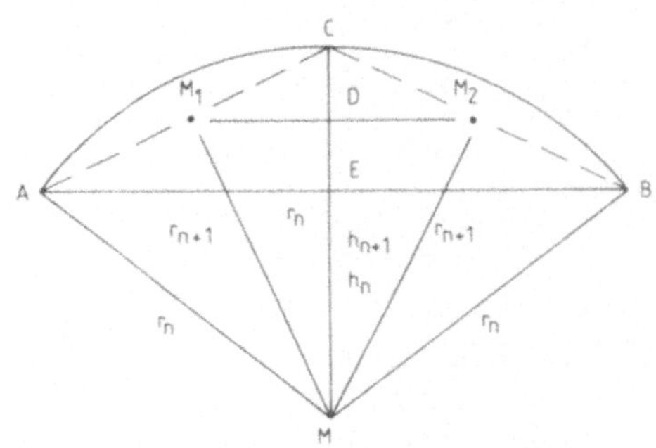

C sei die Mitte des Bogens $\overset{\frown}{AB}$, M_1 und M_2 die Mitte von der Strecke AC bzw. CB.
Dann ist $\overline{M_1 M_2} = \frac{1}{2} \cdot \overline{AB}$. Außerdem ist Winkel $M_1 M M_2 = \frac{1}{2}$ Winkel AMB.
Wenn Dreieck ABM Bestandteil des 2^n-Ecks ist, dann ist Dreieck $M_1 M_2 M$ Bestandteil des 2^{n+1}-Ecks. Daher ist $MD = h_{n+1}$ und $MM_1 = MM_2 = r_{n+1}$.
Weil D in der Mitte von EC liegt, ist der Zusammenhang zwischen h_n, h_{n+1} und r_n

$$h_{n+1} = \frac{r_n + h_n}{2}. \qquad (1)$$

Wegen der Ähnlichkeit der Dreiecke MM_1C und MDM_1 ist

$$\frac{r_{n+1}}{h_{n+1}} = \frac{r_n}{r_{n+1}} \Longleftrightarrow r_{n+1} = \sqrt{r_n \cdot h_{n+1}} \ . \tag{2}$$

b) Allgemeiner Ablaufplan

Anfang des Programms

$h \leftarrow 1/4; \ r \leftarrow \sqrt{2}/4$

Wiederhole $\left[\begin{array}{l} h \leftarrow (r + h):2 \\ r \leftarrow \sqrt{r \cdot h} \\ \textit{Ausgabe} \text{ von } 1/r \text{ und } 1/h \end{array}\right.$

        bis (von Hand) abgestellt

Ende des Programms

c) Testergebnis

Die Umsetzung in PTR-Befehle bleibe dem Leser überlassen; dem folgenden Programmausdruck liegen noch einige zusätzliche Anweisungen zwecks Ausgabe von n und 2^n zugrunde (Testrechner 3 mit Drucker):

```
n=4.                    9.                   14.
  16-Eck              512.                 16384.
3.121445152         3.14157294          3.141592634
3.182597878         3.141632081         3.141592692


   5.                 10.                   15.
  32.               1024.                 32768.
3.136548491         3.141587725         3.141592649
3.151724907         3.14160251          3.141592663


   6.                 11.                   16.
  64.               2048.                 65536.
3.140331157         3.141591422         3.141592652
3.144118385         3.141595118         3.141592656


   7.                 12.                   17.
 128.               4096.                131072.
3.141277251         3.141592346         3.141592653
 3.14222363         3.14159327          3.141592654


   8.                 13.                   18.
 256.               8192.                262144.
3.141513801         3.141592577         3.141592654
3.141750369         3.141592808         3.141592654


                                          19.
                                        524288.
                                      3.141592654
                                      3.141592654
```

8.4.5 Monte-Carlo-Methode

Diese stochastische Variante zur Berechnung von π findet man in 10.4.

8.5 Approximierung des Sinus

8.5.1 Elementares Verfahren

a) Mathematischer Hintergrund

Es handelt sich um die Möglichkeit, ohne Potenzreihe eine — immerhin 4-stellige — Tabelle zu erstellen; man benutzt dazu lediglich den elementar berechenbaren Spezialfall von $45°$ (Seite: Diagonale im Einheitsquadrat gleich $1 : \sqrt{2}$), die Beziehung $\sin^2 + \cos^2 = 1$ und ein Additionstheorem in der Form $\sin(w - 1°) = \sin w \cdot \cos 1° - \cos w \cdot \sin 1°$. Man beginnt mit $w = 45°$; weil der Unterschied zwischen $\sin 1°$ und $arc\ 1°$ (*arc:* Bogen zum Winkel im Einheitskreis, auch *Bogenmaß* oder *Radiant* genannt, als Tastenfunktion meist RAD gekennzeichnet) minimal ist, nehmen wir für $\sin 1°$ den zugehörigen Bogen $\pi : 180$ (bezeichnen wir das Gradmaß eines Winkels mit g und das Bogenmaß mit b, so gilt der einfache Zusammenhang $b : g = \pi : 180$). Damit kann man den Sinus für $44°$ rekursiv aus dem für $45°$ erhalten, den Sinus für $43°$ aus dem für $44°$ usw.

b) Allgemeiner Ablaufplan

Anfang des Programms

1. $s \leftarrow 1/2 \cdot \sqrt{2};\ \ s_0 \leftarrow \pi : 180;\ \ c_0 \leftarrow \sqrt{1 - s^2};\ \ i \leftarrow 45$

Wiederhole
2. $\Big[$*Ausgabe* von i und s$\Big]$
3. $\quad i \leftarrow i - 1$
4. $\quad c \leftarrow \sqrt{1 - s^2}$
5. $\quad s \leftarrow s \cdot c_0 - c \cdot s_0$
   bis $i = 0$

Ende des Programms

Erläuterungen zum Ablaufplan:

In „4." wird der Kosinus als $\sqrt{1 - \sin^2}$ berechnet; in „5." findet die Rekursion der Sinuswerte statt. Man kann natürlich das Programm dadurch kürzen, daß man auf die Abfrage verzichtet und „1." vor Programmstart in der Betriebsart „Rechnen" bewerkstelligt.

c) Testergebnis

Hier ein Auszug aus der Tabelle (Rechner 3 mit Drucker; diesmal mit der Formatanweisung „4 Nachkommastellen" (2nd fix 4) für s):

```
45.
0.7071
44.
0.6947                      ...
43.
0.6820                      7.
42.                          0.1218
0.6691                       6.
41.                          0.1045
0.6561                       5.
40.                          0.0871
0.6428                       4.
39.                          0.0697
0.6293                       3.
38.                          0.0523
0.6157                       2.
37.                          0.0349
0.6018                       1.
                             0.0174
```

Der Fehler, den wir bei der Ersetzung von $\sin 1°$ durch $\text{arc } 1°$ machten, war
$\pi : 180 - \sin 1° = 0{,}0174532925 - 0{,}0174524064 = 0{,}0000008861$; er bewirkte im Verlauf der
Rekursion am Sinus einen Fehler, der gegen Ende $0{,}0174134187 - 0{,}0174524064 =$
$= -0{,}0000389877$ betrug!

8.5.2 Potenzreihe

a) Allgemeiner Ablaufplan

Die klassische Berechnung eines Sinuswertes über die Potenzreihe

$$\sin x = x - \frac{x^3}{3!} + \frac{x^5}{5!} - \frac{x^7}{7!} + - \ldots$$

kann z.B. nach folgendem Muster ablaufen:

Anfang des Programms

1. *Eingabe* g in Grad; Anzahl i der zu berücksichtigenden Glieder ($i \geqslant 2$)
   $x \leftarrow g \cdot \pi : 180$; $s \leftarrow x$; $y \leftarrow x$; $k \leftarrow 1$; $n \leftarrow 2i - 1$
2. *Wiederhole* $\begin{bmatrix} k \leftarrow k + 2 \\ y \leftarrow y \cdot x^2 \cdot (-1) \\ s \leftarrow s + y : k! \end{bmatrix}$
3. $\qquad\qquad$ *bis* $k = n$
4. *Ausgabe* von s

Ende des Programms

b) PTR-Übersetzung (60 Ps, Rechner 2)

,,d ↔ r'' meint: degree → radiant
,,n!'' steht als Tastenbefehl zur Verfügung

c) Testbeispiele

$\sin 8°6' = \sin 8{,}1°$		$\sin 79°24' = \sin 79{,}4$	
Näherungswert	i	Näherungswert	i
0,1409008	2	0,9422417	2
0,1409012	3	0,9848317	3
0,1409012	4	0,9828843	4
		0,9829363	5
		0,9829353	6
		0,9829354	7
		0,9829354	8

	H	g	1.
	$d \leftrightarrow r$		
	S1 S2	x, s	
	S3	y	
	1 S4	k	
	H	i	
	$x\,2 - 1 =$		
	S5	n	
(20)	2 SUM 4		2.
	R1 $x =$	x^2	
	+/−		
	Prod 3		
	R3 : R4		
	n! =		
	SUM 2		
	R5 − R4	n − k	3.
	− 1 =		
	SKIP		
	GTO 20		
	R2	Erg.	4.
	GTO 00		

Die Zahlen bestätigen die rasche Konvergenz, besonders für kleine Winkel; bekanntlich ist der theoretische Abbruchfehler bei konvergenten alternierenden Reihen kleiner gleich dem Betrag des ersten nicht berücksichtigten Gliedes, hier also kleiner als $\dfrac{x^{2i+1}}{(2i+1)!}$, was im ersten Beispiel bei $i = 3$ bereits $\dfrac{0{,}14^7}{7!} \approx 2 \cdot 10^{-10}$ unterschreitet. In dieser Situation können sich die maschinellen Fehler natürlich im Bereich der 8-stelligen Anzeige nicht auswirken!

9 Naturwissenschaftliche Probleme

9.1 Linearitätsprüfung einer Meßreihe

a) Problemstellung

Wenn man einen linearen Zusammenhang für die Werte einer x,y-Tabelle vermutet, so gibt die Zeichnung nur eine grobe Auskunft darüber; oft zeigt sich ein mehr oder minder breiter Streifen, in dem die den Wertepaaren zugeordneten Punkte liegen. Ein Hilfsmittel zur Entscheidung der Frage, ob der Zusammenhang noch linear genannt werden könnte, ist der sogenannte *Korrelationskoeffizient*

$$r = \frac{n \cdot \sum_{i=1}^{n} x_i y_i - \left(\sum_{i=1}^{n} x_i\right) \cdot \left(\sum_{i=1}^{n} y_i\right)}{\sqrt{n \cdot \sum_{i=1}^{n} x_i^2 - \left(\sum_{i=1}^{n} x_i\right)^2} \cdot \sqrt{n \cdot \sum_{i=1}^{n} y_i^2 - \left(\sum_{i=1}^{n} y_i\right)^2}}$$

Die abschreckende Wirkung dieses Terms ist gegenstandslos geworden, wenn man ihn einmal programmiert und — möglichst auf einer Magnetkarte — dokumentiert hat; es bleibt dann nur noch die Eingabe der x,y-Werte, um im konkreten Fall sofort das „r" zu erhalten. Durch relativ einfache Erweiterungen kann man übrigens auch die Hypothese eines Zusammenhangs der Meßdaten gemäß einer Potenz-, Exponential- oder Logarithmusfunktion überprüfen (siehe Anhang)!

b) PTR-Programm (48 Ps, Rechner 7)

H		R3	$\Sigma\, y_i$
S1	x_i	=	
H		S1	Zähler
S2	y_i	R0	n
SUM 3	$\Sigma\, y_i$	x	
x^2		R6	$\Sigma\, x_i^2$
SUM 4	$\Sigma\, y_i^2$	−	
R1		R5	
SUM 5	$\Sigma\, x_i$	x^2	$(\Sigma\, x_i)^2$
x^2		=	
SUM 6	$\Sigma\, x_i^2$	$\sqrt{}$	
R1		I Prd 1	Divisor Sp. 1
x		R0	n
R2		x	
=		R4	$\Sigma\, y_i^2$
SUM 7	$\Sigma\, x_i y_i$	−	
1		R3	
SUM 0		x^2	$(\Sigma\, y_i)^2$
RST		=	
R0	n	$\sqrt{}$	
x		I Prd 1	Divisor Sp. 1
R7	$\Sigma\, x_i y_i$	R1	Ergebnis
−		RST	Anzeige
R5	$\Sigma\, x_i$		
x			

Erläuterungen:

Nach der Eingabe von (beliebig vielen) Daten wird die restliche Rechnung durch „GOTO, 2nd 19, Run" gestartet; bei mehrmaliger Benutzung müssen zwischendurch die Speicher gelöscht werden (INV 2nd C.t.); „I Prd 1" dividiert den Inhalt von Speicher 1 durch die Zahl im Anzeigeregister.

c) Testbeispiel (Ohmsches Gesetz)

U in Volt	I in Ampere
1	0,1
2	0,15
3	0,2
4	0,25
5	0,3
10	0,4
15	0,6
20	1,0
30	1,1
40	1,6
50	2,1

Man kann darüber nachsinnen, ob der zugehörige Korrelationskoeffizient $r = 0.9933742$ eine Rehabilitation des Experimentators darstellen könnte!

9.2 Bewegungen unter Berücksichtigung des Luftwiderstandes

Wenn man die Aufprallgeschwindigkeit eines Fallschirmspringers oder die Beschleunigungsdauer bis zur Höchstgeschwindigkeit eines Autos berechnen will, kann man Formeln wie $s = a/2 \cdot t^2$, $v = at$ oder $v = \sqrt{2as}$ nicht anwenden.

Es gilt nämlich: Wenn ein Körper mit dem wirksamen Querschnitt A und der Geschwindigkeit v sich im lufterfüllten Raum bewegt, so erfährt er eine hindernde Reibungskraft vom Betrag

$$R = c_w \cdot \frac{\rho}{2} \cdot A \cdot v^2$$

hierbei muß man auf *kohärente* Maße achten, also z.B. A in m^2, v in m/s, und ρ, die Dichte der Luft, in kg/m^3 angeben, um die Kraft R in N (Newton) zu erhalten. Die Formel gilt nur für Geschwindigkeiten erheblich unter der des Schalls (340 m/s), (siehe Anhang 1).

Der sogenannte *Widerstandsbeiwert* c_w stellt einen Faktor dar, der weitgehend von der Form des Körpers abhängt und daher starken Schwankungen unterliegt, wie man der folgenden Skizze entnehmen kann (siehe Anhang 2):

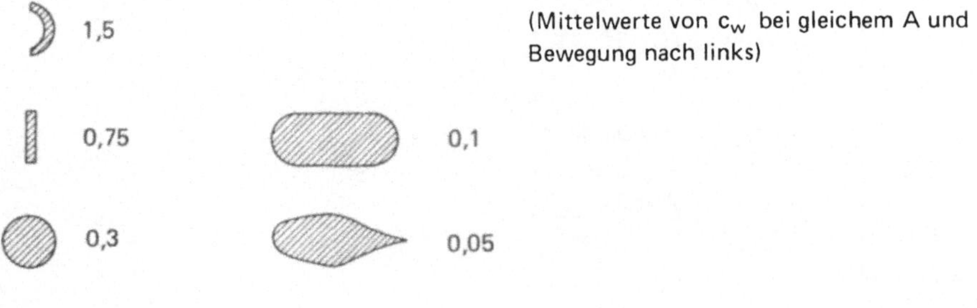

(Mittelwerte von c_w bei gleichem A und Bewegung nach links)

Bei Tempo 130 km/Std. würde z.B. ein PKW mit $A = 2\,m^2$ und einem (geschätzten) Beiwert von 0,15 einen Großteil seiner Antriebskraft zur Überwindung des Luftwiderstandes $R = 254\,N$ benötigen!

9.2.1 Senkrechter Wurf

a) Vorüberlegungen

Beim aufsteigenden Körper wird die Bewegung sowohl durch sein Gewicht G bzw. die Erdbeschleunigung g (man beachte $G = mg$) als auch durch die Reibung R bzw. der ihr zuzuordnenden Verzögerung $\frac{R}{m}$ gehemmt (Grundgleichung der Mechanik); beim fallenden Körper hingegen wirkt nur noch R verzögernd, G hingegen beschleunigend. Im letzten Fall wird die resultierende Beschleunigung immer geringer, um schließlich Null zu werden, wenn R betragsmäßig G erreicht hat; von da ab verläuft die Bewegung *stationär,* die konstante Geschwindigkeit v_{st} kann man aus der Gleichung $G = R$ bzw. $mg = c_w \cdot \frac{\rho}{2} \cdot A \cdot v_{st}^2$ vorhersagen.

Die resultierende Beschleunigung ist also eine zeit- und richtungsabhängige Größe; wenn man sie zum Zeitpunkt t durch

$$a(t) = g + \frac{R(t)}{m}$$

darstellt, muß man für die Größen der rechten Seite noch Vorzeichenvereinbarungen treffen. Wir wollen vereinbaren, daß die nach oben gerichtete Geschwindigkeit oder Beschleunigung ein positives Vorzeichen erhält und die nach unten gerichtete Größe ein negatives. Bei dieser Gelegenheit vereinbaren wir für die Wege gleich mit, daß die Erdoberfläche den Nullpunkt einer auf ihr senkrecht stehenden Geraden kennzeichnen soll mit negativem Bereich im Erdinnern.

Das hat zur Folge, daß wir g stets mit $-9,81$ belegen müssen und $R(t)$ immer ein der augenblicklichen Geschwindigkeit $v(t)$ entgegengesetztes Vorzeichen beinhalten muß, was durch eine leichte Abänderung der ursprünglichen Formel erreicht werden kann:

$$R(t) = -c_w \cdot \frac{\rho}{2} \cdot A \cdot v(t) \cdot |v(t)|$$

Wir kennzeichnen nun die Position des Körpers zum Zeitpunkt t mit $y(t)$; seine Momentangeschwindigkeit an dieser Stelle sei $v(t)$ und die augenblickliche Beschleunigung $a(t)$. Unser Ziel ist es, die genannten Größen auch zu einem späteren Zeitpunkt $t + \Delta t$ zu kennen.

Für hinreichend kleine Δt ergibt sich zunächst die Möglichkeit

$$\text{I} \qquad y(t + \Delta t) \approx y(t) + v(t) \cdot \Delta t \,,$$

weil aber $v(t)$ zu groß (oder zu klein) ist, verglichen mit der Durchschnittsgeschwindigkeit längs Δt, und $v(t + \Delta t)$ zu klein (zu groß), nimmt man besser eine Geschwindigkeit nahe der *Zeitmitte* des Intervalls $(t, t + \Delta t)$, symbolisch

$$\text{II} \qquad y(t + \Delta t) \approx y(t) + v\left(t + \frac{\Delta t}{2}\right) \cdot \Delta t \,,$$

damit der Fehler minimal wird; hierbei gewinnen wir $v\left(t + \frac{\Delta t}{2}\right)$ gemäß

$$\text{III} \qquad v\left(t + \frac{\Delta t}{2}\right) \approx v(t) + a(t) \cdot \frac{\Delta t}{2} \,.$$

Wenn wir auf diese Weise $y(t + \Delta t)$ erhalten haben, wiederholen wir den Vorgang, wobei wir die Geschwindigkeit in der neuen Zeitmitte wieder nach III, aber mit Δt statt $\frac{\Delta t}{2}$ berechnen und anschließend mit I den neuen Wegpunkt. Von jetzt ab kann alles unverändert weiterlaufen, man muß lediglich bei der Ausgabe von y und v daran denken, daß Wege und Geschwindigkeiten zeitlich um $\frac{\Delta t}{2}$ versetzt sind; dies ist in dem folgenden Ablaufplan berücksichtigt.

b) Allgemeiner Ablaufplan

Anfang des Programms

Eingabe von m, A, c_w, Δt und den Anfangswerten für v und y sowie $g = -9{,}81$ und $\frac{\rho}{2} = 0{,}65$

$$\textit{Wiederhole} \begin{bmatrix} R \leftarrow -c_w \cdot \dfrac{\rho}{2} A \cdot v \cdot |v| & & & 1. \\[2mm] a \leftarrow g + R/m & & & 2. \\[2mm] v \leftarrow v + a \cdot \Delta t \left(\text{beim ersten Durchlauf } v \leftarrow v + a \cdot \dfrac{\Delta t}{2} \right) & 3. \\[2mm] y \leftarrow y + v \cdot \Delta t & & & 4. \\[2mm] \textit{Ausgabe} \text{ von } v + a \dfrac{\Delta t}{2} \text{ und } y & & & \end{bmatrix}$$

$$\textit{bis} \text{ per Hand abgestellt}$$

Ende des Programms

c) PTR-Übersetzung (35 Ps, Rechner 7)

R0	$\rho/2$	1.
x R2	A	
x R3	c_w	
x R6	v	
x R6		
$\| \|=$	R	
+/−		2.
: R1	m	
+ R7	g	
=	a	
x R4	Δt	3.
= SUM 6		
: 2		4.
+ R6 =		
H	v(t)	
R6 x R4		
= SUM 5		
R5	y	
H	y(t)	
RST		

Die Eingabe wird vor Betätigen der R/S-Taste mit den entsprechenden Speicherbefehlen vorgenommen; die Speicherbelegung ist aus der Kommentarspalte ersichtlich. Bis auf die zuerst angezeigte Geschwindigkeit entsprechen alle den Zeitpunkten, zu denen auch die Wege berechnet werden, also den Zeiten $t + \Delta t$, $t + 2 \cdot \Delta t$, $t + 3 \cdot \Delta t$ usw.; auf Speicher 4 wird zunächst $\Delta t/2$ abgespeichert und während des ersten Halt manuell durch Δt ersetzt.

d) Testbeispiele in graphischer Darstellung

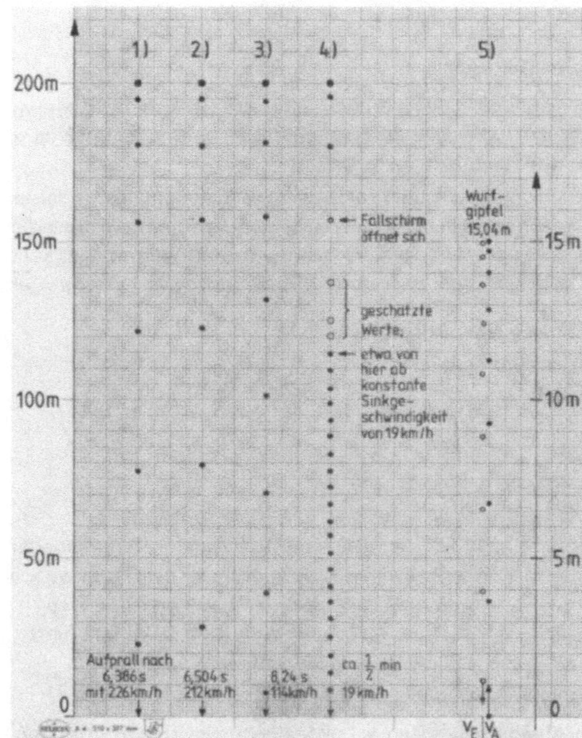

Erläuterungen:

1. Freier Fall aus 200 m Höhe ohne Luftwiderstand; man setze m $\neq$ 0 (wegen der Division in Programmabschnitt 2.); c_w = 0; Δt = 1; v = 0; y = 200.
   Vielleicht erstaunt es Sie, daß die angezeigten Werte trotz der relativ großen Zeitspanne exakt sind! (siehe Anhang 3)

2. Fall aus 200 m Höhe mit Luftwiderstand; man setze z.B. m = 100; A = 0,2; c_w = 0,6; Δt = 1; v = 0; y = 200.
   Dies wäre die Situation eines Menschen, dessen Fallschirm sich nicht öffnet, wobei c_w noch günstig abgeschätzt wurde.

3. Fall aus 200 m Höhe mit (besonders stabilem!) Regenschirm; man setze m = 100, A = 1; c_w = 1,5; Δt = 1; v = 0; y = 200. Die Bewegung ist fast stationär.

4. Absprung aus 200 m Höhe mit einem Fallschirm; hierbei ist zu bedenken, daß dieser sich erst bei einer gewissen Geschwindigkeit — etwa mit einem Hilfsschirm — öffnet; wir wollen hierfür 3 s ansetzen. Eingabe: m = 100; A = 30; c_w = 1,8; t = 0,01 (!); y = 156; v = − 29,43.
   Wegen der hohen Anfangsgeschwindigkeit muß man zunächst mit kleinem Δt arbeiten; später kann man zu Δt = 0,1 und dann zu Δt = 1 übergehen. Die stationäre Geschwindigkeit, die u.U. auch etwas später einsetzen könnte, beträgt 19 km/Std. entsprechend 5,29 m/s (Anhang 4).

5. Ein Ball von 6,5 cm Durchmesser und 40 g Masse wird mit 20 m/s senkrecht nach oben geworfen. Eingaben: m = 0,04; A = 0,003318; c_w = 0,3; t = 0,2; y = 0; v = 20.
   Interessant ist u.a., daß die Aufschlaggeschwindigkeit mit v_E = 15,51 m/s deutlich unter der Abwurfgeschwindigkeit v_A = 20 m/s liegt; die Differenz an kinetischer Energie hat sich offenbar in Wärmeenergie verwandelt (theoretischer Wurfgipfel: H = $v_0^2/2g$ = 400 : 19,62 = 20,39 (m)).

9.2.2 Schiefer Wurf

a) Vorüberlegung

Die Startbedingungen sind durch die Ortskoordinaten x_0, y_0 und die Anfangsgeschwindigkeit $\vec{v}_0$ gegeben; letztere ist durch ihren Betrag v_0 und den Winkel α_0, den sie mit der positiven Richtung der x-Achse bildet, festgelegt.

Der Grundgedanke des folgenden Programmablaufs ist der, daß alle beteiligten Größen in zwei Komponenten bezüglich der x- und y-Richtung zerlegt werden und jede Komponente so behandelt wird, wie es im vorigen Programm erläutert wurde; physikalische Rechtfertigung dieses Vorgehens ist das *Prinzip der ungestörten Überlagerung von Bewegungen* (siehe Anhang).

b) Allgemeiner Ablaufplan

Anfang des Programms

Eingabe von x_0, y_0, v_0, α_0, m, A, c_w, $\frac{\rho}{2} = 0{,}65$, Δt, $g = -9{,}81$

1. $v_x \leftarrow v_0 \cdot \cos\alpha_0$; $v_y \leftarrow v_0 \cdot \sin\alpha_0$; $K \leftarrow -c_w \cdot \frac{\rho}{2} \cdot A/m$

Wiederhole
$$\left[\begin{array}{l}
2. \ a_x \leftarrow K \cdot v_x \cdot |v_x|; \ a_y \leftarrow g + K \cdot v_y \cdot |v_y| \\
3. \ v_x \leftarrow v_x + a_x \cdot \Delta t; \ v_y \leftarrow v_y + a_y \cdot \Delta t \\
\quad (3.1: \text{ beim ersten Durchgang mit } \Delta t/2 \text{ arbeiten}) \\
4. \ x \leftarrow x + v_x \cdot \Delta t; \ y \leftarrow y + v_y \cdot \Delta t; \ Ausgabe \ x, y \\
5. \ v_{xk} \leftarrow v_x + a_x \cdot \Delta t/2; \ v_{yk} \leftarrow v_y + a_y \cdot \Delta t/2 \\
6. \ (v_{xk}, v_{yk}) \text{ in die Polarform } (v, \alpha) \text{ überführen; } v, \alpha \ ausgeben \\
\quad bis \text{ von Hand abgestellt}
\end{array}\right]$$

Ende des Programms

Im Abschnitt 5. sollen v_{xk}, v_{yk} die korrigierten, d.h. zu den Bahnpunkten x, y passenden Geschwindigkeitskomponenten, bedeuten; wie man dem folgenden PTR-Programm entnehmen kann, nimmt das verhältnismäßig viel Programmschritte in Anspruch; wenn man nur die Bahnkurve haben will, könnte man sich auf die Punkte 2., 3., 4. beschränken und käme gerade noch mit der Kapazität des TI 57 aus ($-9{,}81$ als Anfangsbelegung von a_y; ansonsten v_x, v_y, K vor Programmablauf bilden, zusammen mit a_x, Δt, x, y sind das gerade acht Zahlenspeicher!).

c) PTR-Übersetzung (142 Ps, Rechner 8)

1.

R04	α
cos	
x R03	v_0
= S11	v_x
R04	
sin	
x R03	v_0
= S12	v_y
R07	c_w
x R08	$\rho/2$
x R06	A
: R05	m
= +/−	
S13	K

2.

LBL A	
R11	v_x
x | |	$|v_x|$
= x	
R13	K
= S14	a_x
R12	v_y
x | |	$|v_y|$
= x	K
R13	
+ R10	g
= S15	a_y

3.

x R09	Δt
C =	in Sp. 12
SUM 12	neues v_y
R14	a_x
x R09	Δt
C =	in Sp. 11
SUM 11	neues v_x
INV st	flag 1
flag 1	zurück

3.1

4.

$R11$	v_x
$x\,R09 =$	in Sp. 1
$SUM\,01$	neues x
$R01$	x
H	Anzeige
$R12$	v_y
$x\,R09 =$	in Sp. 2
$SUM\,02$	neues y
$R02$	y
H	Anzeige

5.

$R14$	a_x
$x\,R09$	Δt
$: 2$	
$+ R11 =$	v_{xk}
$x \leftrightarrow t$	in t
$R15$	a_y
$x\,R09$	Δt
$: 2$	
$+ R12 =$	v_{yk}

6.

INV	Pol.-
$P \rightarrow R$	kord.
H	α
$x \leftrightarrow t$	
H	v
$GTO\,A$	
$LBL\,C$	U.P.
INV if	
flag 1	
D	
$: 2$	
$LBL\,D$	
RTN	

3.1

Vor Betätigung der R/S-Taste sind folgende Abspeicherungen vorzunehmen:

x_0	y_0	v_0	α_0	m	A	c_w	2	t	$g(< 0)$	physikalische Größe
01	02	03	04	05	06	07	08	09	10	Speicher Nr.

Die Multiplikation mit $\Delta t/2$ im ersten Durchlauf geschieht automatisch, wenn man vor Programmablauf die Tasten „2nd, St flg, 1" drückt (Set flag 1). „INV if flag 1 D" (siehe 3.1) bewirkt, daß bei Nichtvorhandensein von flag 1 sofort zur Marke D und damit ins Hauptprogramm zurückgesprungen wird, bei Vorhandensein von Flag 1 hingegen erst der im Anzeigeregister befindliche Wert durch 2 geteilt bzw. die Division durch 2 vorbereitet wird. Diese wird aber nur zweimal durchgeführt, weil das Signal anschließend durch die Programmbefehle „INV St flag 1" zurückgesetzt wird! Zur praktischen Auswertung empfiehlt sich noch die Beschränkung der Anzeige durch „2nd fix 2".

d) Testbeispiel in graphischer Darstellung

Das Bild zeigt einen mit $v_0 = 30$ m/s unter einem Erhebungswinkel von $40°$ abgeschossenen Fußball. Seine Masse wurde mit 250 g angenommen, der Querschnitt mit 5 dm^2 und c_w mit 0,35; Δt wurde 0,1 gewählt. Die Vergleichskurve für den luftleeren Raum erhält man durch Nullsetzen von c_w; sie stimmt exakt mit den Werten aus der bekannten Bahngleichung

$$y = x \cdot \tan\alpha_0 + \frac{g}{2 \cdot v_0^2 \cdot \cos^2\alpha_0} \cdot x^2$$

überein!

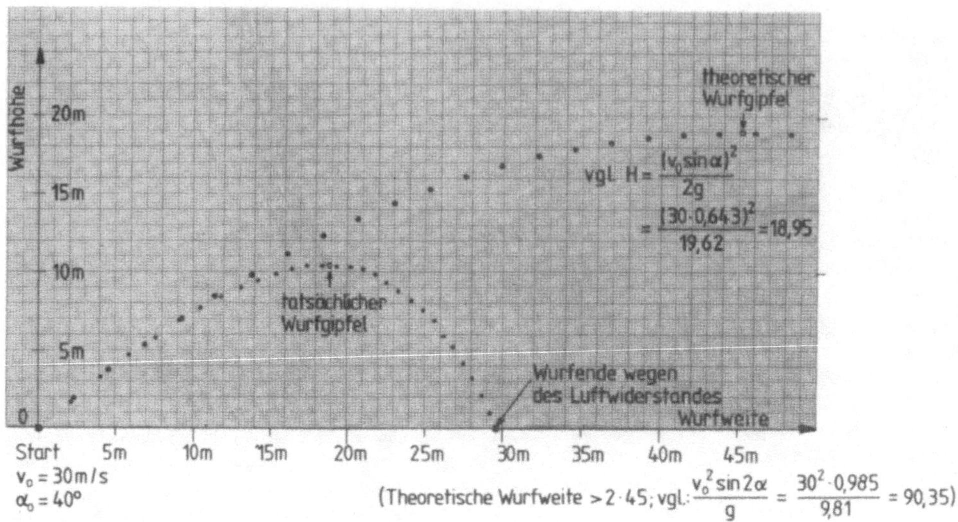

$v_0 = 30\,\text{m/s}$
$\alpha_0 = 40°$

(Theoretische Wurfweite $> 2 \cdot 45$; vgl.: $\dfrac{v_0^2 \sin 2\alpha}{g} = \dfrac{30^2 \cdot 0{,}985}{9{,}81} = 90{,}35$)

9.2.3 Gedämpfte Schwingung

a) Zum allgemeinen Ablauf

Man kann das Programm vom senkrechten Wurf so abändern, daß es die Schwingung eines Körpers
an einer Schraubenfeder simuliert. Weil die Geschwindigkeit in diesem Fall im Mittel wesentlich
geringer ist, wird man für R statt der quadratischen Abhängigkeit von v die lineare, im Falle einer
Kugel durch das *Stokesche Gesetz*

$$R = -6\,\pi\,\eta\,r \cdot v$$

gegebene, annehmen. Die entsprechende Abänderung von Zeile 1 ist leicht vorzunehmen; in
Zeile 2 ändert sich die Momentanbeschleunigung a durch die rücktreibende Kraft der Feder wie
folgt:

$$a \leftarrow g + R/m + D/m \cdot |y|$$

D ist die *Federkonstante* in N/m; die Betragsstriche sind nötig, weil y in der Regel negativ belegt ist;
man beachte, daß die rücktreibende Kraft der Feder im Gegensatz zu g nach oben gerichtet ist!

b) Zum PTR-Ablauf

Entsprechend dem allgemeinen Ablauf sind in Block 1 und 2 die nötigen Veränderungen vorzunehmen (D/m und $6\,\pi\,\eta\,r$ auf je einen Speicher unterbringen!).

c) Testbeispiel in graphischer Darstellung

Weil die *Viskosität* für Luft sehr gering ist, simulieren wir den folgenden Fall im Medium „leichtes
Maschinenöl"[1] mit $\eta = 0{,}1\,\text{kg/m} \cdot \text{s}$, welches wir uns in einem 1 m hohen Standzylinder befindlich
denken; als schwingenden Körper nehmen wir eine 3 cm dicke Eisenkugel der Dichte $7{,}6\,\text{g/cm}^3$,
die dann die Masse 107 g hat; die Federkonstante sei 2,149 N/m, daraus ergibt sich für D/m ca. 20.

---

[1] Sonst wird die Auswertung der Meßergebnisse ermüdend, weil die Dämpfung so gering ist.

Wir starten den Programmablauf mit $y = 0$ und $v = 0$ und denken uns dabei die Feder gerade entspannt, das folgende Bild entstand mit $\Delta t = 0{,}1$ s:

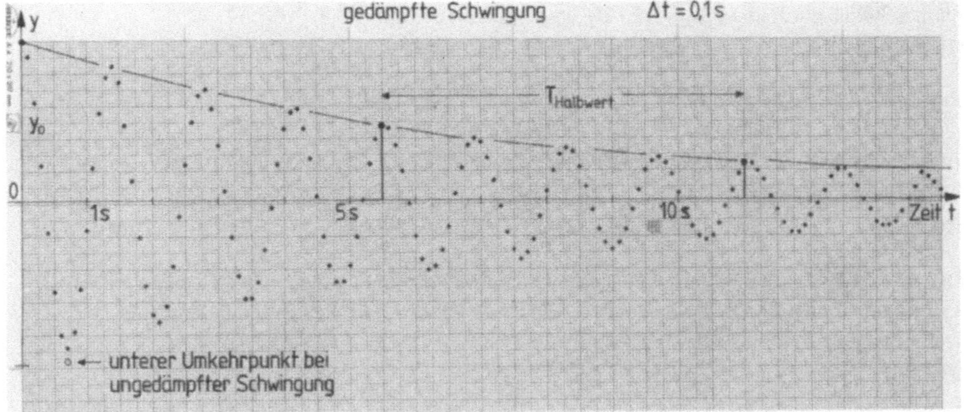

Infolge des als Nullpunkt der y-Achse angesetzten oberen Totpunkts der (ungedämpften) Schwingung gibt unser Programm alle y-Werte negativ aus; die Mittellage der Zeitachse ist $-0{,}49$ m, siehe unten. Im folgenden nehmen wir die fertige Zeichnung als Grundlage und können den Nullpunkt bei Bedarf wieder in der gewohnten Weise annehmen.

d) Auswertung des Graphen

Man kann eine Fülle von physikalischen Gesetzmäßigkeiten aus dieser Darstellung ablesen bzw. bestätigen:

1. Die *Amplitude* zu Beginn, y_0, beträgt 0,49 m; sie ließe sich mit unserem Computerprogramm mit $\eta = 0$ bei $\Delta t = 0{,}01$ über $h = 2 y_0 = 0{,}98$ m gewinnen (wie man überhaupt auch die ungedämpfte Schwingung aufzeichnen könnte). Rechnerisch erhält man sie über die Energiebilanz $mgh = 1/2 \cdot D \cdot h^2$ zu

$$2\,y_0 = h = \frac{2mg}{D} = \frac{2 \cdot 0{,}107 \cdot 9{,}81}{2{,}145} = 0{,}98 \ (m) \ .$$

2. Die maximale Geschwindigkeit beträgt

$$v_{max} = 2{,}19 \ m/s \quad \text{gemäß} \quad v_{max} = \frac{h}{2} \cdot \sqrt{\frac{D}{m}}$$

oder $v_{max} = 2{,}20$ m/s über den Rechner bei $\Delta t = 0{,}01$ s.

3. Die *Periode* (Schwingungsdauer) T beträgt 1,4 s, praktisch aus 10 Schwingungen der Zeichnung (1,375 s) und theoretisch aus $T = 2\pi \cdot \sqrt{\frac{m}{D}}$ (1,40 s).

4. Die *Halbwertzeit* (d.i. die Zeit, während der eine Amplitude auf die Hälfte ihres Anfangswertes sinkt):
aus der Zeichnung zu 5,5 s
theoretisch zu $\ln \frac{1}{2} : d = 5{,}3$ s, wobei $d = \frac{k}{2\,m}$ der sogenannte *Dämpfungsfaktor* ist mit $k = 6\pi\eta$, hier also $k = 0{,}028$ und $d = 0{,}132$.

5. Der Quotient zweier aufeinanderfolgender Amplituden ist 1,2 (theoretisch $e^{Td} = e^{1{,}4 \cdot 0{,}132} = 1{,}2$).

6. Bei $\Delta t = 0{,}01$ ist die Momentangeschwindigkeit z.B. im Wegpunkt $-0{,}30$ m zu $-2{,}02$ m/s
meßbar; die theoretisch aus der Energiebilanz herleitbare Geschwindigkeit ist ebenfalls 2,02 m/s:

Potentielle Energie $E_{pot} = mgh = 0{,}107 \cdot 9{,}81 \cdot 0{,}3 = 0{,}32$

Spannungsenergie der Feder $E_s = 1/2 \cdot D \cdot h^2 = 1/2 \cdot 2{,}15 \cdot 0{,}3^2 = 0{,}1$

Kinetische Energie $E_{kin} = E_{pot} - E_s = 0{,}22; \; m/2 \; v^2 = 0{,}22$ (J)

$$v = \sqrt{\frac{0{,}44}{0{,}107}} = 2{,}02 \;\; (m/s) \; .$$

7. Abschließend sei die *Parameterdarstellung* — bezogen auf die Zeitachse in Mittellage — angegeben:

$$y(t) = y_0 \cdot e^{-dt} \cos \omega t \quad \text{oder} \quad y(t) = 0{,}49 \cdot e^{-0{,}132 \cdot t} \cos \frac{2\pi}{1{,}4} t \; .$$

Man beachte, daß man die Fehler an einigen Stellen durch die Wahl von $\Delta t = 0{,}01$ statt 0,1 noch
geringer halten könnte und daß alle Gesetzmäßigkeiten letztlich nur aus der einen Vorgabe

$$a(t) = g + \frac{R(t)}{m} + \frac{D}{m} \, y(t)$$

nach der früher erklärten allgemeinen *Methode der kleinen Schritte* empirisch bestätigen (oder
entdecken) konnte! Die rein mathematische Behandlung des Problems wäre hingegen erst mit den
Mitteln der Hochschulmathematik (Differentialgleichung zweiter Ordnung) möglich!

9.3 Satellitenbewegungen

a) Physikalische Grundlagen

Wenn zwei Körper mit den Massen M und m den Abstand r voneinander haben, so ziehen sie sich
gegenseitig mit einer Kraft des Betrags

$$F = \gamma \cdot \frac{m \cdot M}{r^2} \quad \text{an, wobei} \quad \gamma = 6{,}67 \cdot 10^{-11} \, m^3 \, kg^{-1} \, s^{-2} \; ;$$

falls m, M in kg und r in m vorgegeben werden, erhält man
F in N.

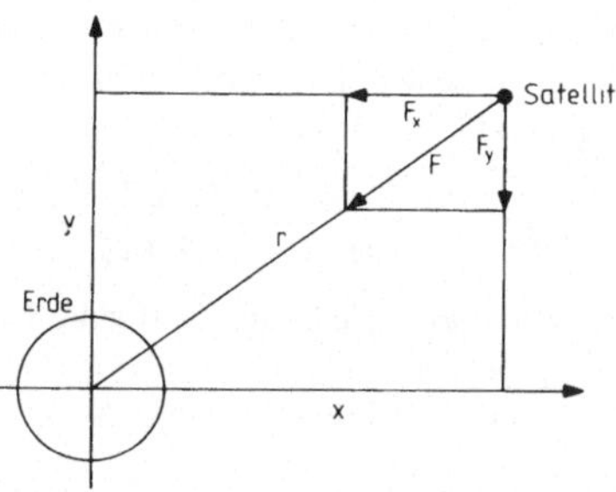

Wir betrachten zunächst den Fall, daß die Erde die Masse M und ein von ihrem Mittelpunkt im Abstand r befindlicher Satellit die Masse m verkörpern. Bezüglich eines rechtwinkligen Koordinaten-
systems habe der Satellit im Zeitpunkt t die Position $x(t)$, $y(t)$ und die momentanen Geschwindigkeitskomponenten $v_x(t)$, $v_y(t)$ (Richtungsvereinbarung wie in 9.2.2). Die weitere Bewegung des
Körpers ist dann wie folgt vorhersehbar: Wir zerlegen die zum Erdmittelpunkt gerichtete Anzie-
hungskraft $\vec{F}$ auch in zwei Komponenten $\vec{F}_x$, $\vec{F}_y$, für deren Beträge infolge ähnlicher Dreiecke
der Zusammenhang

$$\frac{F_x}{F} = \frac{x}{r} \quad \text{bzw.} \quad \frac{F_y}{F} = \frac{y}{r}$$

gilt. Aus der Grundgleichung der Mechanik folgt dann für die zugeordneten Beschleunigungsbeträge

$$a_x(t) = \frac{F_x(t)}{m} \quad \text{und} \quad a_y(t) = \frac{F_y(t)}{m}$$

und mit der allgemeinen Gravitationsformel

$$a_x(t) = -\gamma \cdot M \cdot \frac{x(t)}{r(t)} \quad \text{bzw.} \quad a_y(t) = -\gamma \cdot M \cdot \frac{y(t)}{r(t)}.$$

Man beachte, wie das Vorzeichen der beiden Beschleunigungskomponenten a_x und a_y von x und y beeinflußt wird!

Der weitere Verlauf ist aus Abschnitt b) ersichtlich, dessen letzter Teil aus 9.2.2 leicht gekürzt übernommen werden konnte.

b) Allgemeiner Ablaufplan

Anfang des Programms „Satellitenbahn"

Eingabe von x, y, v_x, v_y, Δt, K $= -\gamma$ M

Wiederhole

1. $S \leftarrow (x^2 + y^2)^{\frac{3}{2}}$

2. $v_x \leftarrow v_x + x \dfrac{K}{S} \Delta t$; $v_y \leftarrow v_y + y \dfrac{K}{S} \Delta t$

   (Erster Durchgang mit $\Delta t/2$)

3. $x \leftarrow x + v_x \cdot \Delta t$; $y \leftarrow y + v_y \cdot \Delta t$

4. Ausgabe von x und y

   bis von Hand abgestellt

Ende des Programms

In 1. wurde nach Pythagoras $x^2 + y^2 = r^2$ ausgenutzt; da sich die Geschwindigkeiten relativ langsam verändern, wurde auf die Ausgabe von korrigierten v_x, v_y verzichtet; man kann die um $\Delta t/2$ versetzten Geschwindigkeiten bei Bedarf im Anschluß an die x,y-Ausgabe manuell von den entsprechenden Speichern abrufen; lohnend ist auch eine Ausgabe von r, die bei 1. leicht arrangiert werden könnte, vgl. dazu das folgende Maschinenprogramm.

c) PTR-Übersetzung (47 Ps, Rechner 7)

R1	x	1.
x^2 +		
R2	y	
x^2 =		
x √		
=	S	
1/x x		2.
R5 x R6	$\dfrac{K}{S} \Delta t$	
= S7		
x R1 =	neues	
SUM 3	v_x	
R7 x R2	neues	
= SUM 4	v_y	

(25)	R3 x R5	neues	3.
	= SUM 1	x	
	R4 x R5	neues	
	= SUM 2	y	
	dsz		5.
	RST		
(37)	1 · 00		
	S0		
	R1 H	x	4.
	R2 H	y	
	RST		

Erläuterungen zum PTR-Programm:

Vor Betätigung der R/S-Taste ist folgende Speicherbelegung vorzunehmen:

x	y	v_x	v_y	Δt	$K = -\gamma M$	Bezeichnungen im allgemeinen Plan
1	2	3	4	5	6	zugeordnete PTR-Speicher

Gegebenenfalls muß Speicher 0 noch mit einer natürlichen Zahl wie z.B. 10 oder 100 oder auch anders belegt werden, wenn man die Zählschleife in Block 5 benutzten will; die entsprechende Zahl müßte man dann auch auf den Programmzellen 37 bis 40 deponieren, man erreicht dadurch eine größere Genauigkeit, indem Wertepaare in größerem Abstand ausgegeben, intern aber in dichterer Aufeinanderfolge berechnet werden!

Zum Start wäre noch zu sagen, daß man vermöge „GOTO 2nd 25 learn" den Programmspeicher bei Adresse 25 öffnet und dann durch den Befehl „Ins" — vgl. 5.2.1 — nebst anschließendem „R/S" ein Halt einprogrammiert, welches dazu dient, im späteren Programmablauf das zunächst mit halbem Wert eingegebene Δt zu verdoppeln, bevor „R/S" mittels „Del" wieder zum Verschwinden gebracht wird („LRN, BST, Del, LRN, R/S").

d) Testbeispiel in graphischer Darstellung

In Anwendung dieses Programms wollen wir einen Satelliten in eine Erdumlaufbahn bringen; damit er nicht sofort durch den Luftwiderstand gebremst wird, nehmen wir an, daß er nach dem senkrechten Start in 629 km Höhe entsprechend 7000 km vom Erdmittelpunkt entfernt in die waagerechte

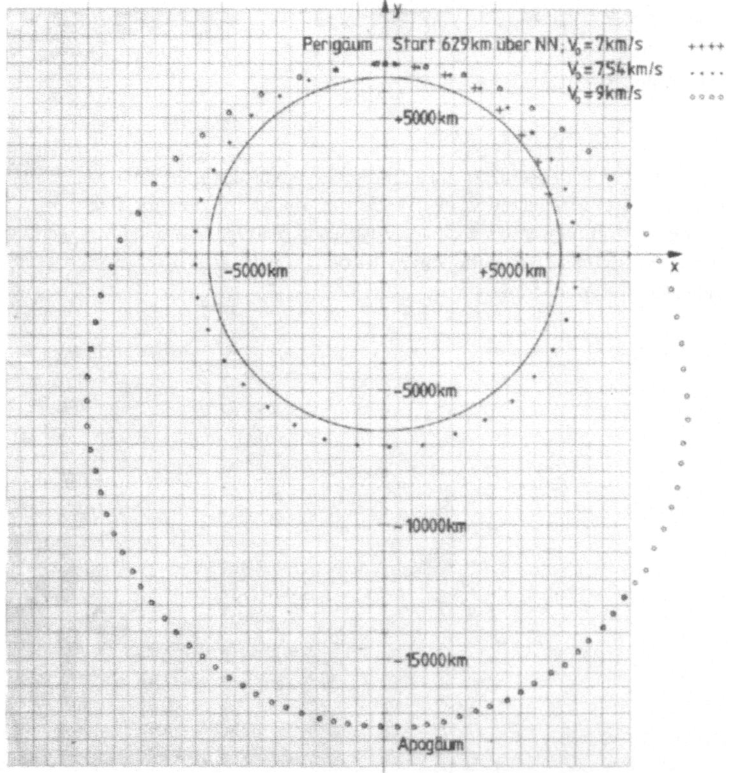

Richtung umschwenkt und dann *Brennschluß* ist. Seine weitere Bewegung hängt dann nur noch von der Brennschlußgeschwindigkeit ab; für die Fälle $v_0 = 7$ km/s; $v_0 = 7,54$ km/s und $v_0 = 9$ km/s ist die entsprechende Bahn in der folgenden Skizze dargestellt; hierbei wurde $t = 162$ s gesetzt und jeder Wert eingezeichnet. Um bequem auf mm-Papier zeichnen zu können, wurde die Ausgabe durch „fix 1" auf eine Nachkommastelle gebracht und γ in der Form $6,67 \cdot 10^{-29}$ eingegeben; dies bewirkt das Maß 10^3 km, falls man entsprechend y zu Beginn mit 7 und v_x mit 0,007 (0,00754; 0,009) belegt (siehe Anhang 1).

e) Auswertung des Graphen

Besonderes Interesse verdient jene Brennschlußgeschwindigkeit, die den Satelliten auf einem Kreis um die Erde laufen läßt; der benutzte Wert stimmt recht genau mit dem theoretisch zu erwartenden überein:

$$m \cdot \frac{2 \cdot \pi}{T} \cdot r = \gamma \frac{m \cdot M}{r^2} \quad \text{bzw.} \quad T = \sqrt{\frac{4 \cdot \pi^2 \cdot r^3}{\gamma M}}$$

liefert in der Besetzung $r = 7 \cdot 10^6$ m; $\gamma = 6,67 \cdot 10^{-11}$ m^{3}kg^{-1}s^{-2}; $M = 5,974 \cdot 10^{24}$ kg neben der Umlaufzeit $T = 5829,5$ s nach $v = \frac{2 \cdot \pi}{T} \cdot r$ diesen Wert; die Umlaufzeit stimmt auch gut mit dem aus der Zeichnung ersichtlichen Wert von 36 mal 162 gleich 5832 s überein! (97,2 min.). Das zweite Keplersche Gesetz (Verbindungsstrecke Erdmittelpunkt − Satellit überstreicht in gleiche Zeiten gleiche Flächen) wird ebenfalls überzeugend bestätigt:

Perigäum: $0,5 \cdot 15$ mm $\cdot 70$ mm $= 525$ mm^2; Apogäum: $0,5 \cdot 6$ mm $\cdot 175$ mm $= 525$ mm^2

Erst beim dritten Keplerschen Gesetz werden die geringen Ungenauigkeiten von Weg und Zeit infolge der dritten bzw. zweiten Potenz etwas vergrößert:

$$\frac{T^2}{a^3} = \frac{(83 \cdot 162)^2}{(1,25 \cdot 10^7)^3} = 9,3 \cdot 10^{-14} \quad \text{und} \quad \frac{T^2}{a^3} = \frac{(36 \cdot 162)^2}{(7 \cdot 10^6)^3} = 10,1 \cdot 10^{-14}$$

beinhalten eine Abweichung von 6 bzw. 2 % zu der Keplerkonstanten der Erde ($9,9 \cdot 10^{-14}$). Die Umlaufzeit von 225 min. für die elliptische Bahn ist wieder auf etwa 1 % genau; wenn Sie übrigens die Kreisbahn als *Parkbahn* für eine Mondlandung benutzen wollen, müssen Sie nur die Geschwindigkeit im Perigäum schlagartig um etwa 3 km/s erhöhen (siehe Anhang 2).

f) Bezug zum Rutherford-Streuversuch

Durch geringfügige Abänderungen im Programm kann man auch die Abstoßung von gleichartig elektrisch geladenen Teilchen im Radialfeld studieren und z.B. jene Streuversuche simulieren, die experimentell von Rutherford im Jahre 1911 mit α-Strahlen an dünnen Metallfolien durchgeführt wurden und maßgeblichen Einfluß auf sein berühmtes Atommodell hatten, vgl. den Beitrag von *H. Dittmann* in der Zeitschrift Physik und Didaktik, Heft 1, 1977.

9.4 Bewegung von zwei Körpern

a) Physikalische Grundlagen

Wir sagten in 9.3, daß sich Erde und Satellit wechselseitig anzögen, konnten aber wegen des Massenverhältnisses von etwa $10^{21}:1$ davon ausgehen, daß der Satellit keinen Einfluß auf die Bewegung der Erde nehmen konnte. Das ändert sich schon bei dem Paar Erde-Mond, wo das Massenverhältnis von der Größenordnung 100 : 1 ist und eine Bewegung um den gemeinsamen Schwerpunkt stattfindet, der allerdings noch im innern der Erde liegt; wenn die Massen der beteiligten Körper gar von derselben Größenordnung sind wie es z. B. bei Doppelsternen öfter vorkommt, können wir das obige Programm nicht mehr verwenden. Das Prinzip der ungestörten Überlagerung von Bewegungen erlaubt uns jedoch, das Programm so zu erweitern, daß es — mit vertauschten Rollen für M und m — zweifach genutzt werden kann; im einzelnen ist damit folgendes gemeint:

Zu einer bestimmten Zeit mögen die beiden Körper die skizzierte Lage einnehmen; ähnlich wie früher ist die Beschleunigung von m in Richtung der x-Achse durch den Ausdruck

$$a_{mx} = \frac{-\gamma \cdot M}{r^3} \cdot (x_m - x_M)$$

gegeben und für eine hinreichend kurze Zeitspanne als konstant anzusehen. Nun betrachten wir isoliert davon den Einfluß von m auf M und erhalten

$$a_{Mx} = \frac{-\gamma \cdot m}{r^3} \cdot (x_M - x_m)$$

Weil sich die Differenz in der Klammer nur durch das Vorzeichen unterscheidet, belege ich einen Speicher namens Δx mit $x_M - x_m$ und analog Δy mit $y_M - y_m$ und schaffe $(\Delta x^2 + \Delta y^2)^{3/2}$ auf S und erhalte so

$$a_{mx} \leftarrow \frac{K}{S} \Delta x \qquad\qquad a_{my} \leftarrow \frac{K}{S} \Delta y$$

$$a_{Mx} \leftarrow \frac{k}{S} \Delta x \qquad\qquad a_{My} \leftarrow \frac{k}{S} \Delta y$$

wobei K mit γM und k mit $-\gamma m$ zu belegen ist.

Entsprechend erhält man insgesamt vier Komponenten für die Momentangeschwindigkeiten und vier Komponenten für die Ortskoordinaten der beiden Körper, der vollständige Programmablauf sieht dann so aus:

b) Allgemeiner Ablaufplan

Anfang des Programms *Zweikörperbewegung*

Eingabe von x_M, y_M, x_m, y_m, v_{xM}, v_{yM}, v_{xm}, v_{ym}, $K = \gamma M$, $k = -\gamma m$, Δt

Wiederhole

1. $\Delta x \leftarrow x_M - x_m$; $\Delta y \leftarrow y_M - y_m$

2. $S \leftarrow (\Delta x^2 + \Delta y^2)^{3/2}$

3.1 $v_{xm} \leftarrow v_{xm} + \frac{K}{S} \cdot \Delta x \cdot \Delta t$;   3.2 $x_m \leftarrow x_m + v_{xm} \cdot \Delta t$

4.1 $v_{ym} \leftarrow v_{ym} + \frac{K}{S} \cdot \Delta y \cdot \Delta t$;   4.2 $y_m \leftarrow y_m + v_{ym} \cdot \Delta t$

5.1 $v_{xM} \leftarrow v_{xM} + \frac{k}{S} \cdot \Delta x \cdot \Delta t$;   5.2 $x_M \leftarrow x_M + v_{xM} \cdot \Delta t$

6.1 $v_{yM} \leftarrow v_{yM} + \frac{k}{S} \cdot \Delta y \cdot \Delta t$;   6.2 $y_M \leftarrow y_M + v_{yM} \cdot \Delta t$

7. *Ausgabe* von x_M, y_M, x_m, y_m

bis von Hand abgestellt

Ende des Programms *Zweikörperbewegung*

Da ohnehin schon verwirrend viel ausgegeben wird, ist auf die Berechnung der korrigierten Geschwindigkeitskomponenten verzichtet worden; in der zugehörigen graphischen Darstellung gibt der Abstand zwischen den Wegpunkten die resultierende Geschwindigkeit anschaulich wieder (3.1 bis 6.1
müssen anfangs mit $\Delta t/2$ durchlaufen werden!).

c) PTR-Übersetzung (191 Ps, Rechner 4)

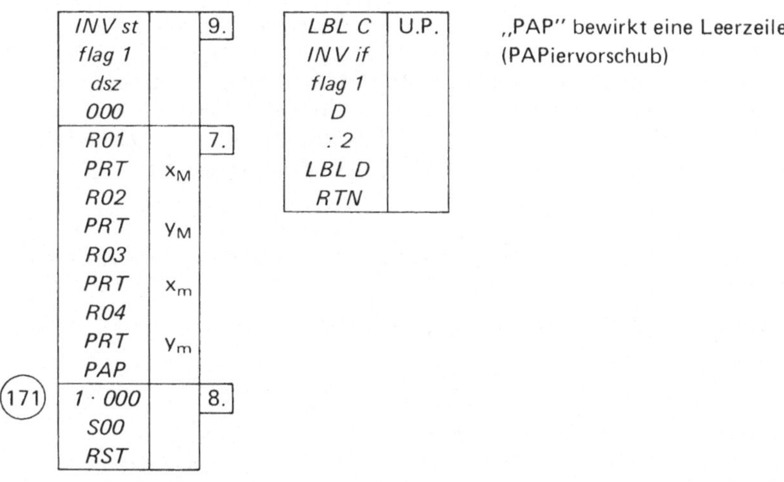

Beachte: Block 9 wird vor Block 7 abgearbeitet!

„PAP" bewirkt eine Leerzeile
(PAPiervorschub)

Die Eingabe erfolgt vor dem Programmstart und ist den Speichern 1 bis 11 zugeordnet. Block 9 ermöglicht wieder in Verbindung mit dem Unterprogramm die automatische Versetzung von Weg und
Geschwindigkeit um $\Delta t/2$, siehe 9.2.2. Die Zählschleife 8. wurde schon in 9.3 näher erläutert.

d) Testbeispiele mit graphischer Auswertung

Beispiel I

$x_M = -50$	$v_{xM} = 0$	$K = 0{,}0003984658$
$y_M = 0$	$v_{yM} = -0{,}0002$	$k = -0{,}0001328219$
$x_m = 150$	$v_{xm} = 0$	$\Delta t = 2000$
$y_m = 0$	$v_{ym} = 0{,}0006$	(5 auf Speicher 00 und auf Programmzeile 171;
		d.h. nur jeder 5. Wert wird ausgedruckt)

Die Längen sind dabei auf das Maß 10^3 km bezogen und die Zeit in Sekunden gemessen (γ mit
$6{,}67 \cdot 10^{-29}$ eingesetzt). Für M wurde die Erdmasse gewählt und m = 1/3 M gesetzt.

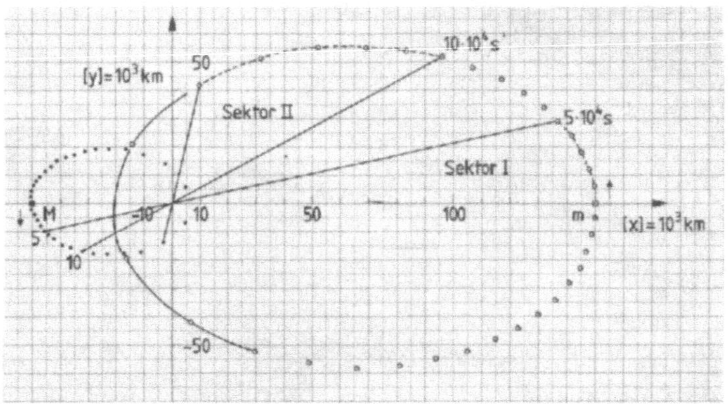

Die graphische Darstellung zeigt zwei typische Ellipsen mit dem Schwerpunkt als gemeinsamen
Brennpunkt (Hebelgesetz!). Weil der vektorielle Gesamtimpuls zu Beginn der Bewegung Null ist,
bleibt die Lage des Schwerpunkts unverändert, was man äußerst exakt bestätigt findet, wenn man
zu einer bestimmten Zeit die Positionen von M und m durch eine Strecke verbindet. Auch das
zweite Keplersche Gesetz ist deutlich erkennbar, man kann es z.B. dadurch überprüfen, daß man
die Sektoren I und II auf Pappe durchpaust, dort ausschneidet und auf eine Waage legt!

Beispiel II

Wie I, bis auf $v_{yM} = -0{,}0004074446$ und $v_{ym} = 0{,}0012223338$. Mit diesen Startwerten erhält man
zwei konzentrische Kreise!

Überlegung: Gravitationskraft gleich Fliehkraft, d.h. bei einer Kreisbahn

$$\gamma \cdot \frac{m\,M}{r^2} = m \cdot \frac{v^2}{r_1} \Rightarrow v = \sqrt{\frac{\gamma \cdot M \cdot r_1}{r^2}} \; ; \quad r_1 \text{ meint den Abstand von m zum Schwerpunkt.}$$

Ähnlich erhält man die Bahnen von Erde und Mond um den gemeinsamen Schwerpunkt, wenn man
$x_M = -4{,}945$; $x_m = 402{,}055$; $v_{yM} = 0{,}000012$ und $v_{ym} = -0{,}000977$ setzt (siehe Anhang).

Beispiel III

$x_M = -50$	$v_{xM} = 0$	$K = 0{,}0003984658$
$y_M = 0$	$v_{yM} = 0{,}0005$	$k = -0{,}0001328219$
$x_m = 50$	$v_{xm} = 0$	$\Delta t = 1000$
$y_m = 0$	$v_{ym} = 0{,}0015$	(10 auf Speicher 00 und auf Zeilen 171, 172, d.h.
		Dezimalpunkt auf Zeile 173)

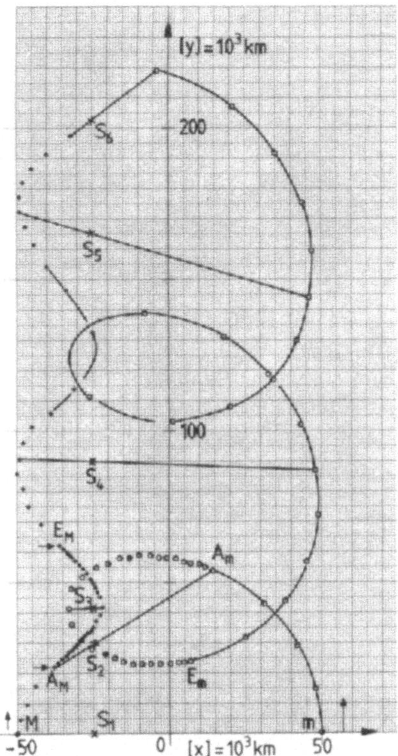

Die Bahnkurve der kleineren Masse m nennt man *Trochoide*. Zwischen den Punkten A_m und E_m — entsprechend A und E der anderen Bahn — wurde zwecks größerer Genauigkeit alle Tausend Sekunden ausgedruckt und entsprechend eingezeichnet.

Weil der Gesamtimpuls diesmal nicht Null ist, ändert sich die Lage des Schwerpunktes; weil keine äußeren Kräfte vorhanden sind, bewegt sich der Schwerpunkt geradlinig mit konstanter Geschwindigkeit, was man mit großer Präzision z.B. durch $S_1 S_2 = 90$ LE (12 ZE); $S_4 S_5 = 75$ LE (10 ZE); $S_5 S_6 = 37,5$ LE (5 ZE) bestätigt findet. Die Geschwindigkeit des Schwerpunktes von 75 LE/10 ZE = 75000 km/100000 s = 750 m/s erhält man auch theoretisch als Quotient von Gesamtimpuls und Gesamtmasse, etwa zur Zeit t = 0:

$$\frac{5{,}974 \cdot 10^{24}\,\text{kg} \cdot 500\,\text{m/s} + 1/3 \cdot 5{,}974 \cdot 10^{24}\,\text{kg} \cdot 1500\,\text{m/s}}{4/3 \cdot 5{,}974 \cdot 10^{24}\,\text{kg}} = 750\,\text{m/s} \, .$$

9.5 Bewegung von drei und mehr Körpern

Wenn man genug Speicherraum hat, kann man ein Programm entwickeln, welches im Prinzip nichts Neues verlangt und drei Körper A, B, C in ihrer gegenseitigen Massenanziehung erfaßt; hierzu wäre der Einfluß von B und C auf A, der Einfluß von A und C auf B und der Einfluß von A und B auf C zu berücksichtigen. Ferner sollte man ein räumliches Koordinatensystem zugrunde legen, weil sich drei Körper in den seltensten Fälle in einer Ebene bewegen, wie schon das System Sonne, Erde, Mond zeigt. Die Auswertung der nunmehr neun Zahlen x_A, y_A, z_A; x_B, y_B, z_B; x_C, y_C, z_C gestaltet sich natürlich langwieriger, insbesondere die zeichnerische Darstellung ist ein Problem.

Bemerkenswert ist die Tatsache, daß es für die allgemeine Bewegung von drei Körpern keine mathematisch-analytische Theorie gibt und unsere Methode der kleinen Schritte dann die einzige Möglichkeit darstellt, die zugehörigen Bahnkurven herauszubekommen.

Hier noch Hinweise auf Spezialfälle, die mehr spielerischen Charakters sind und wieder in der Ebene beschrieben werden können:

1. Satellit zwischen Erde und Mond unter Beachtung des „Durchgriffs" der Sonne. Für einen Zeitraum von 4 bis 5 Tagen kann man die Anziehung der Sonne näherungsweise durch einen konstanten Vektor einplanen und auch die Schiefe der Mondbahn gegen die Ekliptik vernachlässigen; wenn wir ein zweidimensionales Koordinatensystem mit der Erde als Ursprung nehmen, können wir den Mond einfach um die Erde kreisen lassen und müßten lediglich den Einfluß von Erde, Mond (unter Einbeziehung der konstanten Sonnenanziehung) auf den Satelliten in der bekannten Weise schrittweise berechnen; man kommt dann mit der Kapazität von Rechner 4 gerade hin!

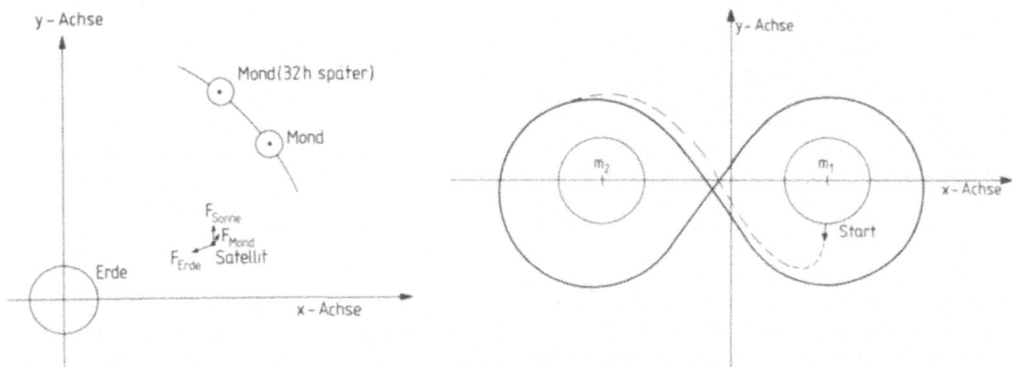

2. Satellit zwischen zwei einander umkreisenden Himmelskörpern. Lassen wir unser Achsenkreuz mit rotieren, sind die Positionen der beiden Körper fest, und wir brauchen nur die Position des Satelliten in Abhängigkeit der letzteren zu beschreiben; eine reizvolle Aufgabe besteht darin herauszufinden, mit welcher Geschwindigkeit man den Satelliten an einer auszuwählenden Stelle des einen Planeten senkrecht starten lassen muß, damit er anschließend auf einer „Achterbahn" beide Planeten für immer umfährt

P. Lutus gibt dazu in der amerikanischen Zeitschrift „Popular Elektronics", June 1977, ein hp-25 Programm mit näheren Erläuterungen.

9.6 Mondlandespiel

Wir wollen hier eine mit jedem PTR realisierbare Minimalfassung vorstellen, für deren freundliche Überlassung ich Herrn *L. Selle,* Berleburg, zu danken habe.

a) Prinzip des Spiels

Eine Mondlandefähre befindet sich in einer bestimmten Höhe und sinkt mit einer bestimmten Geschwindigkeit auf die Mondoberfläche zu. Der Spieler kann nun für kurze Zeit „die Bremsraketen zünden", so daß die Landefähre am Schluß dieser Brennphase eine geringere Geschwindigkeit und eine geringere Höhe hat. Mit mehreren solcher Bremsschübe kann er die Fähre weich landen, d.h. er setzt sie mit der Geschwindigkeit Null auf die Mondoberfläche auf. Dazu braucht der Spieler natürlich die Möglichkeit, die einzelnen Bremsschübe unterschiedlich stark einzustellen.

b) Physikalischer Hintergrund

Aus der Höhe und der Geschwindigkeit zu Beginn des Bremsschubes und aus der Stärke des Bremsschubes ist die Höhe und Geschwindigkeit am Ende des Bremsschubes zu berechnen.

Bei kurzer Dauer des Bremsschubes darf die Bewegung der Fähre als gleichmäßig beschleunigt angenommen werden (d.h. die Geschwindigkeit der Fähre wird während des Bremsschubes ganz gleichmäßig verringert).

Für diese gleichmäßig beschleunigte (bzw. verzögerte) Bewegung gilt das Geschwindigkeits-Zeit-Gesetz:

(1) $\quad v_t = v_0 + a \cdot t$

$\quad\quad$ t: $\quad$ Zeitdauer (der Brennphase) in s

$\quad\quad$ a: $\quad$ Beschleunigung (während der Brennphase) in m/s^2

$\quad\quad$ v_0: $\quad$ Geschwindigkeit zu Beginn der Brennphase in m/s

$\quad\quad$ v_t: $\quad$ Geschwindigkeit am Ende der Brennphase in m/s

und das Weg-Zeit-Gesetz:

(2) $\quad h_t = h_0 + v_0 \cdot t + \dfrac{a}{2} \cdot t^2$

$\quad\quad$ h_0: $\quad$ Höhe zu Beginn der Brennphase in m

$\quad\quad$ h_t: $\quad$ Höhe am Ende der Brennphase in m

Dabei setzt sich die Beschleunigung a noch zusammen aus der Fallbeschleunigung des Mondes a_M und der Beschleunigung des Raketenantriebes a_R:

(3) $\quad a = a_R + a_M$.

Ein Astronaut kann natürlich nicht beliebig viele Bremsschübe durchführen, denn ihm steht nur eine begrenzte Treibstoffmenge T_0 zur Verfügung. Wenn während der Brennphase die Treibstoffmenge T_v verbrannt wird, dann verbleibt also der Treibstoffrest

(4) $\quad T_t = T_0 - T_v$.

Im Programm muß dann bei jedem Durchlauf geprüft werden, ob der errechnete Treibstoffrest T_t nicht kleiner ist als Null. Wenn das der Fall wäre, dürfte keine neue Höhe und Geschwindigkeit ausgerechnet werden. In diesem Fall müßte vom Spieler ein schwächerer Bremsschub versucht werden.

c) Vereinfachung des Programms

Zur Vereinfachung der Rechnung legen wir fest:

    a)   Jede Brennphase dauert

(5) $t = 1\,s$

    b)   Die Verbrennung von $T_v = 1\,kg$ Treibstoff erteilt der Landefähre eine Beschleunigung
        $a_R = 1\,m/s^2$, also

(6) $a_R = T_v$

    c)   Die Fallbeschleunigung des Mondes ist

(7) $a_M = -\,2\,m/s^2$
       (genauerer Wert: $a_M = -\,1{,}62\,m/s^2$)

Im Programm können wegen dieser Festlegungen statt (1) und (2)

(8) $v_t = v_0 + T_v - 2$ und

(9) $h_t = h_0 + v_0 + \dfrac{T_v}{2} - 1$

benutzt werden.

Um den Spielverlauf noch etwas zu vereinfachen, wollen wir Höhe und Geschwindigkeit gleichzeitig anzeigen. Zur Trennung beider Größen benutzt man einfach den Dezimalpunkt. Die Geschwindigkeit sei positiv. Teilt man nun die Höhe durch 10 000 und addiert sie zur Geschwindigkeit, dann bedeutet die

1. Dezimalstelle der Anzeige: Tausender-Stelle der Höhe in m
2. Dezimalstelle der Anzeige: Hunderter-Stelle der Höhe in m
3. Dezimalstelle der Anzeige: Zehner-Stelle der Höhe in m
4. Dezimalstelle der Anzeige: Einer-Stelle der Höhe in m
5. Dezimalstelle der Anzeige: Zehntel-Stelle der Höhe in m

Ist die Geschwindigkeit negativ (dies ist der Normalfall, denn nach unten gerichtete Geschwindigkeit soll negativ gezählt werden), dann kehrt man das Vorzeichen der Höhe vor der Umrechnung um.

Dabei ist zu bedenken, daß die Tausender-Stelle der Höhe gleichzeitig auch die Zehntel-Stelle der Geschwindigkeit ist. Damit sich Geschwindigkeit und Höhe nicht „überlappen", darf also die Geschwindigkeit keine Dezimalstellen haben und die Höhe muß stets kleiner als 9 999 m sein. Letzteres läßt sich durch entsprechende Anfangswerte v_0 und h_0 (und T_0) sicherstellen, ersteres wird durch die Bedingung erfüllt, daß T_v nur ganzzahlig eingegeben werden darf und v_0 ganzzahlig vorgegeben werden muß (siehe Gl. (8)).

Außerdem ist zu bedenken, daß die Anzeige nur richtig ist, wenn die Höhe positiv ist. Dies ist nicht immer erfüllt. Bei mißglückter Landung wird die Höhe negativ. Das zeigt sich, indem die Anzeige von einem geringen Wert der Höhe vor der Brennphase auf einen (scheinbar) sehr großen Wert nach der Brennphase springt.

Eine weitere Vereinfachung des Spiels wird dadurch erreicht, daß die Anfangsdaten durch das Programm selbst eingegeben werden, dies ist wichtig, weil man mit dem Programm *spielen* soll, d.h. möglichst einfach nach einer mißglückten Landung die Ausgangssituation zu einem neuen Versuch wiederherstellen möchte.

d) Allgemeiner Ablaufplan

Anfang des Programms *Mondlandung*

1. *Eingabe* von v_0, h_0, T_0
2. $v \leftarrow v_0$; $h \leftarrow h_0$; $T \leftarrow T_0$

Wiederhole
> 3. *Wenn* $v \geqslant 0$,
>   *dann* $v + 0{,}0001 \cdot h$ *anzeigen*
>   *sonst* $v - 0{,}0001 \cdot h$ *anzeigen*
> 4.   *Eingabe* und Abspeicherung von T_v
> $T \leftarrow T - T_v$
> 5. *Wenn* $T \geqslant 0$
> 5.1   *dann* $h \leftarrow h + v + T_v/2 - 1$
> 5.2 $v \leftarrow v + T_v - 2$
> 5.3   *sonst* Treibstoffmangel *anzeigen*
>   *bis* (Bruch)Landung oder Treibstoff alle

Ende des Programms *Mondlandung*

e) PTR-Übersetzungen

Vereinbarungen: Vor Betätigen der Programmstarttaste speichern wir v_0, h_0, T_0 auf 5, 6, 7 sowie die Zahl 0,0001 auf Speicher 0; außerdem beschränken wir die Anzeige auf vier Nachkommastellen.

(71 Ps, Rechner 2)

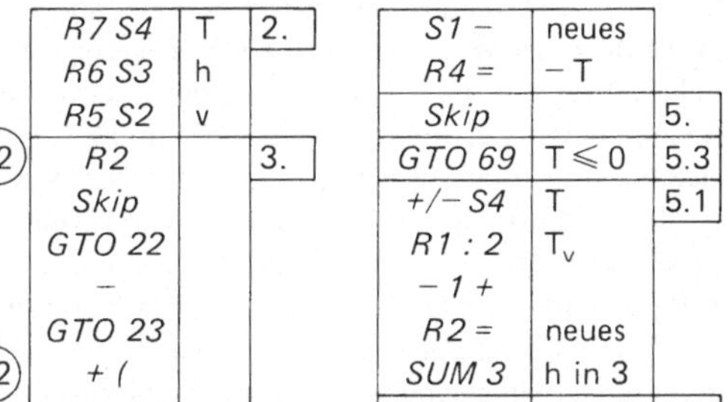

R7 S4	T	2.	S1 –	neues	
R6 S3	h		R4 =	– T	
R5 S2	v		Skip		5.
(12) R2		3.	GTO 69	$T \leqslant 0$	5.3
Skip			+/– S4	T	5.1
GTO 22			R1 : 2	T_v	
–			– 1 +		
GTO 23			R2 =	neues	
(22) + (			SUM 3	h in 3	
R0 x R3			R1 – 2 =	neues	5.2
) =	v.h		SUM 2	v in 2	
H		4.	GTO 12		
			(69) 0 ln	F-Anz.	5.3

(46 Ps, Rechner 7)

R7 S4	T	2.	S1 –	neues	
R6 S3	h		R4 =	– T	
R5 S2	v		$x \geqslant t?$		5.
LBL 1		3.	GTO 4	$T \leqslant 0$	5.3
R2			+/– S4	T	5.1
$x \geqslant t?$			R1 : 2	T_v	
GTO 2			– 1 +		
–			R2 =	neues	
GTO 3			SUM 3	h in 3	
+			R1 – 2 =	neues	5.2
LBL 3			SUM 2	v in 2	
R0 x R3			GTO 1		
=	v.h		LBL 4	Fehler	5.3
H		4.	+/– ln	Anz.	

f) Spielregeln

1. In Block 4 dürfen nur positive Werte T_v eingegeben werden. (Bei negativer Eingabe werden zwar v und h physikalisch richtig berechnet, aber der Treibstoffvorrat wird vergrößert. Der clevere Spieler könnte also eine hinterher als ungünstig erkannte Eingabe rückgängig machen.)

2. Zu Beginn des Spiels wird eine maximale Verbrennung festgelegt. Mehr Treibstoff „kann" in einer Brennphase nicht ausgestoßen werden.

3. Gewonnen hat, wer weich landet (Anzeige: 0. bzw. 0.0000). Eine weiche Landung ist besser, wenn sie mit geringerem Treibstoffverbrauch gelungen ist (Speicherregister 4 abfragen).

g) Tips für weiche Landungen

1. Nur wenn $-v = 2\,h$ gilt, ist eine weiche Landung nach der nächsten Brennphase möglich. (Eingabe: $T_v = v + 2$).

2. Wenn $-v = h$ gilt, ist eine weiche Landung mit zwei Brennphasen möglich.
   (Eingabe jeweils: $T_v = \dfrac{v}{2} + 2$).

3. Eingabe $T_v = 2$ bewirkt: $h_t = h_0 + v_0$.

Vorschlag für Anfangsdaten

$v_0 = -106$ m/s $h_0 = 533$ m $T_0 = 140$ kg

Aus dieser Situation läßt sich die Fähre mit einem Treibstoffverbrauch von 122 kg weich landen.
Ein geringerer Verbrauch ist nicht möglich.

Selbst wenn man für jede Verbrennung eine geradzahlige Treibstoffmenge vorschreibt, gibt es immerhin noch genau sechs verschiedene Möglichkeiten, die Fähre mit diesem minimalen Treibstoffverbrauch weich zu landen.

9.7 Populationsentwicklung in einem Räuber-Beute-System

Zur Simulation von Wachstumsprozessen unter verschiedenen Bedingungen vgl. [23] S. 279,
[24] S. 297, [31] S. 40, [26] S. 224, [33] S. 59, [8] S. 137 und [34] S. 359.

a) Problemstellung

In einem abgeschlossenen Teich gebe es nur zwei Sorten Fische, nämlich Hechte (Räuber) und
Weißfische (Beute). Wir wollen annehmen, daß den Weißfischen genug Nahrung zur Verfügung steht
(Kleinfische, Wassertierchen, Pflanzenreste) und daß sie ihrerseits die Hauptnahrung der Hechte darstellen. Weiter nehmen wir an, daß sich die Weißfische in einem bestimmten Zeitraum um 30 % ver-
mehren würden, wenn sie nicht durch die Hechte dezimiert würden und der Bestand der Hechte in
eben jenem Zeitraum um 20 % zurückgehen würde infolge Nahrungsmangels, wenn sie keine Weißfische erbeuten könnten. Die Anzahl der Begegnungen Hecht/Weißfisch wächst proportional mit
dem Produkt ihrer Bestände $R \cdot B$, und ein bestimmter Bruchteil dieser Begegnungen verläuft erfolg-
reich für den Hecht, was wiederum bedeutet, daß die Populationszunahme bei den Hechten (2. Summand der 2. Gleichung) auch proportional zu $R \cdot B$ verläuft; man gelangt so zu den Beziehungen:

$$B_{n+1} = 1,3 \cdot B_n - k \cdot R_n \cdot B_n$$
$$R_{n+1} = 0,8 \cdot R_n + c \cdot R_n \cdot B_n$$

hierbei sind die Proportionalitätsfaktoren k und c ebenso wie die bereits angegebenen Faktoren von
B_n und R_n von dem betrachteten Zeitraum und einer Reihe biologischer Umstände abhängig, was
hier nicht näher erörtert werden soll, siehe [33], [26] und vor allem [24]. Der Index n kennzeichnet
den Bestand am Anfang, der Index n + 1 den Bestand am Ende des vorgegebenen Zeitraums; für k
und c wählen wir die „Erfahrungswerte" 2 % und 1 ‰. Als Startwerte nehmen wir $R_0 = 12$ Hechte
und $B_0 = 200$ Weißfische, in unserem Programmablaufplan verwenden wir natürlich Speicher anstelle
dieser speziellen Parameter.

b) Allgemeiner Ablaufplan

Anfang des Programms *Populationsentwicklung im Räuber-Beute-System*

Eingabe B, R, q, p, k, c,

Wiederhole $\left[\begin{array}{l} S \leftarrow q \cdot B - k \cdot B \cdot R \\ R \leftarrow p \cdot R + c \cdot B \cdot R \\ B \leftarrow S \\ \textit{Ausgabe von B und R} \end{array}\right.$

                    bis von Hand abgestellt

Ende des Programms *Populationsentwicklung im Räuber-Beute-System*

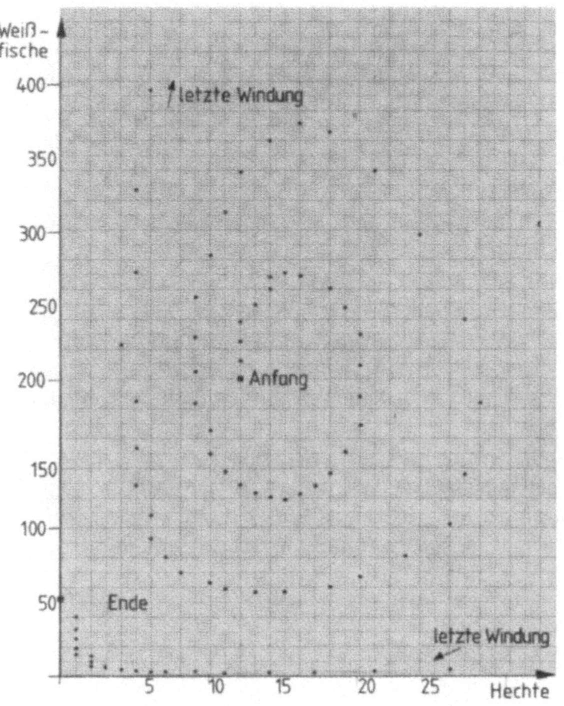

c) Testbeispiel in graphischer Darstellung

Die Übersetzung gelingt für jeden PTR und soll wegen ihrer Einfachheit unterbleiben, Ausgangsdaten siehe oben.

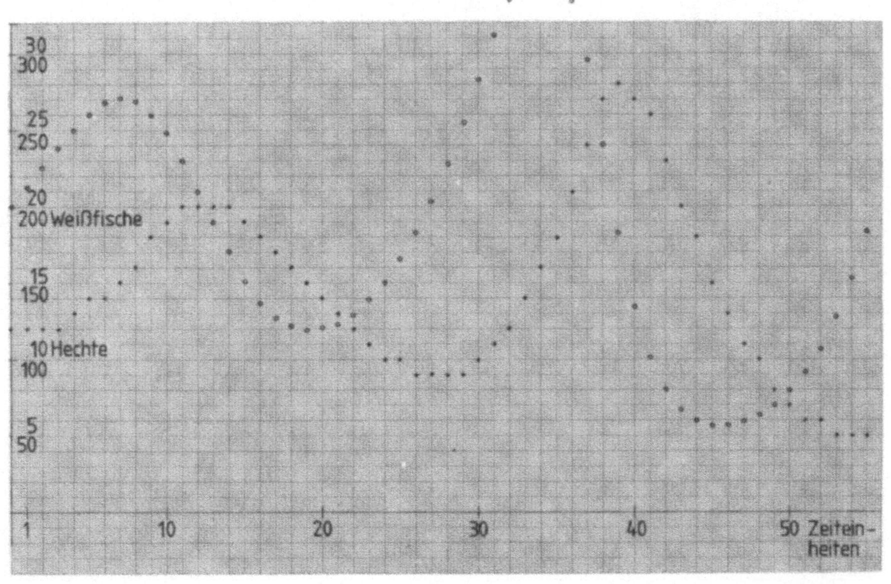

Erläuterungen:

Im ersten Bild wurde jedem Paar R, B ein Punkt im Achsenkreuz zugeordnet; die allmählich größer werdende Spirale kann so gedeutet werden, daß zu einem bestimmten Zeitpunkt eine Achse erreicht wird, was ein Aussterben der auf der anderen Achse gemessenen Tierart bedeutet. In unserem Fall könnten das theoretisch die Hechte sein, weil die zur letzten Windung gehörende Tabelle nach einer gefährlichen Situation für die Weißfische ($\ldots$ R/B = $\ldots$ 17/2; 14/2; 11/2; 9/3; $\ldots$ 5/4; $\ldots$ 3/6; 2/7; $\ldots$) die Hechte doch noch an Nahrungsmangel zugrunde gehen läßt ($\ldots$; 1/40; 0/52). Praktisch könnten natürlich die Weißfische noch schnell vorher aussterben, weil unserem Modell statistische Werte zugrunde lagen, die eine gewisse Mindestzahl von Individuen voraussetzen; die restlichen zwei Weißfische könnten hingegen zufällig erwischt werden!

In der zweiten Darstellung sind beide Populationen getrennt über der Zeitachse aufgetragen; jetzt werden die periodischen Schwankungen der Tierbestände deutlicher; interessant ist auch die *Phasenverschiebung* zwischen den beiden Kurven; sie kann so interpretiert werden, daß die Räuberpopulation ihren stärksten Anstieg (Abfall) erlebt, wenn die Beutepopulation gerade ein lokales Maximum (Minimum) aufweist.

Durch veränderte Eingangsdaten kann man erreichen, daß sich anstelle der Spirale eine Art Ellipse bildet bzw. die Amplituden konstant werden, dies bedeutet, daß beide Tierarten — von den periodischen Schwankungen abgesehen — sich für längere Zeit stabilisieren. Es gibt sogar eine Fall, wo sich die Anfangsbestände überhaupt nicht verändern, d.h. für jede Art Sterbe- und Geburtsrate im betrachteten Zeitintervall gleich sind (siehe Anhang).

10 Beispiele zur Wahrscheinlichkeitsrechnung

10.1 Binomialverteilung

a) Problemstellung

Bei einem *multiple-choice-test* werden z.B. 20 Fragen mit jeweils 5 Antwortmöglichkeiten angegeben, von denen immer nur eine richtig ist. Solche Situationen erlebte man früher im theoretischen Teil der Führerscheinprüfung. Wir wollen annehmen, daß man wenigstens die Hälfte der Fragen richtig beantworten muß, um die Prüfung zu bestehen.

Frage: Wie groß ist die Wahrscheinlichkeit des Bestehens für einen Kandidaten, der blindlings jeweils eine der 5 angebotenen Antworten ankreuzt?

Das gegenteilige Ereignis, nämlich höchstens 9 richtige Antworten anzukreuzen, ist durch das Rezept

$$\overline{w} = \sum_{v=0}^{9} \binom{20}{v} \cdot \left(\frac{1}{5}\right)^v \cdot \left(\frac{4}{5}\right)^{20-v}$$

berechenbar; die gesuchte Wahrscheinlichkeit ergibt sich dann zu $1 - \overline{w}$. Da wir natürlich auch andere Aufgaben dieses Typs mit unserem Programm lösen wollen, erstellen wir einen Ablaufplan für den Term

$$\sum_{v=0}^{k} \binom{n}{v} \cdot p^v \cdot q^{n-v}$$

hierbei ist $k \leqslant n$ und $q = 1 - p$.

b) Allgemeiner Ablaufplan

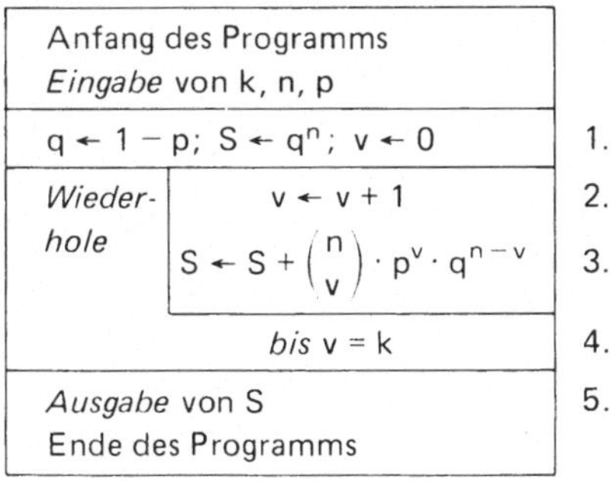

<table>
<tr><td colspan="2">Anfang des Programms
Eingabe von k, n, p</td><td></td></tr>
<tr><td colspan="2">$q \leftarrow 1 - p;\ S \leftarrow q^n;\ v \leftarrow 0$</td><td>1.</td></tr>
<tr><td rowspan="2">Wieder-
hole</td><td>$v \leftarrow v + 1$</td><td>2.</td></tr>
<tr><td>$S \leftarrow S + \binom{n}{v} \cdot p^v \cdot q^{n-v}$</td><td>3.</td></tr>
<tr><td colspan="2" align="center">bis $v = k$</td><td>4.</td></tr>
<tr><td colspan="2">Ausgabe von S
Ende des Programms</td><td>5.</td></tr>
</table>

c) PTR-Übersetzung (72 Ps, Rechner 2)

(Binomialkoeffizienten über einen Tastenbefehl programmierbar „C_m^n"; k, n, p sind
vor Programmstart auf die Speicher 1, 2, 3
zu bringen; p als letztes!)

	$-1 =$		1.
	$+/- S4$	q	
	y^x		
	$R2 =$		
	$S5$	S	
	$0\,S6$	v	
(15)	$1\,SUM\,6$		2.
	$R6\,S9$		3.
	$R2$		
	C_m^n	$\binom{n}{v}$	
	$S7$		
	$R3\,y^x$		
	$R6 =$	p^v	
	$Prod\,7$		
	$R2 - R6$	$n - v$	
	$= y^x$		
	$R4$	q	
	$x \leftrightarrow y$		
	$=$	q^{n-v}	
	$Prod\,7$		
	$R7$		
	$SUM\,5$		
	$R1 - R6$	$k - v$	4.
	$-1 =$		
	SKP		
	$GTO\,15$		
	$R5\,H$	Erg.	5.

d) Testbeispiel

Das Ergebnis unserer Aufgabe wird nach 65 s zunächst in der Vorform 0,9974052 angezeigt; mit
den Tasten „+/−, +, 1, =" erscheint dann die eigentliche Antwort 0,0025948; d.h. die Aussichten
für den Prüfling sind mit 2,6 ‰ ausgesprochen gering!

10.2 Wahrscheinlichkeitsintegral

Eine Tabelle zur Normalverteilung gemäß

$$x \rightarrow \Phi(x) := \int_0^x \frac{1}{\sqrt{2\pi}}\, e^{-\frac{1}{2}t^2}\, dt$$

(numerische Integration) findet der Leser in 11.4.

10.3 Erzeugung von Zufallszahlen

a) Problemstellung

Grundlage für die Simulation, also die Nachahmung, von Zufallsprozessen ist eine hinreichende Anzahl zufällig ausgewählter Zahlen; wir beschränken uns hier auf *gleichverteilte* Zufallszahlen; aus ihnen lassen sich bei Bedarf auch *normalverteilte* herstellen, siehe z.B. [29], S. 405.

Es genügt, daß der Zufallsgenerator Zahlen des offenen Intervalls (0,1) liefert; im folgenden wird gezeigt, wie man daraus beliebige Intervalle und speziell Zufalls*ziffern* gewinnen kann.

Es sollen hier drei Methoden vorgestellt werden, auf schnelle Art Zufallszahlen zu produzieren:

I $z \leftarrow e^{\pi + z} - \text{int}\,(e^{\pi + z})$

II $z \leftarrow (\pi + z)^8 - \text{int}\,((\pi + z)^8)$

III $z \leftarrow (1102{,}3045 \cdot z) - \text{int}\,(1102{,}3045 \cdot z)$

Allen drei Methoden ist gemeinsam, daß man den Vorgang mit einer einzugebenden Zahl für z starten muß, das Ergebnis des rechts stehenden Ausdrucks dient dann als Vorlage für die nächste Zufallszahl usw. Weil bei vorgegebenem Programm auf einem bestimmten Computertyp mit dem ersten z alle weiteren determiniert sind, spricht man auch von *Pseudozufallszahlen;* trotzdem kann man mit dem Rechner z.B. würfeln, siehe 10.5, wenn man zu Beginn eine allen Spielern unbekannte Zahl eingibt!

b) PTR-Programme

```
      I                II               III

  PRT            PRT              PRT
  + π = eˣ       + π =            x R2 =
  – INT =        x² x² x²         FRAC
  RST            – INT =          RST
                 RST
```

Erläuterungen:

Statt „eˣ" heißt es bei manchen Rechnern „INV, ln x" (vgl. die Bezeichnung *Antilogarithmus*).
Die Folge der Zufallszahlen hängt nicht nur vom ausgewählten Programm (I, II oder III) und von der Startzahl ab, sondern auch noch von der Art der Übersetzung in PTR-Befehle und vom Maschinentyp. So ist es beispielsweise von Bedeutung, ob man mit dem Integerbefehl wirklich den ganzzahligen Teil bildet, um ihn dann von der ursprünglichen Zahl zu subtrahieren oder ob man statt dessen mit dem Befehl FRAC bzw. INV INT arbeitet; desgleichen spielt es eine Rolle, ob der Rechner eine 8- oder 10-stellige Anzeigekapazität hat; schon bei der 5. oder 6. Zufallszahl wirken sich diese Unterschiede in der ersten Dezimale aus, d.h. man erhält trotz gleicher Startzahl und gleicher Bestimmungsmethode bei verschiedenen Rechnern völlig verschiedene Zahlenfolgen! Den folgenden Ausdruck erhält man z.B. nur mit Testrechner 3 (Drucker; Formatanweisung 2nd fix 7):

I	II	III	
0,0588235	0,9084322	0,5126849	
0,5427423	0,1490480	0,1349054	
0,8186342	0,1312784	0,7068528	
0,4692251	0,3121449	0,1669704	
0,9962946	0,8546333	0,0521781	
0,6702732	0,9586596	0,5161459	
0,2347634	0,5627263	0,9499964	
0,2639395	0,1428330	0,1853036	
0,1303269	0,7716083	0,2610109	
0,3618926	0,6428957	0,7134734	
0,2310706	0,2223889	0,4649561	
0,1560738	0,4334739	0,5231958	
0,0494449	0,3589184	0,7211078	
0,3136415	0,0720160	0,8303280	
0,6657025	0,8035676	0,3394619	
0,0284786	0,6600511	0,3055642	
0,8091803	0,6061908	0,8247521	
0,9755240	0,0687762	0,1279887	
0,3820007	0,3365449	0,0325120	
0,9060473	0,4471494	0,9533737	
0,4532040	0,4746668	0,47363810	Mittelwert (20)
0,5025799	0,4984769	0,49673983	Mittelwert (100)

Abgedruckt unter I, II, III sind jeweils die ersten 20 Zufallszahlen, die sich bei den Startwerten 1/17; 0,90843216 und 0,51268493 ergeben.

Die Zahl 1102,3045 in III ist natürlich nicht zwingend, und der Autor kann sich auch nicht für die Qualität der damit verbundenen Zufallszahlenfolgen verbürgen; es handelt sich dabei um einen Spezialfall der sogenannten *Methode der linearen Kongruenzen,* mathematisch formuliert um

$$z_{n+1} = (a \cdot z_n + b) \bmod m$$

hierüber findet man einiges in [8], S. 33 und [29], S. 400.

Um grobe Fehler aufzudecken, kann man — wie hier für die ersten 20 bzw. 100 Zahlen geschehen — den Mittelwert heranziehen, der sich der Zahl 0,5 nähern müßte.

Bessere Instrumente zur Überprüfung der Güte von Zufallszahlen stellen der *Chi-Quadrat-Test* und der *Pokertest* dar; ihre Verwendung in Verbindung mit programmierbaren Taschenrechnern erfordert vor allem viel Rechenzeit; Interessenten erhalten Hinweise z.B. in [17], S. 111 (Bd. 1) und S. 69.

Überprüfungen, wie die zuletzt genannten, sind vor allem dann notwendig, wenn man nicht nur die *Zufallszahl* aus (0, 1), sondern auch ihre einzelnen Ziffern als *Zufallsziffern* nutzen will.

10.4 Monte-Carlo-Methode zur Flächenberechnung

a) Mathematischer Hintergrund

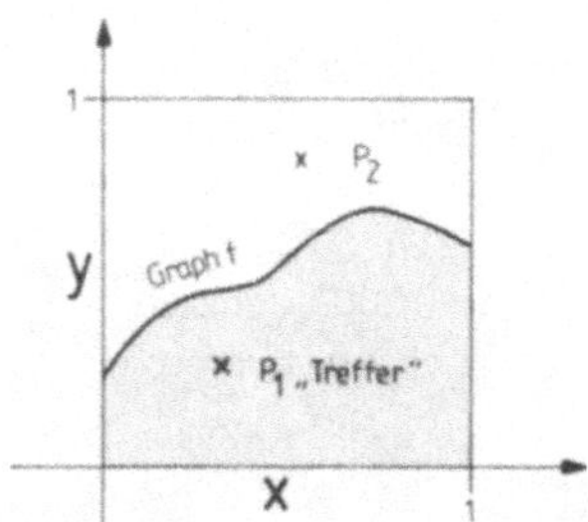

Das Bild zeigt die Kurve zu einer über $(0; 1)$ definierten Funktion f mit Werten aus $(0; 1)$. Die Maßzahl für die Fläche unter dieser Kurve, die von den Achsen und der Senkrechten durch $x = 1$ begrenzt wird, kann man auf folgende verblüffende Weise näherungsweise berechnen:

Man beschafft sich ein Paar von Zufallszahlen aus dem Intervall $(0; 1)$ nach einer der im vorigen Abschnitt beschriebenen Methoden und deutet diese als Koordinaten eines Punktes aus dem Einheitsquadrat. Ein solcher Punkt kann dann innerhalb der zu bestimmenden Fläche liegen, wie z.B. P_1, oder außerhalb derselben, wie z.B. P_2; bei echter Gleichverteilung der einzelnen Zufallszahlen müßten sich als Folge davon auch die zugeordneten Punkte gleichmäßig auf dem ganzen Quadrat verteilen, d.h. aber, daß mit wachsender Anzahl der Punkte der Quotient aus der Anzahl der „Treffer" und der Gesamtzahl der Punkte gegen die gesuchte Flächenmaßzahl streben wird!

b) Allgemeiner Ablaufplan

Anfang des Hauptprogramms

1. *Eingabe:* Anzahl der Punkte „n" und Startzahl „z"
   $m \leftarrow n; \ k \leftarrow 0$
2. *Wiederhole* $\begin{bmatrix} \text{U.P.1}; \ \text{U.P.2}; \ S \leftarrow f(z); \text{U.P.1} \\ \text{Wenn} \quad z - S \leqslant 0 \\ \qquad\qquad \text{dann} \ k \leftarrow k + 1 \\ m \leftarrow m - 1 \end{bmatrix}$
   $\qquad\qquad$ *bis* $m = 0$

3. *Ausgabe* von k/n

Ende des Hauptprogramms

Beginn von *UP1*	Beginn von *UP2*
$z \leftarrow e^{\pi + z} - \text{int}(e^{\pi + z})$	$f(z)$ berechnen
Return	Return

c) PTR-Übersetzung (46 Ps, Rechner 7)

d) Testbeispiel

H.P.

U.P. 1

H	n	1.
S0 S2	m, n	
H	z	
S1		
0 S3	k	

LBL 1	altes
R1	z
$+ \pi = e^x$	
$- INT =$	neues
S1	z
RTN	

LBL 3		2.
SUB 1		
SUB 2		
S4	S	
SUB 1		
$- R4 =$	$z - S$	
$x \geqslant t?$	$\geqslant 0?$	
GTO 4		
1 SUM 3		
LBL 4		
dsz		
GTO 3		
$R3 : R2 =$	k/n	3.
RST	Erg.	

U.P. 2

LBL 2	
$x^2 +/-$	
$+ 1 =$	
$\sqrt{}$	
RTN	

Funktion: $f(x) = \sqrt{1 - x^2}$; $0 \leqslant x \leqslant 1$
Startwert: z = 1/17
Punktzahl: n = 100 (1000)

Für die Viertelfläche des Einheitskreises erhält man 0,82 (0,785) und somit für π 3,28 (3,14).

Man konstatiert großen Zeitaufwand bei mäßiger Genauigkeit; bei 10000 Punkten müßte man den Rechner schon über Nacht laufen lassen!

Durch Einbezug geeigneter Ähnlichkeitsabbildungen kann man auch Flächen von Funktionen mit anderen Definitions- und Wertebereichen nach dieser Methode berechnen!

10.5 Simulation von Glücksspielen

10.5.1 Gewöhnliches Würfeln

a) Vorüberlegungen

Jeder Wurf bedeutet eine zufällige Auswahl einer Ziffer der Menge $\{1, 2, 3, 4, 5, 6\}$. Weil die Zufälligkeit der einzelnen *Ziffern* einer Zufallszahl unserer Herstellungsart nicht bei beliebiger Startzahl gesichert erscheint, erzeugen wir uns Zufallsziffern auf andere Art: Wir multiplizieren die Zufallszahlen aus (0; 1) mit 6, dann verteilen sie sich gleichmäßig über das Intervall (0; 6), d.h. sie beginnen beliebig nahe bei Null und enden beliebig dicht unter 6. Anschließend kappen wir den Vorkommateil der so veränderten Zahlen mittels Integerbefehl ab, dann erhalten wir irgendeine Zahl aus der Folge 0, 1, 2, 3, 4, 5. Durch Addition von 1 wird daraus die gewünschte Würfelziffer; also *erst* z.B.

$$z \leftarrow e^{\pi + z} - \text{int}\,(e^{\pi + z}) \quad \text{und } dann \quad w \leftarrow \text{Int}\,(6 \cdot z) + 1 \quad \text{bzw.} \quad w \leftarrow \text{Int}\,(6z + 1)\,.$$

b) PTR-Programm (17 Ps, Rechner 7)

R1
$+ \pi = e^x$
$- INT =$
S1
$x\, 6 + 1 =$
INT
H RST

Nach jeder Betätigung von R/S erscheint eine neue Ziffer zwischen 1 und 6, die den Beteiligten gewiß unbekannt ist, wenn die Startzahl willkürlich (manuell auf Speicher 1) eingegeben wurde.

10.5.2 Glücksrad und Roulette

Analog kann man ein Glücksrad mit den Ziffern 0, 1, 2, 3, ..., 8, 9 ,,herstellen'' oder ,,Roulette spielen'' mittels

$$w \leftarrow \text{Int}(10 \cdot z) \quad \text{bzw.} \quad w \leftarrow \text{Int}(37 \cdot z)$$

10.5.3 Spielautomaten

a) Gegenstand

Es handelt sich um jene Automaten, die als ,,Groschengrab'' in manchen Wirtshäusern anzutreffen sind und im Prinzip aus drei unabhängig voneinander rotierenden Scheiben bestehen, die in Sektoren mit diversen Aufschriften oder Symbolen aufgeteilt sind und willkürlich anhalten, wobei gewissen Sektoren Gewinne in Form von auszuwerfenden Geldstücken zugeordnet sind. In der unten angegebenen PTR-Version z.B. ist jede Scheibe in neun Sektoren mit den Ziffern 1 bis 9 aufgeteilt; der Spielplan könnte z.B. vorsehen, bei Übereinstimmung von zwei Ziffern oder drei Ziffern kleinere oder größere Gewinne auszuteilen und bei *einer* Ziffernkombination, etwa ,,7, 7, 7'', den Hauptgewinn zu vergeben.

b) PTR-Programm (29 Ps, Rechner 7)

H.P.		U.P.
H		*LBL 1*
SUB 1	Rechts	*((*
+ R3 x		*R1 x R2*
SUB 1	Mitte	*) FRAC*
+ R4 x		*S1 x 9*
SUB 1	Links	*+ 1)*
= RST	L00M00R	*INT*
		RTN

Im U.P. werden Zufallszahlen nach Methode III erzeugt (1102.3045 in Sp. 2); außerdem muß Speicher Nr. 3 mit 1000 und Speicher Nr. 4 mit 1000000 belegt werden.

c) Testbeispiel (Anfangsbelegung $z = 1/\sqrt{2}$)

Die Spielergebnisse erscheinen in der Form

```
2007005
9002007
9004005
4003002
7004004
  usw.
```

10.5.4 Lotto und Kartenspiel

a) Problemstellung

Wenn man in 10.5.1 mit ,,49'' anstelle von ,,6'' arbeiten würde, bekäme man Zahlen zu Gesicht, die rein äußerlich von dem Ergebnis einer Lottoziehung nicht zu unterscheiden wären! Dies wäre jedoch eine schlechte Nachahmung jenes Vorgangs, den allsamstaglich via Fernsehen viele Menschen mit Spannung verfolgen. Der Fehler ist einfach der, daß das Programm stets jede Zahl mit derselben

Wahrscheinlichkeit auswählt, was zwar dem Würfelvorgang, nicht aber der Lottoziehung entspricht, weil dort die zweite Zahl nur noch aus 48 Fällen ausgewählt wird, die dritte Zahl aus 47 Zahlen und die sechste Zahl schließlich aus den verbliebenen 44 Zahlen.

In der Wahrscheinlichkeitsrechnung spricht man vom *Ziehen ohne Zurücklegen*; wir wollen uns den Vorgang anhand des *Urnenmodells* veranschaulichen; zu diesem Zweck stellen wir uns einen Behälter mit drei numerierten Kugeln vor, dem wir mehrmals nacheinander willkürlich eine Kugel entnehmen:

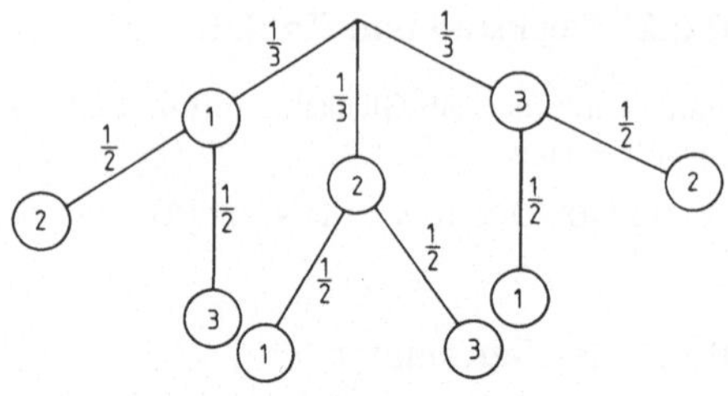
Zweimalige Ziehung ohne Zurücklegen

Wenn beim erstenmal z.B. die Kugel Nr. 1 gezogen wird und nicht zurückgelegt wird, wird die Kugel Nr. 2 beim nächsten Mal mit 50 % statt mit 33 $^1/_3$ % Wahrscheinlichkeit gezogen!

Das folgende PTR-Programm trägt den veränderten Bedingungen Rechnung; wegen der gehäuften Verwendung der indirekten Speicheradressierung verzichteten wir auf einen allgemeinen Ablaufplan.

b) PTR-Programm (128 Ps, Rechner 8)

Lotto

H S00	49	1.
S59		
LBL A		2.
R00		
Si 00		
dsz 0		
A		
R59	49	3.
S00		
LBL B	z	4.
R58	alt	
+ π =		
$x^2\,x^2\,x^2$		
− INT =	z	
S58	neu	
x R00		5.
+ 1 =		
INT	Z	
S59		
Ri 59		6.
~~*If flag*~~	[nur bei	
~~*1 EE*~~	„17 + 4"]	
H	Ergebnis	
~~*LBL E'*~~	[„17 + 4"]	
Ri 00	Lücke	
Si 59	„ausfüllen"	
dsz 0		
B		
Clear		7.
RST		

Zusatz „17 + 4"

LBL EE	8.
x ↔ t	
4 x ⩾ t C	
8 x ⩾ t D	
12 x ⩾ E	
16 x ⩾ A'	
20 x ⩾ B'	
24 x ⩾ C'	
28 x ⩾ D'	
1 H E'	9.
LBL D'	
4 H E'	
LBL C'	
3 H E'	
LBL B'	
2 H E'	
LBL A'	
10 H E'	
LBL E	
9 H E'	
LBL D	

c) Erläuterungen zum Lottoprogramm

(Die Blöcke 8 und 9 gehören zum weiter unten erklärten „17 und 4".)

Block 4 enthält das bekannte Programm zur Erzeugung von Zufallszahlen aus (0; 1); man kann vor Programmablauf eine entsprechende Startzahl auf Speicher 58 schaffen.

Zur Simulation einer Lottoziehung geben wir nach Betätigung der Programmablauftaste die Zahl 49 ein. Durch Block 2 werden die Zahlen 49, 48, usw. bis hinunter zur 1 auf die Speicher mit der Nummer 49, 48, ..., 1 gebracht. (Zu Beginn ist 49 auf Speicher 00, folglich wird durch „R, 0, 0" die 49 ins Anzeigeregister geschafft und mit „STO, indirekt, 0, 0" auf den Speicher Nr. 49 transportiert; der dsz-Befehl vermindert den Inhalt von Speicher 00 von „49" auf „48" und veranlaßt den Rücksprung nach Label A, so daß anschließend „48" über das Hauptregister nach Speicher 48 gebracht wird usw., bis nach Abspeicherung der Zahl 1 nach Speicher Nr. 1 die Schleife verlassen wird, um in Block 3 Speicher 00 wieder mit 49 zu belegen. Die Zufallszahl „z" aus (0; 1) wird in Block 5 beim ersten Durchgang zu einer natürlichen Zufallszahl „Z" aus dem Bereich von 1 bis 49; für die Erklärung des weiteren Programmablaufs nehmen wir einmal „17" an. Diese 17 wird nach Speicher 59 dupliziert, so daß zu Beginn von Block 6 durch „RCL, 5, 9" der Inhalt des Speichers Nr. 17 zur Anzeige gebracht wird, dies ist beim ersten Durchgang auch eine 17. (Die Befehle „if flag 1 EE" bewirken bei „17 + 4" einen Sprung zum Label EE und werden ignoriert, solange nicht flag 1 gesetzt ist; auch LBL E' ist hier noch ohne Bedeutung.)

Die Zahl 17 muß nun vor der nächsten Ziehung aus dem Repertoire verschwinden; das wird hier so bewerkstelligt, daß die noch nicht gezogene „49" von Speicher Nr. 49 geholt und an die Stelle der 17 auf Speicher Nr. 17 gebracht wird („RCL, indirekt, 0, 0" bzw. STO, indirekt, 5, 9"). Durch „Dsz, 0" wird der Inhalt von Speicher 00 auf „48" vermindert, so daß beim zweiten Durchgang in Block 5 nur noch aus 48 Zahlen eine ausgewählt wird. Ist dies eine Zahl ungleich 17, stimmen in Block 6 wieder die indirekt angesprochene Speicheradresse mit ihrem anschließend ausgegebenen Inhalt überein, handelt es sich zufällig wieder um 17, wird statt dessen die 49 angezeigt. Auch diesmal wird der Speicher, aus dem die angezeigte Zahl stammt, wieder mit der Zahl aus jenem Speicher gefüllt, dessen Adresse den Inhalt von Speicher 00 ausmacht.

Diesen Vorgang wiederholen wir noch viermal, so daß insgesamt 6 „echte" Lottozahlen zur Anzeige kommen.

d) Testbeispiele zum Lottoprogramm

(Startzahl)

$1/\sqrt{2}$	32, 49, 20, 16, 27, 2
0	27, 32, 31, 46, 48, 14
1/2	25, 14, 36, 37, 30, 8

Man kann natürlich auch weitermachen, bis alle 49 „Kugeln" gezogen sind, das Ende würde durch eine Null sichtbar (Block 7).

e) Erläuterungen zu „17 + 4"

Den Umstand, gewisse Zahlen aus dem Verkehr ziehen zu müssen, haben wir auch bei der Simulation von Kartenspielen; da hier oft die letzte Karte gezogen werden muß, kommt dem in g.) genannten Zeitfaktor auch praktische Bedeutung zu.

Es soll hier gezeigt werden, wie man unser Programm durch den Zusatz der Blöcke 8 und 9 zu einer sachgerechten Simulation des bekannten Glückspiels „17 und 4" benutzen kann (in den USA als *black jack* sehr verbreitet). Eine bekannte Version des Spiels sieht vor, daß jeder der Spieler reihum aus dem *Stock* der (anfangs) 32 Skatkarten beliebig viele Karten zieht in dem Bestreben, möglichst

20 oder 21 Punkte zu sammeln; wer 22 oder mehr hat oder weniger als 17, verliert. Wir gehen von folgenden Kartenwerten aus:

Karte	7	8	9	10	Bube	Dame	König	As
Punkte	7	8	9	10	2	3	4	1

Vor Beginn setzten wir „flag 1" und geben dann „32" ein, anschließend erzeugt die Maschine wie im Lottoprogramm eine Zahl, diesmal aus dem Bereich von 1 bis 32; anders als dort wird die Zahl hier nicht angezeigt, sondern an der mit Label EE gekennzeichneten Stelle einem Sortiervorgang unterworfen, dem folgende Einteilung zugrunde liegt:

1234	5678	9.10.11.12	13.14.15.16	17.18.19.20	21.22.23.24	25.26.27.28	29.30.31.32	Karte
7777	8888	9 9 9 9	10 10 10 10	2 2 2 2	3 3 3 3	4 4 4 4	1 1 1 1	Punkte

Hat der Zufallsgenerator z.B. „17" gebracht, deutet der Rechner dies nach obiger Zuordnung als einen von vier Buben; im Programmablauf wird folglich Label B' angesprungen und eine „2" als Kartenwert angezeigt (Block 9); dann wird gemäß E' die „2" in Speicher Nr. 17 durch die „1" aus Speicher Nr. 32 ersetzt und die nächste Karte kann gezogen werden usw.

f) Testbeispiel zu „17 + 4" (Startzahl $1/\sqrt{2}$)

3,1,10,9,2,7,3,2,9,1,2,10,1,1,3,7,8,7,3,8,4,10,10,8,4,4,2,9,9,4,7,8

g) Programmvariante bei fehlender indirekter Adressierung

Wer nicht indirekt adressieren kann, muß die Zahlen zunächst alle zweistellig „abpacken", wie in 7.5.2 gezeigt wurde; mit Hilfe einiger Tricks (u.a. die „Sicherheitsstellen" 11. und 12. der Speicher mitbelegen!) würde man dann mit acht Speichern auskommen. Die gezogenen Zahlen wird man durch Nullen innerhalb der Register kennzeichnen und durch eine entsprechende Abfrage in solchen Fällen einfach eine „Ersatzziehung" vorschreiben; im Gegensatz zu dem hier vorgeschlagenen Verfahren wird die Rechenzeit dabei mit jeder Ziehung größer und kann beträchtlich anwachsen, wenn man die letzte „Kugel" haben will (da inzwischen 48 Speicherabschnitte mit Nullen belegt wurden und mithin die Wahrscheinlichkeit für das Auffinden des 49. Abschnitts mit der letzten „Kugel" nur 1/49 beträgt!).

10.6 Simulation von Wahrscheinlichkeiten

10.6.1 Amerikanisches Würfeln

a) Gegenstand

Beim sogenannten *Crap,* einem in Amerika weit verbreiteten Würfelspiel, wirft man zwei Würfel zugleich und wertet die Augensumme nach folgendem Schema aus (zitiert nach [17] Bd. 2, S. 36): Wenn man 7 oder 11 als Summe hat, kann man einen Gewinn verbuchen; bei 2 oder 3 oder 12 hat man verloren. Bei den übrigen Möglichkeiten ist das Spiel noch nicht zu Ende; man notiert die Augensumme und würfelt anschließend solange weiter, bis man entweder noch einmal die notierte Augensumme wirft — dann hat man auch gewonnen — oder eine 7 wirft, was diesmal als Verlust gilt! (Man beachte, daß hier nicht zwei Spieler gegeneinander würfeln, sondern beliebig viele Spieler reihum würfelnd aus einem vorher gemeinsam zu finanzierenden „Topf" ihre eventuellen Gewinne ausgezahlt erhalten.)

Wie groß ist nun die Gewinnchance des einzelnen Spielers, und wie oft muß er im Mittel würfeln, bis ein Spiel entschieden ist? Zur Beantwortung dieser Fragen betrachten wir das abgebildete Flußdiagramm.

b) Allgemeiner Ablaufplan

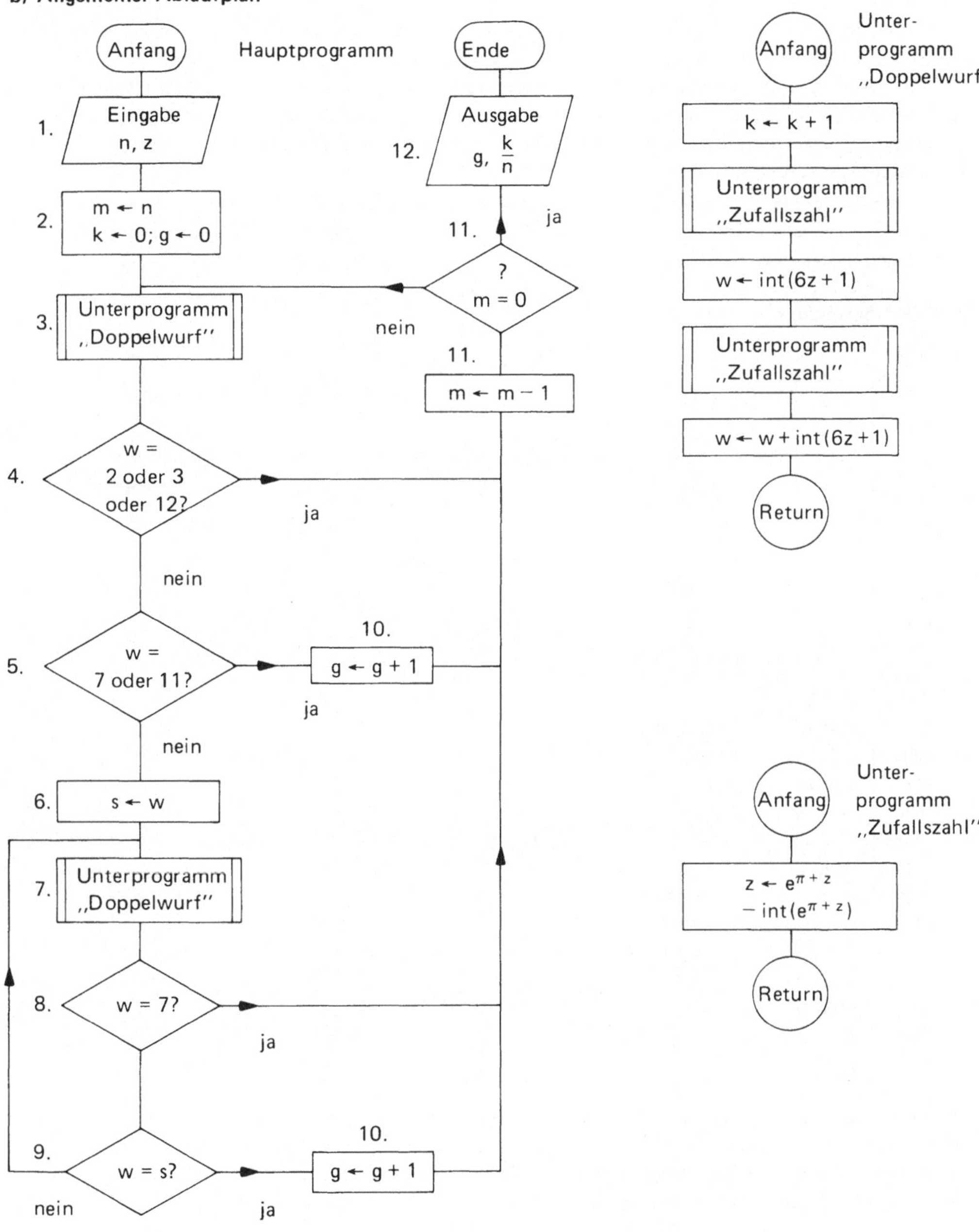

Erläuterungen zum Ablaufplan:

Es werden zwei Zahlen auf n und z eingegeben; letztere startet im 2. Unterprogramm die Erzeugung der Zufallszahlen und erstere legt die Anzahl der zu simulierenden Spiele fest. Speicher m soll im Verlauf des Programms die noch zu absolvierenden restlichen Spiele zählen, k die Gesamtzahl der (Doppel-)Würfe und g die Anzahl der Gewinne mitzählen. Wir verwenden ein zweistufiges Unterprogramm zur Nachahmung des Würfelvorgangs; in der ersten Stufe werden die Zufallszahlen zur Augensumme verarbeitet und auf w gespeichert.

Die ersten vier Verzweigungen garantieren den korrekten Spielverlauf und die fünfte Verzweigung sorgt dafür, daß nach n Spielen abgebrochen wird und die Anzahl der Gewinne und die mittlere Spieldauer angezeigt werden.

c) PTR-Übersetzung (127 Ps, Rechner 8)

H.P.

H		1.
SO1	n	2.
SO2	m	
H		
SO3	z	
0		
SO4	k	
SO5	g	
LBL A		3.
A′	U.P.1	
1 SO7		4.
2 C′	U.P.3	
3 C′	U.P.3	
12 C′	U.P.3	
CP	t ← 0	
R07		
x = t?		
B	verl.	
7 C′	U.P.3	5.
11 C′	U.P.3	
R07		
x = t?		
C	gew.	
R06	w	6.
SO7	s	

LBL D		7.
A′	U.P.1	
R06	w	8.
x ↔ t		
7		
x = t?		
B	verl.	
R07	s	9.
x ≠ t?	≠ w?	
D		
LBL C		10.
1		
SUM 05		
LBL B		11.
dsz 2		
A		
R05		12.
H	g	
R04		
: R01		
= RST	k/n	

U.P.1

LBL A′
1
SUM 04
B′
x 6 + 1 =
INT
S06
B′
x 6 + 1 =
INT
SUM 06
RTN

U.P.2

LBL B′
R03
+ π = e^x
− INT =
S03
RTN

U.P.3

LBL C′
+/−
+ R06 =
Prod 07
RTN

Die im Flußdiagramm genannten Unterprogramme sind hier bei Label A′ und Label B′ verankert; bei C′ kommt ein Taschenrechner-spezifisches U.P. hinzu, welches die Übersetzung der ersten beiden Abfragen platzsparender geraten läßt. (Die Oder-Abfragen aus Block 4 und 5 wurden in der Form (w − 2) (w − 3) (w − 12) = 0? bzw. (w − 7) (w − 11) = 0? realisiert.)

d) Testbeispiele

Mit der Startzahl $1/\sqrt{2}$ für z ergaben sich in n = 100 Spiele 43 Gewinne bei einer mittleren Spieldauer von 3,66 Würfen, in n = 1000 Spiele 468 Gewinne bei einer mittleren Spieldauer von

3,402 Würfen. Diese Werte stimmen schon recht gut mit den theoretisch zu erwartenden Zahlen (Wahrscheinlichkeit 244/495; Spieldauer 557/165 laut [17], S. 221) überein. Bei n = 1000 betrug die Rechenzeit ca. 5 Stunden.

10.6.2 Irrfahrten

a) Problemstellung

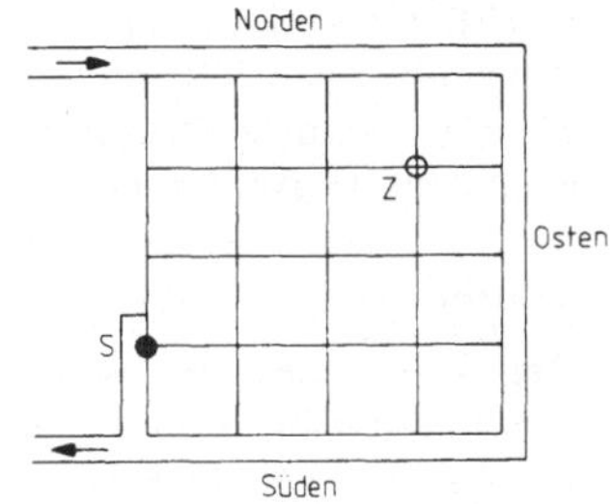

Herr Huber findet sein Motel (Z) in LosAngeles nicht wieder, weil alle Straßen dieses Viertels gleich aussehen und starr quadratisch angeordnet sind. Nur der Umstand, daß er durch eine das Viertel umfassende Einbahnstraße von Zeit zu Zeit zwangsläufig zu dem ihm bekannten Startplatz (S) zurückgeführt wird, gibt im die Hoffnung, doch noch einmal den Weg von S nach Z zu finden!

Wir fragen uns nun, wie viele Teilstrecken Herr Huber wahrscheinlich dabei zurücklegen muß, wenn er an jeder Kreuzung völlig willkürlich südlich (Fall 1), östlich (Fall 2) oder nördlich (Fall 3) einbiegt, bis er sein Ziel erreicht. Der Einfachheit halber nehmen wir noch an, daß er außer auf der Einbahnstraße nie in westliche Richtung fährt!

Zur Lösung des Problems entwerfen wir ein Simulationsprogramm; wir schematisieren die Situation in der Weise, daß wir uns obiges Straßennetz eingebettet denken in den ersten Quadranten des Achsenkreuzes, so daß der einzelne Straßenzug eine Einheitsstrecke im Gitternetz darstellt und Startplatz S bzw. Ziel Z durch die Koordinaten (0;1) und (3;3) festgelegt sind; die weiteren Überlegungen gehen aus dem NSD hervor:

b) Allgemeiner Programmablaufplan

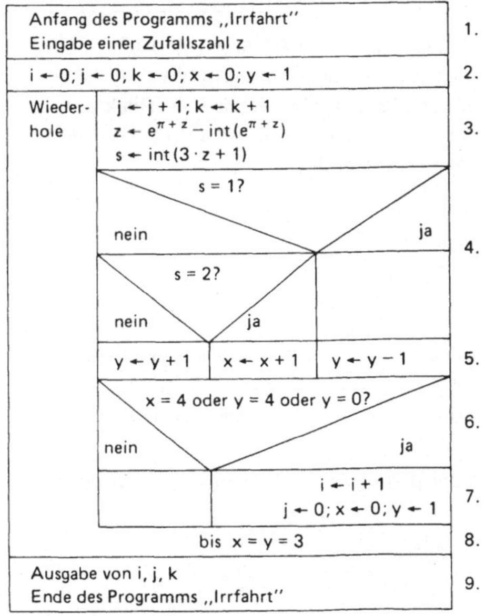

Erläuterungen zum Programmablaufplan:

Außer einer Zufallszahl für z aus (0; 1) ist nichts einzugeben (1). Die Variable k zählt die Gesamtzahl der durchlaufenen Einheitsstrecken bis zur Erreichung des Ziels[1]; die Variable i die Anzahl der Rückläufe zum Start und „j" schließlich die Anzahl der Strecken beim letzten, erfolgreichen Anlauf von S aus. Die Speicher x und y registrieren die jeweils aktuelle Position des Irrläufers in einem Gitterpunkt (2). Nachdem die Zufallszahl z in eine auf S gespeicherte Ziffer 1, 2 oder 3 verwandelt wurde (3), erfolgt nach entsprechender Abfrage (4) in Block 5 die Korrektur der Position. Unter Ziffer 7 wird der Rücklauf organisiert und durch den Schleifenaustritt gemäß 8 endet das Programm mit der Anzeige der Inhalte von i, j, k (9).

c) Testbeispiele

Mit Rechner 8 — die PTR-Fassung ist nach Art und Umfang dem letzten Beispiel ähnlich und wird daher nicht angeführt — erhält man unter Benutzung des Anfangswertes z = 0,5 für die ersten zehn Simulationen die folgenden, stark schwankenden Ergebnisse:

i	j	k
13	5	66
5	9	26
11	5	28
7	7	25
2	7	14
14	5	61
20	9	100
6	7	24
1	7	8
0	9	9

Man beachte, daß die Rückläufe immer nur als Ganzes gezählt werden (i) und nicht als Summe von Teilstrecken; die 9. Simulation ist so zu interpretieren, daß gleich zu Anfang nach rechts abgebogen wurde, d.h. wieder auf den Start zurückverwiesen wurde (Block 7) und anschließend längs 7 Strecken das Ziel erreicht wurde; bei der 10. Simulation erfolgt ausnahmsweise kein Rücklauf, sondern nach Durchfahren von 9 Teilstrecken ist Z erreicht; der kürzeste Weg ist 5 Strecken lang; wenn einer Strecke in Wirklichkeit 1 km entspricht, ergibt sich folgendes:

Mittlere Werte für die ersten 10 Simulationen

   i = 7,9; j = 7,0 und k = 36,1

für die ersten 100 Simulationen

   i = 7,92; j = 6,62 und k = 33,19

Das bedeutet, daß Herr Huber, wenn er wirklich planlos umherirrt, statt der notwendigen 5 km im Mittel 33 km fährt[1], bis er endlich doch noch zum Ziel gelangt; hierbei ist er im Mittel 8mal an seinen Startplatz zurückgeführt worden und gelangt von dort beim 9. Mal auf einer Strecke von durchschnittlich 7 km nach Z.

Die theoretischen Werte sind kompliziert zu berechnen; Beispiele solcher Berechnungen für einfachere Fälle findet man in [17], [31], [8].

---

[1] ohne die „Rückläufe"

10.7 Rechnen für Grundschüler (Lernprogramm)

a) Gegenstand

Es handelt sich um ein Programm zur Erlernung bzw. Festigung der vier Grundrechenarten mit natürlichen Zahlen; die entsprechenden Aufgaben stellt der Computer. Der Zahlenraum wird durch Vorgabe des kleinsten und größten Operanden abgesteckt.

b) Allgemeiner Ablaufplan

Anfang des Programms *Rechentrainer*

1.   *Eingabe* von z (Zufallszahl), der Operandengrenzen a und b, der Aufgabenzahl n sowie Wahl der Rechenart. Bei Subtraktion und Division zusätzlich.

1.1 Vereinbarungen (negative Zahlen oder Kommazahlen?)

$\qquad$ i ← n; r ← 0; w ← 0

Wiederhole

2. Im *U.P.* Zufallszahl aus (0; 1) erzeugen und in eine natürliche Zahl aus [a; b] verwandeln; nach p abspeichern.

$\qquad$ Im *U.P.* Zufallszahl aus (0; 1) erzeugen und in eine natürliche Zahl aus [a; b] verwandeln; nach q abspeichern.

3. *Wenn*   Subtraktion oder Division

$\qquad\qquad$ *dann, wenn* p < q und Signal gesetzt, Austausch p ↔ q.

4. k ← − 1

5. *Wiederhole* k ← k + 1

$\qquad\qquad$ p und q *anzeigen;* Antwort L *eingeben*

$\qquad\qquad$ S ← p verknüpft mit q

6. $\qquad$ *bis*   L = S   oder   k = 2

Wenn   L ≠ S,

7. $\qquad$ *dann* S anzeigen

8. $\qquad$ *sonst* r ← r + 1

$\qquad$ w ← w + k

9.   i ← i − 1

$\qquad\qquad$ *bis*   i = 0

10. *Ausgabe* von n, w, r

$$N \leftarrow \mathrm{int}\left(\frac{r}{n+w} \cdot 6 - 0{,}1\right)$$

$\qquad$ *Ausgabe* von 6 − N

Ende des Programms *Rechentrainer*

Beginn des Unterprogramms

$z \leftarrow e^{\pi + z} - \mathrm{int}(e^{\pi + z})$

Int (z (b + 1 − a) + a)

Return

Erläuterungen:

Im Falle der Subtraktion wird noch ein Zeichen gesetzt, wenn keine negativen Differenzen auftreten sollen. Desgleichen läßt sich bei der Division vorher vereinbaren, ob und wenn ja, wieviel Nachkommastellen berechnet werden sollen, andernfalls ist der Rechner angewiesen, den bei der Ausweisung eines Restes zugrunde liegenden ganzzahligen Anteil zu kontrollieren.

Die beiden zu verknüpfenden Zahlen p und q werden wieder über den Zufallsgenerator I geliefert und angezeigt; anschließend wird das richtige Ergebnis S mit der vom Schüler einzugebenden Zahl verglichen; bei mangelnder Übereinstimmung wird die Aufgabe noch bis zu zweimal wiederholt. Wenn der Schüler auch beim drittenmal eine falsche Antwort eingibt, zeigt der Computer die richtige Antwort. Sonst wird das Ergebnis nicht angezeigt, sondern direkt die nächste Aufgabe gestellt.

Nachdem die „n" Aufgaben alle bearbeitet wurden, gibt der Rechner noch einmal deren Anzahl an, dann die Anzahl „w" der wiederholt gestellten Aufgaben und an dritter Stelle die Anzahl „r" der richtig gelösten Aufgaben. Zum Schluß gibt er eine Note zwischen „sehr gut" und „ungenügend" aus. Grundlage der Zensur ist die proportionale Anpassung des Verhältnisses der richtig gelösten Aufgaben zu der Gesamtzahl der gestellten Aufgaben — worin die wiederholten Aufgaben zusätzlich eingingen — an das Intervall der sechs Zensuren.

c) PTR-Übersetzung (184 Ps, Rechner 8)

(000)

Befehl		Nr.
A' S07	p	2.
A' S08	q	
x ↔ t		3.
R07		
x ≥ t?		
C	p ≥ q	
INV if		
flag 1		
C		
EXC 08	p	
S07	↔ q	
LBL C		4.
1 +/−		
S09	k	
LBL D		5.
1		
SUM 09		
R07		
Pause	p	
LBL B		
+ R08		
Pause	q	
= if		
flag 2		
D'		
INT		
LBL B'		
S10		
x ↔ t	S	
0 H	L	
x = t?		6.
C'	„r"	
2	„f"	
x ↔ t		
R09	k	
x ≠ t?	≠ 2?	
D		
1 +/−		7.
SUM 05		
R10 H	S	

Befehl		Nr.
LBL C'		8.
1		
SUM 05		
R09		
SUM 06		
dsz 4		9.
E		
R03 H	n	10.
+ R06 H	w	
= 1/x x		
R05 H	r	
x 6 − · 1		
= INT		
+/−		
+ 6 =	Note	
+ x H		
LBL E		
GOTO		
000		
LBL A		1.
R01 H	a	
S01		
R02 H	b	
S02		
R03 H	n	
S03		
S04	i	
0		
S05	r	
S06	w	
GOTO		
000		
LBL D'		1.1
fix i		
11 EE		
INV EE		
INV fix		
GOTO		
B'		

U.P.

Befehl	
LBL A'	altes
R00	z
+ $\pi = e^x$	
− INT =	neues
S00	z
x (R02	
+ 1	
− R01)	
+ R01 =	neues
INT	p (q)
RTN	

Erläuterungen:

Speicherzuordnung:

allgemeiner Plan	z	a	b	n	i	r	w	p	q	k	S
PTR-Speicher	00	01	02	03	04	05	06	07	08	09	10

Für L und N genügt das Anzeigeregister; Speicher Nr. 11 wird (gegebenenfalls) zur Aufnahme der die Anzahl der Nachkommastellen bei der Division festlegenden Ziffer benötigt (per Hand abspeichern).

Wir starten das Programm mit der Taste A; die den Haltanweisungen vorangehenden RCL-Befehle erleichtern die Eingabe bei mehrmaliger Benutzung des Programms; wenn man beim ersten Male etwa a = 1 und b = 5 eingegeben hat, um n = 6 Additionsaufgaben zu lösen, kann man beim zweitenmal — auch bei anderer Rechenart — durch bloße Betätigung der R/S-Taste den alten Zustand wiederherstellen!

Um im Falle der Subtraktion und Division zu verhindern, das der erste Operand kleiner als der zweite wird, setzt man in der Betriebsart Rechnen „flag 1", dann wird in Block 3 durch Vertauschen der Speicherinhalte p doch noch größer oder mindestens gleich q.

Die Anzeige der beiden zu verknüpfenden Zahlen geschieht durch zwei (dreimal wiederholte!) Pausenanweisungen.

Durch die Befehlsfolge „GOTO, B, Learn" kann man das Operationszeichen (im vorgestellten PTR-Plan ein Plus) rasch auswechseln.

„Flag 2" wird gesetzt, wenn man bei der Division auch Nachkommastellen verlangt. Durch den Sprung nach Label D' zu Beginn von Block 1.1 wird das richtige Ergebnis zunächst auf jene Stellenzahl gerundet, die vorher in Speicher 11 deponiert wurde; „fix indirekt 11" deutet den Inhalt von Speicher 11 als Anzahl der Nachkommastellen. Weil die interne Darstellung der Zahl dadurch noch nicht geändert ist, erzwingen wir durch das schon in 2.3.5 erläuterte „EE INV EE" die Anpassung letzterer an die angezeigte Zahl und nehmen anschließend die Festkommaeinstellung durch „INV fix" wieder zurück!

Das Ende einer Aufgabenrunde wird durch die blinkende „Zensur" angezeigt (Syntaxfehler „+ x").

11 Numerische Aspekte der Infinitesimalrechnung

11.1 Folgen und Reihen

11.1.1 Folgen

Ist der Folgenterm bekannt wie z.B. bei $a_n = \sqrt[n]{n}$ oder $a_n = (1 + 1/n)^n$, lohnt sich eine Programmierung nur, wenn man eine größere Anzahl von Gliedern bestimmen will; interessanter wird der Einsatz des PTR bei *rekursiv definierten Folgen* wie z.B.

$a_1 = a_2 = 1; n \geqslant 3: a_n = a_{n-1} + a_{n-2}$ *(Fibonacci-Folge);*

die ersten Zahlen lauten 1,1,2,3,5,8,13,21,34,55,89,144,233,377,610,
987,1597, ..., 7778742049, ...

Die zugehörige Quotientenfolge $q_n := a_n/a_{n-1}$ liefert mit wachsendem n in der Anzeige die Zahl 1,618033989 als Näherungswert von $1 + \sqrt{5}/2$, dem philosophiegeschichtlich bedeutsamen *Goldenen Schnitt.*

Auch zur Fibonaccifolge selbst gibt es interessante Querverbindungen, wie beispielsweise die bekannte „Flächenverwandlung" aus der Unterhaltungsmathematik

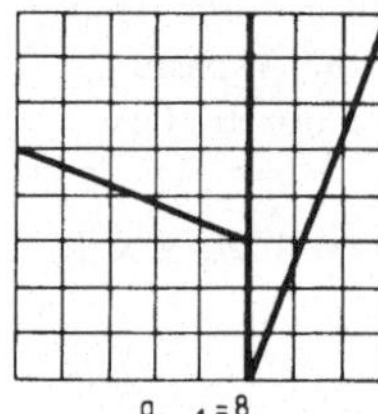

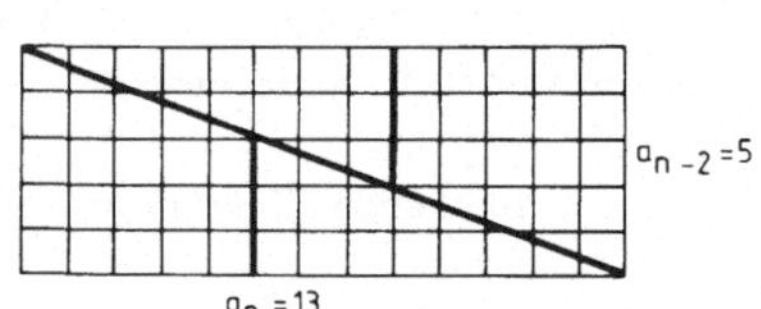

(aus dem 64 cm²-Quadrat wird ein 65 cm²-„Rechteck").

Wenn man als Quadratseitenlänge nämlich eine Zahl mit *geradem* Index nimmt (als Rechteckseitenlängen dienen dann Vorgänger und Nachfolger), kann man das Rätsel auch analytisch schnell klären (siehe Anhang).

Die Quotientenfolge zu den beiden rekursiv definierten Folgen

$a_{n+1} = a_n^2 - 2$ und $b_{n+1} = b_n \cdot a_n; n \geqslant 2;$

strebt mit wachsendem n gegen $\sqrt{z}$, wenn $a_1 \geqslant 3$ und $b_1 \geqslant 1$ der Beziehung

$a_1^2 - b_1^2 \cdot z = 4$ *(Pellsche Gleichung)*

genügt.

Für $z = 2$, $a_1 = 6$ und $b_1 = 4$ erhält man z.B. die Quotientenfolge 1,5; 1,416666667;
1,414215686; 1,414213562; ...

Die zugehörigen Programme erfordern nur wenige Schritte und bieten keine Schwierigkeiten.

11.1.2 Reihen

Auch bei praktischen Konvergenzuntersuchungen von Reihen muß man mit dem einfachen
Taschenrechner bald passen, während der programmierbare Rechner oft Hinweise auf den vorhandenen Grenzwert gibt:

$$1 + \frac{1}{2} + \frac{1}{4} + \frac{1}{8} + \frac{1}{16} + \frac{1}{32} + \frac{1}{64} + \dots \quad \textit{(geometrische Reihe)}$$

liefert mit den ersten 32 Summanden eine „2'' in der (10-stelligen) Anzeige.
Die *harmonische Reihe*

$$1 + \frac{1}{2} + \frac{1}{3} + \frac{1}{4} + \frac{1}{5} + \frac{1}{6} + \frac{1}{7} + \dots$$

mahnt indes zur Vorsicht; sie divergiert ja ins Unendliche, was einem der Computer aber nicht ver-
rät, denn die ersten Tausend Glieder summieren sich erst zu 7,4854708; mit 12700 Gliedern ist
man erst knapp über 10. Hierfür sind nicht etwa maschinelle Rundungsfehler verantwortlich, denn
die Fehler bei der Kehrwertbildung und anschließender Addition liegen in der Größenordnung 10^{-9}
bis 10^{-12} je nach Rechnertyp und können sich im ungünstigsten Fall zu 10^{-9} mal 10^4 gleich 10^{-5}
addieren (bei rund 10000 Summanden)! Das „Versagen'' des Computers ist vielmehr eine Folge
der *schwachen* Divergenz der harmonischen Reihe in Verbindung mit der Beschränkung auf 8 oder
10 signifikante Stellen im Rechenwerk: die Glieder mit einem Index jenseits von 10^8 oder 10^{10}
werden bei der Addition nicht mehr berücksichtigt! Gerade dieser noch folgende „unendliche Rest''
ist aber maßgebend, denn die ersten 10^{10} Summanden bringen nur rund „23'', wie man aufgrund
der Beziehung

$$\lim_{n \to \infty} \left(1 + \frac{1}{2} + \frac{1}{3} + \frac{1}{4} + \frac{1}{5} + \frac{1}{6} + \frac{1}{7} + \dots + \frac{1}{n} - \ln n \right) = C$$

erkennt, wobei die *Eulersche Konstante* C den Näherungswert 0,577216 hat. (Umgekehrt kann man
auch C mit der harmonischen Reihe approximieren; für $n = 1000$ ergibt sich

$$7,4854708 - \ln 1000 = 7,4854708 - 6,9077553 = 0,5777155.$$

Es ist übrigens noch nicht entschieden, ob C irrational ist.)
Sinnvoll wird der Einsatz eines Computers vor allem dann sein, wenn die Existenz des Grenzwertes
schon bewiesen wurde, aber der tatsächliche Wert lästig zu berechnen wäre und andererseits die
Konvergenz nicht zu schwach ist — sonst hat man wieder die gerade erörterte Situation!
Beispiel:

$$\sum_{k=1}^{\infty} \frac{k^k}{(k!)^2}$$

Testrechner 2 (mit festverdrahteter Fakultät) brachte die Näherung 3,5481283; man beachte bei
der Programmerstellung $(41!)^2 > 10^{99}$.

11.2 Tabellierung von Funktionen

Programme wie das folgende werden starke
Auswirkungen auf die in der gymnasialen Oberstufe
praktizierten sogenannten Kurvendiskussionen haben:

Anfang des Programms

Eingabe x, h

Wiederhole ⎡ Berechnung von f(x) im *U.P.* ⎤
          ⎢ *Ausgabe* von x, f(x) ⎥
          ⎣ x ← x + h ⎦
         bis von Hand abgestellt

Ende des Programms

R1	x
Pause	
SUB 1	
H	f(x)
R2	h
SUM 1	
RST	
LBL 1	U.P.
:	Ber.
:	von
RTN	f(x)

Erläuterungen:

Man gibt – bei der PTR-Version (Testrechner 7) vor Beginn des Programmablaufs – den linken
Randwert x des gewählten Intervalls und die Schrittweite h (zunächst 1, später bei Bedarf 0.1
oder gar 0.01) ein. In der Schleife wird dann der zugehörige Funktionswert berechnet und mit
dem x-Wert zusammen ausgegeben; danach wird x um h erhöht und an den Schleifenkopf zurückgesprungen und zur neuen Abzisse die Ordinate berechnet usw.; beim Testrechner verbleiben noch
40 Schritte zur Formulierung der Funktionsvorschrift!

Mit Hilfe der so mühelos erhältlichen Wertepaare kann sich ein Schüler zunächst ein genaues Bild
der Funktion anfertigen und daraus die markanten Punkte (Nullstellen, Hoch-, Tief- und Wendepunkte) sowie Monotonie und Krümmungsverhalten ersehen.

Zwar wird er in der Regel anschließend alles noch einmal analytisch herleiten müssen, aber das ist
dann einfacher wie der bisher übliche Weg, wo der Kurvenverlauf sich erst als *Resultat* vielfältiger
Überlegungen und Rechnungen ergab!

Zur Illustration zwei Beispiele:

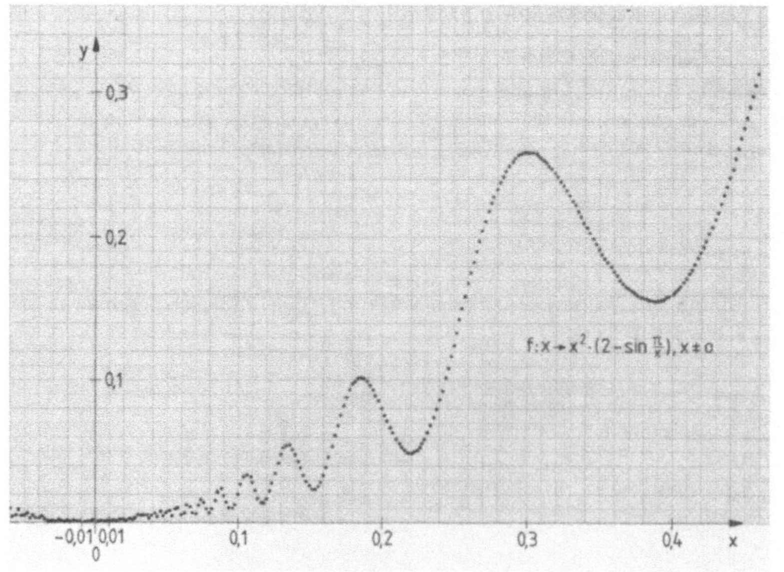

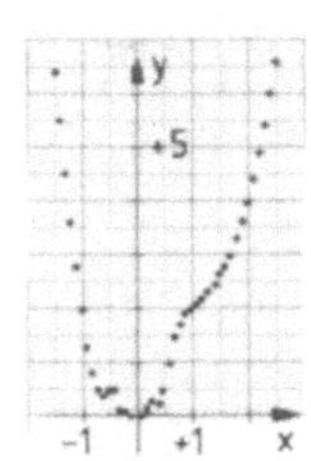

Bild 1

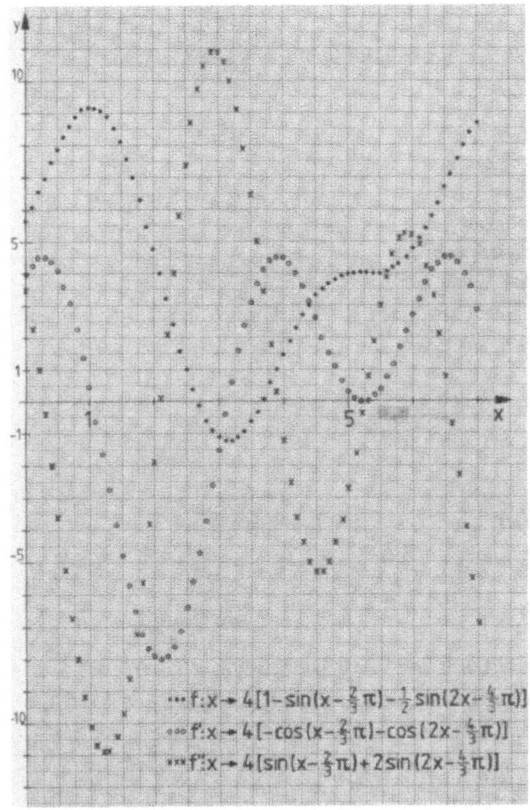

Bild 1 gibt zwei Ausschnitte eines computererstellten Graphen der Funktion mit

$$f(x) := \begin{cases} x^2\left(2 - \sin\dfrac{\pi}{x}\right) & \text{für } x \neq 0 \\ \qquad 0 & \text{für } x = 0 \end{cases}$$

wieder; mit ihrem Punkt (0;0) ist sie ein Beleg dafür, daß das bekannte *Vorzeichenwechsel-Kriterium* „Wenn f′(x_0) = 0; f diff′bar in U(x_0) mit f′(x) < 0 (> 0) für x ∈ U und x < 0 (x > 0), dann hat f in x_0 ein lokales Minimum" nur hinreichend, aber *nicht notwendig* ist.

In Bild 2 sind die Graphen von f (siehe Anhang), f′ und f″ bezüglich desselben Achsenkreuzes dargestellt worden, damit man sich ihren in den bekannten Sätzen über Hoch-, Tief- und Wendepunkte, Monotonie und Krümmungsverhalten manifestierenden wechselseitigen Bezug vor Augen halten kann.

Die Schrittweite h betrug bei Bild 1 in der vergrößerten Darstellung 0,002; man achte auf die Einstellung des Bogenmaßes.

Ergänzend zur Tabellierung kann man auch Suchprogramme für lokale oder globale Extrema entwerfen, vgl. hierzu [6] und [11].

11.3 Numerische Differentiation

Die *punktuelle* Bestimmung der Ableitung einer Funktion f an der Stelle x_0 durch den Term

$$\frac{f(x_0 + h) - f(x_0 - h)}{2h}$$

h	tan'(1)
0,1	3,523007198
0,01	3,42646416
0,001	3,425528277
0,0001	3,425518935
0,00001	3,425519905
0,000001	3,425517
0,0000001	3,425525
0,00000001	3,42575
0,000000001	3,4275
0,0000000001	3,41

macht programmiertechnisch keine Schwierigkeiten und kann schon mit wenigen PTR-Schritten realisiert werden. Der nebenstehend wiedergegebene Ausdruck für die Ableitung der Tangensfunktion an der Stelle 1 zeigt indes, daß wir mit einer ungünstigen Fehlerfortpflanzung rechnen müssen und die Ableitung offenbar empfindlich auf Änderungen des Funktionsverlaufs reagiert. (Genaueres hierzu findet man z.B. in Kap. 3 und 8 von [22].)

Zweckmäßig wählt man $h = 10^{-4}$ oder $h = 10^{-5}$, was auch von dem folgenden Funktionsbeispiel bestätigt wird:

$$f(x) = x^7 \cdot \sqrt[12]{2^x} \cdot \sin^2 x$$

deren Ableitung an der Stelle 2 rund 313,9061836 beträgt, wie man über den Ableitungsterm

$$f'(x) = x^7 \cdot \sqrt[12]{2^x} \cdot \sin^2 x \cdot \left(\frac{7}{x} + \frac{2^x \cdot \ln 2}{12 \cdot 2^x} + 2 \cdot \cot x \right)$$

Zum Vergleich:

$$\tan'(1) = \frac{1}{\cos^2(1)}$$
$$\approx 3,4255188277$$

errechnen kann; bei $h = 10^{-4}$ ergibt sich mit 313,906182 der beste Näherungswert (Rechner 3). In etwas abgewandelter Form spielt die numerische Differentiation auch bei Iterationsverfahren eine Rolle, siehe 11.5.3.

11.4 Numerische Integration

11.4.1 Rechteckverfahren

In 3.2.1 wurde das Rechteckverfahren am Beispiel der Parabel schon eingeführt; die naheliegende Verallgemeinerung bleibe dem Leser überlassen.

11.4.2 Trapezverfahren

a) Mathematischer Hintergrund

Nimmt man das arithmetische Mittel der oberen und unteren Rechtecksumme, so erhält man die gleiche Maßzahl wie beim *(Sehnen-)Trapezverfahren*; anhand der folgenden Skizze sei dies im Hinblick auf eine eigenständige Integrationsformel noch einmal erläutert.

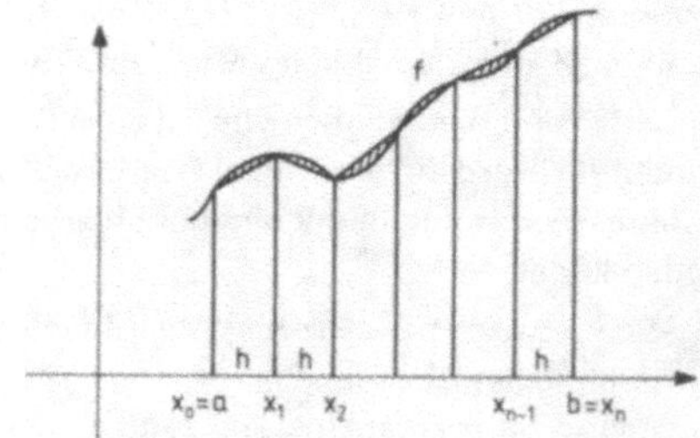

Zur näherungsweisen Bestimmung von $\int_a^b f(x)\,dx$ unterteilen wir das Intervall von a bis b in n gleiche

Abschnitte der Breite h. Die Maßzahl für die Summe der Trapezflächen ist dann

$h \cdot 1/2 \cdot (f(a) + f(x_1)) + h \cdot 1/2 \cdot (f(x_1) + f(x_2)) + h \cdot 1/2 \cdot (f(x_2) + f(x_3))$

$+ \dots + h \cdot 1/2 \cdot (f(x_{n-1}) + f(b))$

$= h/2 \cdot (f(a) + f(b) + 2(f(x_1) + f(x_2) + f(x_3) + \dots + f(x_{n-1}))$.

b) Allgemeiner Ablaufplan

Anfang des Programms *Trapezverfahren*

1. *Eingabe* von a, b, n
   $h \leftarrow (b - a)/n;\ x \leftarrow a;\ t \leftarrow 5 \cdot 10^{-9};\ b_1 \leftarrow b - h$
   $f(a)$ und $f(b)$ im *U.P.* berechnen und $s \leftarrow (f(a) + f(b))/2$

2. *Wiederhole* $\left[\begin{array}{l} x \leftarrow x + h \\ f(x) \text{ im } U.P. \text{ berechnen und } s \leftarrow s + f(x) \end{array}\right]$
   $bis\ |b_1 - x| < t$

3. *Ausgabe* von sh

Ende des Programms *Trapezverfahren*

Anmerkung:

Die Abfrage $x = b_1$ würde in vielen Fällen zu Endlosschleifen führen; man denke z.B. an a = 0, b = π!

c) PTR-Übersetzung (Rechner 7, ohne U.P. 27 Ps)

Vor Betätigung der Programmablauftaste müssen a, b, h
und b_1 per Hand auf Speicher 1, 2, 3, 4 gebracht werden
und außerdem $5 \cdot 10^{-9}$ nach t; durch diese Maßnahme
gewinnt man mehr Platz zur Formulierung des Funktions-
terms.

R1	a	1.
SUB 1	f(a)	
+ R2	b	
SUB 1	f(b)	
= : 2 =		
S5	s	
LBL 2		2.
R3	h	
SUM 1		
R1	x	
SUB 1	f(x)	
SUM 5		
R4 − R1	$b_1 - x$	
= | |		
x ⩾ t		
GTO 2		
R3	h	3.
Prod 5		
R5 H	Erg.	
LBL 1		U.P.
S0 (	x	
:	Ber.	
:	f(x)	
) RTN		

d) Testbeispiele

1. $\displaystyle\int_{0}^{2} (x^3 + 2x + 2)\, dx$ gibt bei $n = 10$ 12,04 und bei $n = 100$ 12,0004

2. $\displaystyle\int_{1}^{2} 1/x\, dx$ gibt bei $n = 10$ 0,6937714 und bei $n = 100$ 0,6931534 (vgl. $\ln 2 \approx 0{,}6931472$)

3. $\displaystyle\int_{0}^{1} \frac{\sin x}{x}\, dx$ gibt bei $n = 10$ 0,9458329 und bei $n = 100$ 0,9460806[1]

(Mit Hilfe der Reihe $1 - \dfrac{1}{3\cdot 3!} + \dfrac{1}{5\cdot 5!} - \dfrac{1}{7\cdot 7!} + - \ldots$ erhält man den 10-stelligen Vergleichswert 0,9460830704)

4. $\displaystyle\int_{0}^{1} 1/\sqrt{2\pi}\cdot e^{-\frac{1}{2}x^2}\, dx$ gibt bei $n = 10$ 0,3411430 und bei $n = 100$ 0,3413473

(Hier sind drei bzw. fünf Dezimalen richtig; vgl. Tabelle zum *Wahrscheinlichkeitsintegral* bzw. zur *Normalverteilung*.)

11.4.3 Simpsonverfahren

a) Mathematischer Hintergrund

Beim Simpsonverfahren werden die Punkte $(x_1; f(x_1))$ und $(x_2; f(x_2))$ z.B. nicht durch eine Strecke verbunden wie beim Sehnentrapezverfahren, sondern durch jenen Parabelbogen, der durch die beiden o.a. Punkte und durch den dritten Punkt $(x_1 + h/2; f(x_1 + h/2))$ bestimmt ist; hierdurch werden im allgemeinen die Ungenauigkeiten bei gleichem n geringer, weil sich die Parabelstücke dem Kurvenverlauf besser anschmiegen können als die Strecken; allerdings ist der Zeitaufwand fast doppelt so groß, weil innerhalb der Schleife durch die Hinzunahme des jeweils mittleren Punktes die Anzahl der zu berechnenden Funktionswerte etwa doppelt so groß geworden ist!

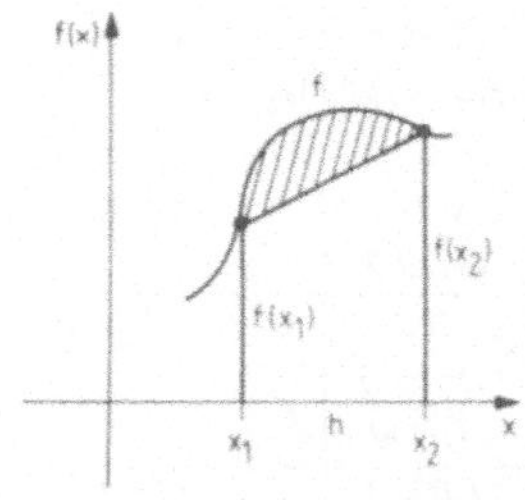
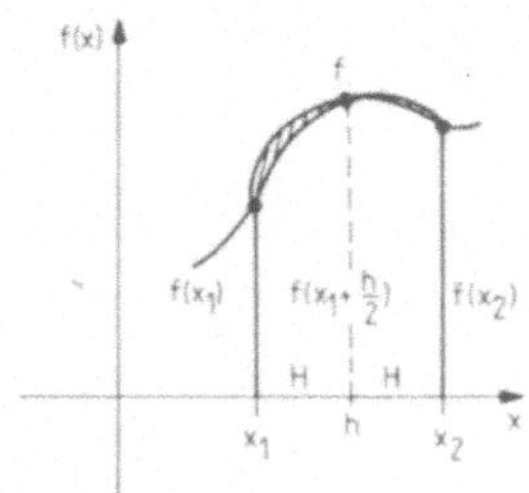

---

[1] Wegen $\displaystyle\lim_{x \to 0} \frac{\sin x}{x} = 1$ wähle man als untere Grenze etwa 0,001 statt 0 und addiere später für die unberücksichtigte Fläche $0{,}001 \cdot 1 = 0{,}001$.

Wenn man die Zwischenwerte mit gebrochenen Indizes kennzeichnet, kann man das Simpsonverfahren wie folgt darstellen:

$$h/6 \cdot (f(a) + f(b) + 4f(x_{1/2}) + 2f(x_1) + 4f(x_{1\,1/2}) + 2f(x_2) + 4f(x_{2\,1/2}) + \dots + 4f(x_{n-1/2})).$$

Eine ausführliche Herleitung dazu findet man z.B. in [6].

b) Allgemeiner Ablaufplan

Anfang des Programms *Simpsonverfahren*

1. *Eingabe* von a, b und (geradem) n
2. $H \leftarrow (b-a)/2n$; $x \leftarrow a$; $t \leftarrow 5 \cdot 10^{-9}$; $b_1 \leftarrow b - H$
   $f(a)$ und $f(b)$ im *U.P.* berechnen und $s \leftarrow f(a) + f(b)$
   $x \leftarrow x + H$; $f(x)$ im *U.P.* berechnen und $s \leftarrow s + 4f(x)$
3. *Wiederhole* $\left[\begin{array}{l} x \leftarrow x + H; \ f(x) \text{ im } U.P. \text{ berechnen} \\ s \leftarrow s + 2 \cdot f(x) \\ x \leftarrow x + H; \ f(x) \text{ im } U.P. \text{ berechnen} \\ s \leftarrow s + 4 \cdot f(x) \end{array}\right]$
       bis $|b_1 - x| < t$
4. *Ausgabe* von sH/3

Ende des Programms *Simpsonverfahren*

c) PTR-Übersetzung (Rechner 8, ohne U.P. 96 Ps)

H S01	a	1.
H S02	b	
H S03	n	
R02 −		2.
R01 =		
: R03		
: 2 =		
S03	H	
+/− +		
R02 =		
S04	b_1	
R01 A	a	
S05	f(a)	
R02 A	b	
SUM 05	s	
R03	H	
SUM 01		
R01 A	x	
x 4 =	4f(x)	
SUM 05		

LBL B		3.
R03	H	
SUM 01		
R01 A	x	
x 2 =	2f(x)	
SUM 05		
R03	H	
SUM 01		
R01 A	x	
x 4 =	4f(x)	
SUM 05		
R04 −		
R01 =	$b_1 - x$	
| |		
$x \geqslant t$ B		
R05 x	s	4.
R03 : 3	H	
= RST	Erg.	
LBL A		U.P.
:	Ber.	
:	von	
RTN	f(x)	

d) Testbeispiele

1. $\displaystyle\int_0^2 (x^3 + 2x + 2)\, dx$ gibt bei beliebigem n exakt 12. (Das Simpsonverfahren liefert bei jeder

ganzrationalen Funktion dritten Grades den genauen Wert!)

2. $\displaystyle\int_1^2 1/x\, dx$ gibt bei n = 10 0,6931473747 und bei n = 100 alle 10 Dezimalen von ln 2: 0,6931471806

3. $\displaystyle\int_0^1 \frac{\sin x}{x}\, dx$ gibt bei n = 10 0,9460830765 und bei n = 100 wieder alle 10 Dezimalen
$$\text{richtig:}\ 0{,}9460830704$$

4. $\displaystyle\int_0^1 1/\sqrt{2\pi}\cdot e^{-\frac{1}{2}x^2}\, dx$ gibt bei n = 10 0,3413447629 und bei n = 100 0,3413447461;

wer ganz sicher gehen will, daß alle Dezimalen richtig sind, müßte die 4. Ableitung der Inte-
grandenfunktion für das Intervall [0; 1] betragsmäßig nach oben abschätzen. Allgemein gilt
nämlich für den Fehler F bei der Simpsonintegration:

$$|F| \leqslant \frac{b-a}{2880} \cdot \left(\frac{b-a}{n}\right)^4 \cdot \left| f^{IV}_{\substack{max\\ \text{über } a,b}} \right|$$

11.5 Iterationsverfahren

11.5.1 Allgemeines Iterationsverfahren

a) Problemstellung

Stellen Sie Ihren Rechner auf Bogenmaß ein, und betätigen Sie immer wieder die cos-Taste, so
erhalten Sie nach zunächst wechselnder Anzeige schließlich unveränderlich die Zahl 0,7390851332,
und zwar unabhängig davon, welche Zahl zu Beginn des Vorgangs in dem Anzeigeregister stand!

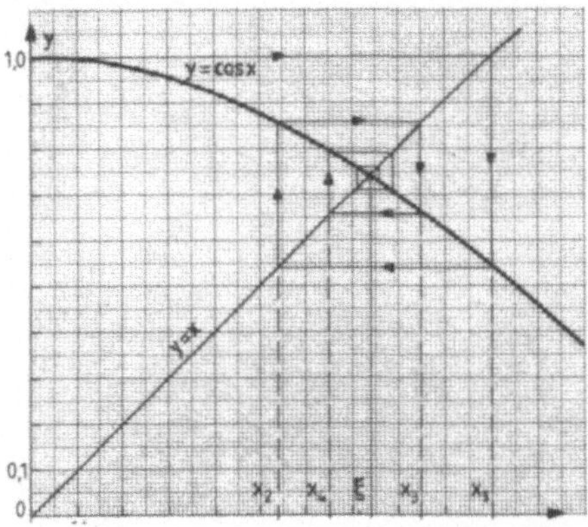

Wie die Skizze verdeutlicht, haben Sie sich soeben an die Lösung ξ der Gleichung

$$x = \cos x$$

herangetastet. Man könnte auch sagen, daß man den Grenzwert ξ der zugehörigen *Iterationsfolge*

$$x_{n+1} = \cos x_n; \quad n = 0, 1, 2, \ldots$$

näherungsweise bestimmt hat, wobei es sich um einen weiteren Fall einer *rekursiv definierten Folge* handelt; in der Skizze ist der Startwert $x_0 = 0$. In der Datenverarbeitung würde man den Vorgang als Zuweisung innerhalb einer Wiederholungsschleife formulieren:

$$x \leftarrow \cos x$$

Verallgemeinert geht es um die Lösung einer Gleichung des Typs

$$x = f(x);$$

wie man sich anhand vergleichbarer Skizzen klarmachen kann, gelingt das Verfahren nur bei solchen Funktionen f, deren Graphen in einer Umgebung von ξ eine Steigung aufweisen, die betragsmäßig unter 1 bleibt (siehe Anhang).

Oft muß man die vorgelegte Gleichung erst in eine *iterationsfähige* Form bringen;

$$x^2 + 2x + \cos x = 0$$

z.B. führt man auf die naheliegenden Ansätze

$$x \leftarrow (\cos x - x^2)/2 \quad \text{oder}$$
$$x \leftarrow \cos x/(x + 2)$$

Wir stellen ein Programm für das soeben beschriebene *allgemeine Iterationsverfahren* vor, in dem die Schleifendurchgänge gezählt werden und das Verfahren abgebrochen wird, sobald sich zwei aufeinanderfolgende x-Werte um weniger als die vorzugebende Zahl d unterscheiden.

b) Allgemeiner Ablaufplan

Anfang des Programms

1. *Eingabe* des Startwertes x und der Genauigkeit d
   $k \leftarrow 0$ (Zähler)
2. *Wiederhole* $\begin{bmatrix} k \leftarrow k + 1 \\ a \leftarrow x \\ f(x) \text{ im } \textit{U.P.} \text{ berechnen} \\ x \leftarrow f(x) \end{bmatrix}$
   $\textit{bis } |x - a| < d$
3. *Ausgabe* von k und x

Ende des Programms

c) PTR-Übersetzung (Rechner 7, ohne U.P. 21 Ps)

$H\,S1$	x	1.
$H\,x \leftrightarrow t$	d	
$0\,S2$	k	
$LBL\ 1$		2.
$1\,SUM\,2$		
$R1$		
$SUB\ 2$		
$-$		
$Exc\ 1$		
$=\ |\ |$		
$x \geqslant t?$		
$GTO\ 1$		
$R2$		3.
$Pause$	k	
$R1$		
RST	ξ	
$LBL\ 2$		U.P.
$\vdots$	Ber.	
$\vdots$	von	
RTN	$f(x)$	

d) Testergebnisse

1. $x^2 + 2x - \cos x = 0$

1.1. $x = (\cos x - x^2)/2$; $x_0 = 0$; $d = 5 \cdot 10^{-5}$;   Ergebnis: 0,38774 bei k = 17

1.2. $x = \cos x/(x + 2)$; $x_0 = 0$; $d = 5 \cdot 10^{-5}$;   Ergebnis: 0,387718 bei k = 10

2. $x^2 - \ln x - 3 = 0$

2.1. $x = \sqrt{\ln x + 3}$; $x_0 = 1$; $d = 5 \cdot 10^{-9}$;   Ergebnis: 1,9096976 bei k = 11

2.2. $x = e^{x^2 - 3}$; $x_0 = 1$; $d = 5 \cdot 10^{-9}$;   Ergebnis: 0,0499112 bei k = 6

3. $x^4 + 2x^3 - 23x^2 + 2x + 1 = 0$ (Die Gleichung aus der „Leiteraufgabe" von Kap. 6.)

   $x = \sqrt{(x^4 + 2x^3 + 2x + 1)/23}$; $x_0 = 1$; $d = 5 \cdot 10^{-9}$;   Ergebnis: 0,2605184 bei k = 14

4. Im zylinderförmigen Tank eines Lastwagens befinden sich 7 m³ Öl; wie hoch steht die
    Flüssigkeit über dem Boden, wenn der Zylinder einen Durchmesser von 1,40 m hat und ein
    Fassungsvermögen von 12 m³?
    Ansatz: Lt. Formelsammlung ist die Segmentfläche

   $r^2/2\,(x - \sin x)$ Einheiten groß;

   folglich gilt für das Volumen, wenn l die Länge
   des Zylinders kennzeichnet:

   $r^2/2\,(x - \sin x) \cdot l = 7/12\ r^2 \pi \cdot l \Longleftrightarrow x - \sin x = 7/6\ \pi$

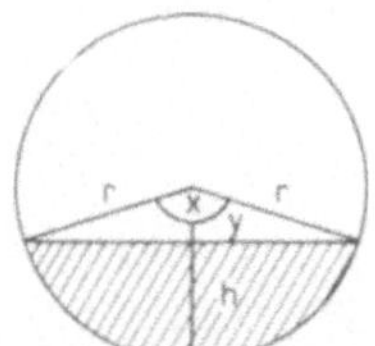

x ist der Winkel im Bogenmaß

Hieraus ergibt sich $x = 7/6\,\pi + \sin x$, was beim Startwert $x_0 = \pi$ und $d = 5 \cdot 10^{-3}$ nach
$k = 130\,(!)$ auf rund 3,4 Einheiten führt. Der Grund für die schwache Konvergenz ist der
Anstieg des Graphen von nahezu ,,-1'' in der Umgebung von $x = 3{,}4$ ($f(x) = 7/6\,\pi + \sin x$;
$f'(x) = \cos x$; $f'(3{,}4) \approx -0{,}97$).

Dem Winkelbogen $x = 3{,}4$ entspricht die Höhe $h = r - y$ mit $y = r \cdot \cos x/2$; konkret ist
$h = 0{,}79\,\text{m}$.

5.	Zur *Warnung* noch die Gleichung $x = \sqrt{2 - \sqrt{4 - x^2}}$; bei $x_0 = 1$ und $d = 5 \cdot 10^{-9}$ zeigt der
	Rechner nach $k = 17$ Durchgängen 0,0000316 an. Dieser Wert ist falsch; sein Zustande-
	kommen wurde in 8.4.2 erläutert.

11.5.2 Newtonverfahren

a) Problemstellung

Gegenstand des Verfahrens ist die Lösung einer
Gleichung des Typs $f(x) = 0$.

Die Tangente durch P_0 an den Graphen von f
schneidet die Abzisse in x_1; die Tangente
durch P_1 an die Kurve schneidet die x-Achse
in x_2 usw.; im skizzierten Fall nähert sich die
Folge $x_0, x_1, x_2, \ldots$ der Nullstelle ξ von f.
Andererseits besteht der Zusammenhang

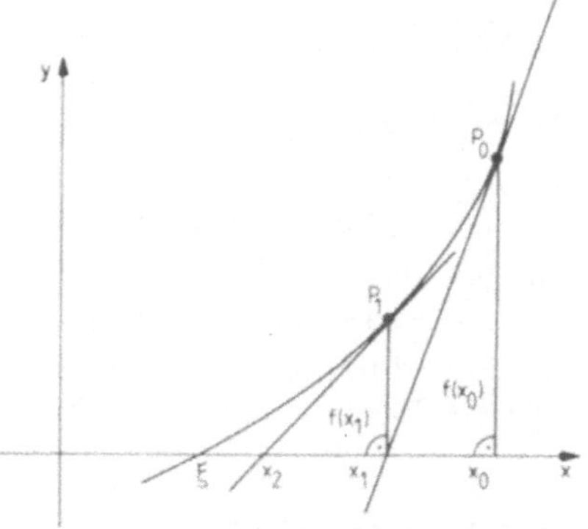

$$f'(x_0) = \frac{f(x_0)}{x_0 - x_1}; \quad f'(x_1) = \frac{f(x_1)}{x_1 - x_2}$$

usw.; allgemein

$$f'(x_n) = \frac{f(x_n)}{x_n - x_{n+1}}$$

oder

$$x_{n+1} = x_n - \frac{f(x_n)}{f'(x_n)}; \quad n = 0, 1, 2, \ldots \text{ (siehe Anhang)}.$$

Wie schon aus der Skizze hervorgeht, konvergiert das Newtonverfahren schneller als das allgemeine
Iterationsverfahren, dafür benötigt man aber die Ableitung an den Stellen x_n, $n = 0, 1, 2, \ldots$

b) Allgemeiner Ablaufplan

Anfang des Programms

Eingabe des Startwertes x und der Genauigkeit d
$k \leftarrow 0$ (Zähler)

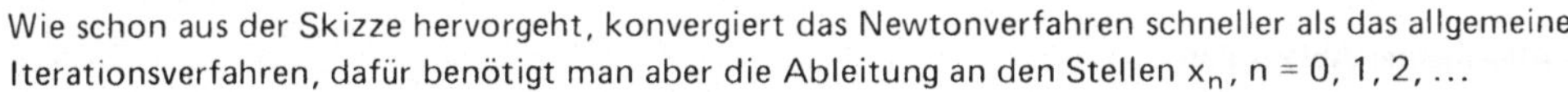

Wiederhole
$$\begin{bmatrix} k \leftarrow k + 1 \\ a \leftarrow x \\ f(x) \text{ und } f'(x) \text{ im U.P. berechnen} \\ x \leftarrow x - \dfrac{f(x)}{f'(x)} \end{bmatrix}$$
$$\qquad\qquad bis\ |x - a| < d$$

Ausgabe von k und x

Ende des Programms

c) PTR-Übersetzung (Rechner 7)

00	H	x
01	$S1$	
02	$-$	
03	$($	
	$\vdots$	$f(x)$
	$)$	
	$\vdots$	
	$($	
	$\vdots$	$f'(x)$
	$\vdots$	
47	$)$	
48	$=$	
49	RST	

Die angegebene PTR-Realisation läßt extrem viel Platz für die Programmierung der Terme von f und f'; durch die „handgesteuerte" Schleife erübrigen sich Zähler k und Abfrage $|x - a| < d$.

d) Testbeispiele

1. $x^2 + 2x - \cos x = 0$; $x_0 = 0$; „die Iteration steht" mit $x_4 = 0{,}3877221$
2. $x^2 - \ln x - 3 = 0$; $x_0 = 1$; die Iteration steht mit $x_5 = 1{,}9096976$
   $x_0 = 0{,}1$; die Iteration steht mit $x_5 = 0{,}0499112$
3. $x^4 + 2x^3 - 23x^2 + 2x + 1 = 0$; $x_0 = 1$; die Iteration steht mit $x_5 = 0{,}2605184$
4. $x - \sin x - 7/6\,\pi = 0$; $x_0 = \pi$; die Iteration steht mit $x_3 = 3{,}4049082$
   (also $k = 3$ statt $k = 130$ (allgemeine Iteration))

11.5.3 Sekantenverfahren (regula falsi)

a) Problemstellung

Grundgedanke des Verfahrens: Anstelle der Ableitung im Newtonverfahren nimmt man einen Differenzenquotienten; das bedeutet zwei Startwerte x_1, x_2 und den Austausch von vier Speicherinhalten, wenn man innerhalb der Schleife nur einen Funktionswert neu berechnen will.

b) Allgemeiner Ablaufplan

Anfang des Programms

1. *Eingabe* x_1, x_2, d (Genauigkeit)
   $k \leftarrow 0$; $f(x_1)$ und $f(x_2)$ im *U.P.* berechnen und nach y_1 und y_2 abspeichern

Wiederhole
$$
\begin{array}{l}
k \leftarrow k + 1 \\[4pt]
2.\quad x_3 \leftarrow x_2 - \dfrac{x_2 - x_1}{y_2 - y_1} \cdot y_2 \\[6pt]
3.\quad f(x_3) \text{ im } U.P. \text{ berechnen und nach } y_3 \text{ abspeichern} \\[4pt]
4.\quad x_1 \leftarrow x_2;\ x_2 \leftarrow x_3;\ y_1 \leftarrow y_2;\ y_2 \leftarrow y_3
\end{array}
$$
$$\text{bis } |x_2 - x_1| < d$$

Ausgabe k; x_3

Ende des Programms

Beim 2. Durchgang übernehmen also x_2 und x_3 die Rolle von x_1 und x_2; entsprechendes wiederholt sich in den folgenden Durchgängen; im Nenner kommt es gelegentlich zur Auslöschung der signifikanten Stellen mit den früher beschriebenen Folgeerscheinungen (8.4.2 e)).

c) PTR-Übersetzungen
(Rechner 7, ohne U.P. 34 Ps bzw. 22 Ps)

Abfrage und Schleifenzähler mußten zugunsten ausreichenden Speicherraumes für den Funktionsterm wegfallen; will man auch Terme vom Umfang des Testbeispiels 3 unterbringen, muß Block 1 per Hand durchgeführt werden (vor dem 2. „SUB 1" RST-Taste betätigen) oder die optimierte Fassung 2 benutzt werden (x_1 und $f(x_1)$ vor Programmablauf auf Speicher 1 und 3 bringen; x_2 nach Betätigung der Starttaste über das Halt eingeben).

H.P. 1

H S1	x_1	1.
SUB 1		
S4	y_1	
H S2	x_2	
SUB 1		
S5	y_2	
LBL 2		2.
R2 – (		
R2 – R1		
) : (		
R5 – R4		
) x R5 =	x_3	
S3 H	Erg.	
SUB 1	y_3	3.
Exc 5		4.
S4 R3		
Exc 2		
S1		
GTO 2		

H.P. 2

H	
Exc 1	
– R1 =	$x_1 - x_2$
S2 R1	
SUB 1	
Exc 3	
– R3 =	$y_2 - y_1$
1/x x	
R2 x R3	
+/–	
+ R1 =	Erg.
RST	

U.P.

LBL 1	
:	Ber.
:	von
RTN	f(x)

d) Testbeispiele (vgl. 11.5.2)

Beispiel Nr.	x_1	x_2	k $\left(\begin{array}{c}\text{Iteration}\\\text{steht}\end{array}\right)$
1.	0	1	5
2.	1	2	4
2.	0,01	0,1	7
3.	0	1	9
4.	3	4	4

11.6 Differentialgleichungen

a) Mathematischer Hintergrund

Wir beschränken uns auf explizite gewöhnliche Differentialgleichungen erster Ordnung

$$y' = f(x, y)$$

mit gegebenen Startwerten x_0, y_0. Es handelt sich hierbei um die Aufgabe, zu der über $[a, b] \times \mathrm{IR}$ definierten reellwertigen Funktion f eine Funktion $y = g(x)$ zu finden mit

$$g'(x) = f(x, g(x))$$

für alle x aus [a, b]. Die „g" heißen „Lösungen der Differentialgleichung"; sie bilden eine Funktionenschar, aus der nach Vorgabe von x_0, $y_0 = g(x_0)$ eine bestimmte Funktion aussortiert wird. Mit Hilfe des folgenden Näherungsverfahrens bestimmen wir Wertepaare dieser Funktion:

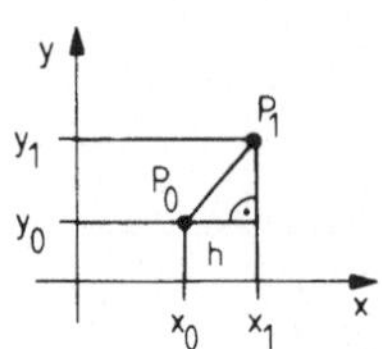

Gegeben ist der Punkt P_0 mit den Koordinaten x_0 und y_0; gesucht ist P_1 mit x_1 und y_1. Wir setzen $x_1 = x_0 + h$ mit kleinem h und erhalten

$$\frac{y_1 - y_0}{h} \approx g'(x_0) = f(x_0, y_0) \quad \text{bzw.}$$

$$y_1 = y_0 + h \cdot f(x_0, y_0) \, .$$

Im zweiten Schritt übernimmt $P_1 (x_1, y_1)$ die Rolle von $P_0 (x_0, y_0)$, und man erhält so einen dritten Punkt usw. *(Eulersches Polygonzugverfahren)*.

b) Allgemeiner Ablaufplan

Anfang des Programms

Eingabe der Startwerte x, y und der Schrittweite h

Wiederhole ⎡ Berechnung von f(x, y) im U.P. ⎤
⎢ x ← x + h; y ← y + f(x, y) · h ⎥
⎣ *Ausgabe* von x, y ⎦
                bis von Hand abgestellt

Ende des Programms

c) PTR-Übersetzung (Rechner 7, ohne U.P. 11 Ps)

Vor Programmablauf werden x, y, h auf Speicher 1, 2, 3 gebracht. Auf Ps 00 bis 38 kann man das jeweilige f(x, y) programmieren (R1 ..., R2 ..., GOTO 1).

(39)

	f(x, y)
LBL 1	
x R3	h
SUM 1	
= SUM 2	
R1	
Pause	x
R2	
Pause	y
RST	

d) Testbeispiele

I Man wird zwecks Genauigkeitsüberprüfung mit $y' = y$ beginnen. Anfangswerte $x_0 = 0$, $y_0 = 1$; mit h = 0,1 (h = 0,01) erhält man nach 10 (100) Schritten 2,6337994 (2,7097047) für $e^1 = e \approx 2,718$ ($g(x) = e^x$). Grob gesehen gibt h somit den möglichen Genauigkeitsverlust längs einer Einheit auf der Abzisse wieder.

II $y' = e^x - y^2$; $x_0 = y_0 = 0$; hier gibt es für die Lösung keinen geschlossenen Funktionsterm wie oben, so daß man auf Näherungsverfahren angewiesen ist. Zu x = 1 gehört $y \approx 1,225902$ (h = 0,1) bzw. $y \approx 1,22769$ (h = 0,01).

III Auch $y'(y + x) = y - x$ besitzt keine Lösung in geschlossener Form. Für die Anfangswerte (0,1); (0,2) und (1,1) sowie die Schrittweite h = 0,1 erfolgte eine graphische Auswertung: (Formatanweisung fix 1)

IV Über einen Schalter S kann eine
konstante Gleichspannung U_0 mit zwei
hintereinander geschalteten Spulen des
ohmschen Widerstands R und der Induk-
tivität L verbunden werden. Für die
momentane Stromstärke I (t) gilt

$$U_0 = R \cdot I(t) + L \cdot I'(t) \quad \text{bzw.}$$

$$I'(t) = (U_0 - R \cdot I(t)) : L$$

Wir wählen $U_0 = 4{,}5\,\text{V}$; $R = 9{,}5\,\Omega$;
$L = 34\,\text{H}$ sowie die Startwerte $t = 0$
und $I = 0$. Die zugehörige Kurve
$(h = 0{,}5)$ kann auch anhand der exakten
Lösung

$$I(t) = U_0/R \cdot (1 - e^{-\frac{R}{L} \cdot t})$$

verifiziert werden (Grenzstrom $\frac{U_0}{R} \approx 0{,}47\,\text{A}$).

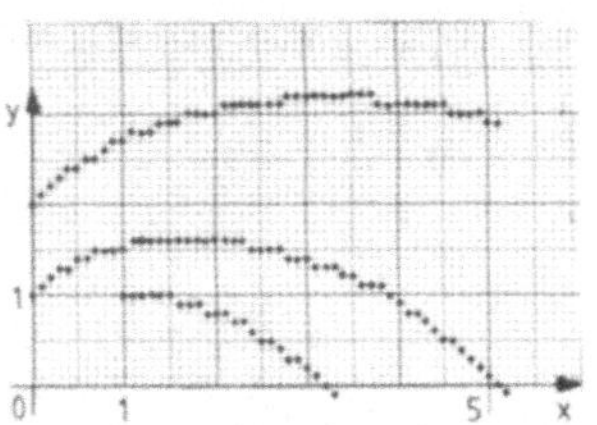

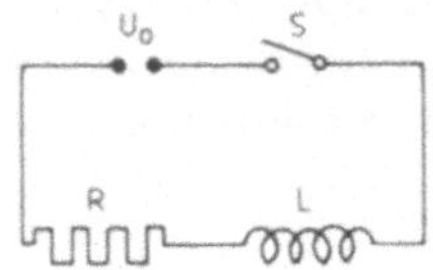

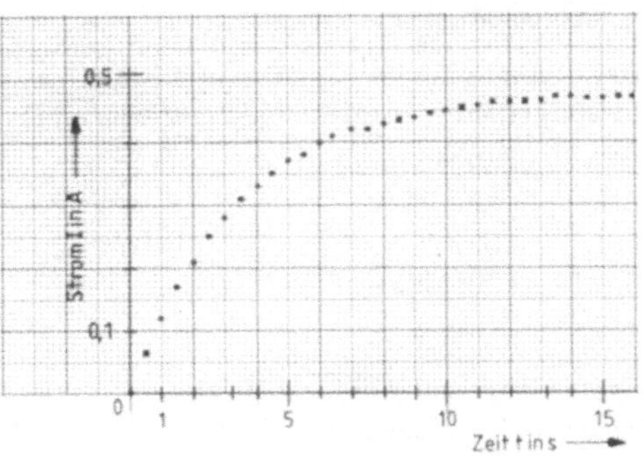

12 Der Rechner als Wahlhelfer und Zeitanzeiger

Dies sind die letzten beiden Programmvorschläge.

Mit dem *d'Hondtschen Höchstzahlverfahren* können Sie im Anschluß an Wahlen überprüfen, ob die Mandate auch richtig verteilt werden; wenn Sie des Programmierens müde geworden sind, können Sie Ihren Computer zwischenzeitlich zu einer *Digitaluhr* umfunktionieren.

12.1 d'Hondtsches Höchstzahlverfahren

a) Mathematischer Hintergrund

Das d'Hondtsche Verfahren dient z.B. zur Verteilung der Sitze des Bundestages, es soll an einem Beispiel erläutert werden: 1976 entfielen an Zweitstimmen auf die

SPD   16 099 019
CDU   14 367 302
CSU   4 027 499
F.D.P. 2 995 085

Es sind insgesamt 496 Mandate zu vergeben. Das erste Mandat fällt an die SPD; die Stimmen jeder Partei werden dann nacheinander durch 2, 3, 4 usw. geteilt und die Quotienten laufend verglichen. Die Partei mit dem höchsten Quotienten erhält jedesmal ein Mandat. Auf diese Weise erhält die CSU erstmals mit Nr. 7 und die F.D.P. erstmals mit Nr. 11 einen Sitz, vgl. die nebenstehende Skizze (nach Unterlagen des Statistischen Bundesamtes).

x = Gesamtzahlen der Zweitstimmen für die SPD, CDU, CSU und F.D.P.

Lfd. Nr.	Partei	Land	Quotient	Mandate	
1	SPD	Bund	16099019	1	x
2	CDU	Bund	14367302	1	x
3	SPD	Bund	8049510	2	
4	CDU	Bund	7183651	2	
5	SPD	Bund	5366340	3	
6	CDU	Bund	4789101	3	
7	CSU	Bund	4027499	1	x
8	SPD	Bund	4024755	4	
9	CDU	Bund	3591826	4	
10	SPD	Bund	3219804	5	
11	F.D.P.	Bund	2995085	1	x
12	CDU	Bund	2873460	5	
13	SPD	Bund	2683170	6	
14	CDU	Bund	2394550	6	
15	SPD	Bund	2299860	7	
16	CDU	Bund	2052472	7	
17	CSU	Bund	2013750	2	
18	SPD	Bund	2012377	8	
19	CDU	Bund	1795913	8	
20	SPD	Bund	1788780	9	
usw.			usw.	usw.	

481	CDU	Bund	77661	185	
482	CSU	Bund	77452	52	
483	SPD	Bund	77399	208	
484	CDU	Bund	77244	186	
485	SPD	Bund	77029	209	
486	CDU	Bund	76830	187	
487	F.D.P.	Bund	76797	39	xx
488	SPD	Bund	76662	210	
489	CDU	Bund	76422	188	
490	SPD	Bund	76299	211	
491	CDU	Bund	76017	189	
492	CSU	Bund	75991	53	xx
493	SPD	Bund	75939	212	
494	CDU	Bund	75617	190	xx
495	SPD	Bund	75582	213	
496	SPD	Bund	75229	214	xx

SPD 214   CDU 190   CSU 53   F.D.P. 39

xx = Letzte für die Parteien zum Zuge gekommenen Höchstzahlen und zugleich Gesamtzahlen der Sitze für jede Partei.

b) Allgemeiner Ablaufplan

Anfang des Programms

I   *Eingabe:* n Parteien, M Mandate, P_i Stimmen für die i-te Partei, i = 1, 2, ..., n

II $q_i \leftarrow P_i$ (Quotienten);   III $d_i \leftarrow 1$ (Divisoren); $x_i \leftarrow 0$ (Sitze); i = 1, 2, ..., n

Wiederhole
$$\begin{array}{l} \text{In einem } \textit{U.P.} \text{ aus den } q_i \text{ (i = 1, 2, ..., n) das maximale } \text{,,}q_j\text{'' heraus-} \\ \text{sortieren und den zugehörigen Index } \text{,,j'' abspeichern;} \\ \text{IV} \quad d_j \leftarrow d_j + 1; \ x_j \leftarrow x_j + 1, \text{ (1 Sitz für Nr. j)}; \ M \leftarrow M - 1 \\ \text{V} \quad q_j \leftarrow P_j : d_j \end{array}$$
      bis M = 0

VI   *Ausgabe* der Mandate x_i, i = 1, 2, ..., n

Ende des Programms

Beginn des Unterprogramms

$j \leftarrow n; \ m \leftarrow q_n; \ i \leftarrow n - 1$

Solange $i \neq 0$
$$\begin{array}{l} \text{Wenn } q_i > m \\ \qquad\qquad \text{dann } m \leftarrow q_i; \ j \leftarrow i \\ i \leftarrow i - 1 \end{array}$$
tue

Return

Erläuterungen:

Das Unterprogramm ist eine Weiterentwicklung des in Kap. 2 vorgestellten Sortierprogramms; i ist Laufvariable, j (innerhalb eines U.P.-Durchgangs) eine Konstante aus dem Bereich 1, 2, ..., n.

Konkret stellt j einen Speicher dar, der die Nummer derjenigen Partei aufnimmt, die gerade den höchsten Quotient aufweist.

In der Schleife des Hauptprogramms wird als Folge davon der Divisor d_j um 1 erhöht, auf x_j ein Mandat vorgemerkt und mittels P_j und d_j der nächste Quotient gebildet.

c) PTR-Übersetzung (178 Ps, Rechner 8/9)

I		II		III		IV		V	
H		+ 10 =		R10		LBL D		R40	
C Ms		S30		S00		B'	U.P.	S00	
S10	n	LBL B		+ 20 =		S00		+	
x ↔ t		Ri 00		S30		20		10	
H		Si 30	q_i	LBL C		SUM 00		=	
S20	M	1 INV	bzw.	1		1 SUM		S30	
LBL A		SUM 30	P_i	Si 30	d_i	i 00	d_j	+	
1		dsz 0		1 INV		10		10	
SUM 00		B		SUM 30		SUM 00		=	
R00				dsz 0		1 SUM		S40	
H	P_i			C		i 00	x_j	Ri 30	
Si 00	bzw.					+/−		:	
R00	q_i					SUM 20		Ri 40	
x ≠ t?						R20	M	=	q_j
A						x = t?	= 0?	Si 00	
						E		GOTO D	

VI		U.P.
LBL E		LBL B'
R10		R10
+		S00
30		S40
S30		Ri 00
=		x ↔ t
x ↔ t		LBL C'
LBL A'		INV
1		dsz 0
SUM 30		D'
Ri 30		Ri 00
H		INV
R30		x ≥ t?
x ≠ t?		C'
A'		x ↔ t
CLEAR		R00
CP		S40
RST		GOTO C'
		LBL D'
		CP
		R40
		RTN

Erläuterungen:

,,CMs'' löscht alle Zahlenspeicher

,,CP'' löscht das t-Register

Eingabe wie in 6.2.2.

Man beachte die häufig angewandte indirekte Speicheradressierung; hierdurch ist die Anzahl der Parteien variabel bis n = 9; n entspricht Speicher Nr. 10; M der Nr. 20; die Stimmzahlen sind anfangs gleich den Divisoren, daher konnten — zwecks einfacherer Gestaltung des U.P. — erstere auf Speicher 11 bis 19 und letztere auf Speicher 1 bis 9 getan werden; auf 21 bis 29 sind die d_i und auf 31 bis 39 die x_i realisiert. Bei Rechner 8 verbleiben dann noch Nr. 30 und Nr. 40 sowie Nr. 00. (Wegen der 40 Speicher bleiben bei Rechner 8 nur noch 160 Ps übrig; hier wird man die Ausgabe VI durch ein schlichtes ,,Halt'' ersetzen und die Ergebnisse per Hand von den Speichern abrufen müssen (LBL E entfällt; bei 089 Rücksprung zum Anfang des Programms ansiedeln, eventuell bei der Eingabe noch einige Ps einsparen).

Im Gegensatz zum allgemeinen Plan erfolgt der Schleifenausstieg noch vor V.

d) Testbeispiele

1. Die o.a. Daten der Bundestagswahl 76 erhält man nach etwa 1 $^1/_2$ Std., daher begnügt man sich zum Ersttest lieber mit:

2. Die 12 Mandate eines kommunalen Ausschusses sind an drei Parteien mit den Stimmanteilen P_1 = 153718; P_2 = 185812; P_3 = 78443 zu verteilen.
   Ergebnis: x_1 = 4; x_2 = 6; x_3 = 2; Rechenzeit: 1 min 20 s.

12.2 Digitaluhr

a) Gegenstand

Der Rechner dient — über den Adapter ans Netz angeschlossen[1] — als Digitaluhr, d.h. er gibt die Uhrzeit in Stunden und Minuten mit Ziffern an. Einzelheiten siehe unten.

b) Allgemeiner Ablaufplan

Anfang des Programms *Digitaluhr*

Eingabe der aktuellen Uhrzeit in der Form „Stunde", „Dezimalpunkt", „Minute".
(Zum Beispiel 17.08 für 8 min nach 5 am Nachmittag); auf u abspeichern.)

Wiederhole ⎡ u über Pausenbefehl *ausgeben* (Format: zwei Nachkommastellen, fest;
⎢ Zählschleife für Pausenbefehl)
⎢ u ← u + 0.01
⎢ *Wenn* Nachkommateil von u gleich 0.6
⎢   *dann* u ← int (u) + 1
⎢   *Wenn* int (u) = 24
⎣   *dann* u ← 0
        bis wegen Gangungenauigkeit erneute Eingabe erforderlich

Ende des Programms *Digitaluhr*

Erläuterungen zum Ablaufplan:

Es sollen außer der Stunde die vollen Minuten angezeigt werden; der Zeitraum, der für die Anzeige zur Verfügung steht, ist demnach die Differenz von einer Minute und derjenigen Zeit, die der Rechner für die Abarbeitung der übrigen Befehle benötigt; letztere muß durch Versuche am jeweiligen Rechner herausgefunden werden.

Eine Pausenanzeige dauert meist $^1/_2$ bis 1 s, die Anzahl der Durchgänge in der Zählschleife stellt sozusagen die *Grobeinstellung* der Uhr sicher.

Wenn der Rechner die „Dann-Teile" der beiden Abfragen (Stundensprung und Sprung von 23.59 auf 0.00) durchläuft, entstehen Zeitverluste, die zumindest im ersten Fall ausgeglichen werden müssen; hierbei wird gleichzeitig die *Feineinstellung* vorgenommen, vgl. dazu die nun folgende PTR-Version.

---

[1] sonst ist die Batterie bald erschöpft!

c) PTR-Übersetzung (41 Ps, Rechner 7)

H S1	u	
LBL 1		
R1	Zeit-	
Pause	Anzeige	
dsz		
GTO 1		
R2 S0	Vorb. Zähler	
R1	altes u	
+ · 01		
= S1	neues u	
− INT	Abfrage	
− · 6 =	zum	
x ≠ t?	Stunden-	
GTO 1	sprung	
(24) *R1*		
INT	Stunden-	
+ 1 =	sprung	
S1		
(30) *R3*	Fein-	
INV	ein-	
SUM 0	stellung	
R1	Abfrage	
INT	zum	
− 24 =	Tages-	
x = t?	sprung	
(39) *S1*	Tagessprung	
GTO 1		

Zur *Grobeinstellung:* Vor Betätigung der R/S-Taste „49" auf Speicher 0 und Speicher 2 bringen, letzterer gibt seinen Inhalt nach der Anzeigeschleife zwecks Wiederherstellung des alten Zustands an ersteren über.

Die *Feinregulierung* funktioniert folgendermaßen: Man bringt, wieder vor Beginn des Ablaufs, eine „27" auf Speicher 3. Im Anschluß an jeden Stundensprung wird dann — Zeilen 30, 31 — der Inhalt von Speicher 0 von 49 auf 22 vermindert, so daß die erste Minute der neuen Stunde kürzer angezeigt wird! (Ganggenauigkeit jetzt etwa 1 min/Tag.)

Es muß noch einmal betont werden, daß man die Zahlen für die Belegung der Speicher 2 und 3 nur experimentell herausfinden kann und sich für andere Rechner andere Werte ergeben.

Eine weitere Steigerung der Genauigkeit ergibt sich durch den Einbau von NOP-Befehlen, dessen Registrierung den Computer 2 bis 3 hundertstel Sekunden beschäftigt, was innerhalb des Stundensprungteils — Zeilen 24 bis 31 — wirklich eine Feineinstellung ermöglicht, die aber selbst beim gleichen Rechnertyp von Gerät zu Gerät verschieden sein kann, weshalb hier keine feste Anzahl von NOP's empfohlen werden kann!

Der Übergang von 24 auf 0 in Zeile 39 erfordert einen Zeitaufwand von weniger als 1/10 s und kann daher vernachlässigt werden.

Im übrigen beeinflussen Temperaturschwankungen den internen Zyklusgeber und setzen damit der Genauigkeit Grenzen.

Anhang

1.1.4 Formel $Z = \dfrac{K \cdot p \cdot T}{100 \cdot 360}$

AL | R/S | x | R/S | x | R/S | : | 3 | 6 | 0 | 0 | 0 | = | GOTO | 0 | 0 |

UPN | R/S | ↑ | R/S | x | R/S | x | 3 | 6 | 0 | 0 | 0 | : | GOTO | 0 | 0 |

Test:

Bei K = 135643,89 DM, p = 4,75 % und T = 67 Tage erhält man Z = 1199,13 DM

1.4 Ursprünglich wurden in der Fabrik die unzähligen Transistoren, Widerstände und dgl. zu passenden Computereinheiten *verdrahtet* und in stabilen *Blech*gehäusen untergebracht. Diese bildeten, zusammen mit den auf diese Weise festgelegten Routinen (Verfahrensabläufen, Maschinenprogrammen) die *hardware* (wörtlich: Eisenware(n)) des Rechners; eine Bezeichnung, die sich trotz völlig geänderter Technologien gehalten hat. Bei größeren Computern hat mittlerweile die *software* viele Funktionen der hardware übernommen. Mit software (*soft*, weich) bezeichnet man alles, was dem Computer *nach der Fabrikation* vom Benutzer über Lochstreifen, Magnetbänder oder -platten usw. eingegeben wird; das ist weit mehr als ein Programm für das gerade zu lösende Problem; das sind komplette *Sprachen* (Basic, Cobol, Fortran, ...) und das *Betriebssystem* bzw. die sie definierenden unzähligen Bestandteile.

Bezüglich des PTR kann man vereinfachend sagen: Das Gerät ist die hardware und die vom Benutzer ersonnenen Programme bilden die software.

Man nennt jene Teile des Programmspeichers, die dem Benutzer zur freien Programmierung nicht zugänglich sind, weil dort die Routinen wie „Wurzel ziehen'', „Potenzieren'', „Logarithmus bilden'' u. a. lokalisiert sind, auch ROM's (Read Only Memories); frei übersetzt bedeutet es, daß diese Speicher nur *gelesen,* aber nicht *beschrieben* werden können im Gegensatz zum freien Teil des Programmspeichers, wo außer dem Lesebetrieb (= Programmwiedergabe) auch Schreibbetrieb (= Programmaufnahme) möglich ist; wer seine Programme auf Magnetkarten speichern kann, kennt die zugeordneten Steuerbefehle *read* bzw. *write.*

1.5 a)

AL		UPN	
H		*H*	
x		↑	
H		*H*	
:	$V_t \cdot p$	*x*	$V_t \cdot p$
7		*7*	
6		*6*	
0		*0*	
x		*:*	
2		*2*	
7		*7*	
3		*3*	
:	$\dfrac{V_t \cdot p \cdot 273}{760}$	*x*	$\dfrac{V_t \cdot p \cdot 273}{760}$
(		*2*	
2		*7*	
7		*3*	
3		↑	
+		*H*	t
H	t	*+*	273 + t
)	273 + t	*:*	Erg.
=	Erg.	*GOTO 00*	
RST			

Die Eingabe muß mit der Temperatur enden.

Testbeispiel:

$V_t = 248 \text{ cm}^3$

$p = 751 \text{ mm Hg}$

$t = 21,5\,°C \qquad V_0 = 227,17 \text{ cm}^3$

b) (konsequente Nutzung der Kehrwerttaste; $\dfrac{1}{R_E} := \dfrac{1}{R_1} + \dfrac{1}{R_2}$)

AL		UPN	
H	R_1	*H*	R_1
1/x	$1/R_1$	*1/x*	$1/R_1$
+		↑	
H	R_2	*H*	R_2
1/x	$1/R_2$	*1/x*	$1/R_2$
=	$1/R_E$	*+*	$1/R_E$
1/x	R_E	*1/x*	R_E
+		*H*	R_3
H	R_3	*+*	Erg.
=	Erg.	*GOTO 00*	
GOTO			
0			
0			

Testbeispiele:

$R_1 = 8\,\Omega, \quad R_2 = 12\,\Omega, \quad R_3 = 2,5\,\Omega$
$R_g = 7,3\,\Omega$

$R_1 = 5854\,\Omega, \quad R_2 = 13586\,\Omega, \quad R_3 = 981\,\Omega$
$R_g = 5072,2\,\Omega$

2.2.5 Es geht auch um die Frage, ob sich der Computer den vom Menschen her formulierten Problemvorstellungen unterzuordnen habe (*top-down* Auffassung), oder ob umgekehrt der Mensch seine Art des Problemlösens den Möglichkeiten der Maschine anzupassen habe (*bottom up* Auffassung), eine Frage, deren Beantwortung bei einem Taschenrechner mit 72 Programmschritten und *einer* Abfragemöglichkeit sicherlich anders ausfällt als bei einem Taschenrechner mit 960 Schritten und dutzenden logischen Entscheidungen oder gar einem Großrechner.

2.2.7 Das Diagramm beschreibt einen einfachen Sortiervorgang: Der Computer untersucht, welche der auf den Speichern 1, 2, 3 befindlichen Zahlen die größte ist und zeigt sie dem Benutzer.

Bemerkungen zu den PTR-Vorschlägen:

Die unvollständige Umkehrung des $b > m$ zu $b < m$ stört hier nicht, weil es im Gleichheitsfall belanglos ist, ob t neu belegt wird oder nicht.

Die UPN-Version wurde maschinenorientiert programmiert (Gegenstück zum Enter-Befehl (Roll down) auf 09; Registertausch $x \leftrightarrow y$ auf 12 u.a.m.) daraus erklärt sich die enorme Einsparung an Ps; andererseits ist der ursprüngliche Algorithmus kaum wiederzuerkennen!

II (AL)

00	H		1.
01	S		
02	1	a	
03	H		
04	S		
05	2	b	
06	H		
07	S		
08	3	c	
09	R		2.
10	1	a	
11	$x \leftrightarrow t$		
12	R		3.
13	2	b	
14	Nicht	$b < m?$	
15	$x \geqslant t?$		
16	1	ja	
17	9	Adr.	
18	$x \leftrightarrow t$	nein	3.1
19	R		4.
20	3	c	
21	Nicht	$c < m?$	
22	$x \geqslant t?$		
23	2	ja	
24	6	Adr.	
25	$x \leftrightarrow t$	nein	4.1
26	$x \leftrightarrow t$		5.
27	RST		

(SR-56)

II (UPN)

00	H		1.
01	S1	a	
02	H		
03	S2	b	
04	H		
05	S3	c	
06	R1		2.u.3.
07	R2		
08	$x < y?$	$b < m?$	
09	↓	ja	3.1
10	R3	nein	4.
11	$x < y?$	$c < m?$	
12	$x \leftrightarrow y$	ja	4.1
13	GOTO 00	nein	5.

(hp 25)

I

1.	00	H	
	01	S	
	02	1	a
	03	H	
	04	S	
	05	2	b
	06	H	
	07	S	
	08	3	c
2.	09	R	
	10	1	
	11	S	
	12	4	a in m
3.	13	–	
	14	R	
	15	2	
	16	=	m – b
	17	SKIP	< 0?
	18	GOTO	nein
	19	2	
	20	5	
3.1	21	R	ja
	22	2	
	23	S	
	24	4	b in m
4.	25	R	
	26	4	
	27	–	
	28	R	
	29	3	
	30	=	m – c
	31	SKIP	< 0?
	32	GOTO	nein
	33	3	
	34	9	
4.1	35	R	ja
	36	3	
	37	S	
	38	4	c in m
5.	39	R	
	40	4	m
	41	GOTO	
	42	0	
	43	0	

(PR-100)

2.3.5

1. Bei TI-Rechnern der Serie SR-56 und SR-52 ist noch nicht einmal 1/3--1/3 = 0, weil dem
   Minuenden bei der Vorbereitung der Subtraktion die 13. Stelle genommen wird, dem anschließend eingegebenen Subtrahend aber alle Stellen bleiben; folglich erscheint als Ergebnis
   die Zahl $-3 \cdot 10^{-13}$.

2. Wenn bei 1-stelligen Zahlen in Verbindung mit Tastenfolgen wie

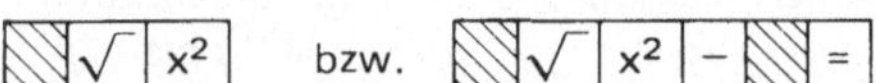

   Fehler der Größenordnung 10^{-11} (bei 13-stelliger interner Mantisse) oder 10^{-8} (bei 10-stelliger
   interner Kapazität) auftreten, so darf man vermuten, daß der Fehler bei 8-stelligen Zahlen im
   Bereich von 10^{-4} bzw. 10^{-1} liegt, was durch Stichproben bestätigt wird; insofern hängt „d"
   von der Größenordnung der Seiten a, b, c ab!

3.3.3 Das „GOTO considerd harmfull" von *E. W. Dijkstra* (Unverständlichkeit von BASIC-
Programmen durch Häufung von GOTO-Sprüngen) gilt natürlich erst recht für die kleinschrittigere
Sprache des PTR. (Man denke an die 480 oder 960 Ps der TI-58/59.)

3.3.5 Daß der Wert mit der Wurzeltaste viel schneller errechnet wird, liegt daran, daß die Befehls-
wege kürzer sind, weil die zugehörige Routine *intern* abläuft: Es handelt sich um einen schon bei
der Fabrikation des Rechners einkalkulierten Vorgang an einer eigens hierfür reservierten Stelle
des ROM, der nach Eingabe des Radikanden von allein ablaufen kann, d.h. ohne Kontakte nach
„außen" zu den übrigen Funktionsgruppen des Rechners.

Im Gegensatz dazu ist man bei *freier Programmierung* an verhältnismäßig große Taktzeiten ge-
bunden, die dadurch bedingt sind, daß jetzt jeder Programmschritt nach Identifizierung des jeweiligen Befehls in der entsprechenden Zelle des Programmspeichers einzeln ausgeführt werden muß
und das Steuerwerk durch eine Vielzahl organisatorischer Maßnahmen sicherstellen muß, daß quer
durch den Rechner die unterschiedlichsten Datentransporte möglich werden und auf den Daten
wiederum die verschiedensten Operationen!

4.1 Man kann die Unterprogramme einteilen in *Funktionsunterprogramme* und *Prozeduren;*
erstere erkennt man daran, daß nur ein Wert vom Hauptprogramm zum Unterprogramm wechselt
und umgekehrt; insofern ist der Vorgang mit einem Funktionsaufruf wie *sin* vergleichbar.

Typisch für ein solches Funktionsunterprogramm ist die Möglichkeit, den Aufruf SUB wie einen
Buchstaben innerhalb eines algebraischen Terms zu behandeln; vgl. hierzu auch die Programme
„Doppelwürfel" und „Spielautomat" in 10.5.

Wenn mehrere Werte zu übergeben sind und die Speicherbelegungen beachtet werden müssen,
spricht man von einer *Prozedur;* manche Informatiker sprechen jetzt erst von einem *Unterprogramm.* Ein typisches Beispiel hierfür stellt die g.g.T.-Bestimmung bei der Addition von Brüchen
in Kap. 7.5 dar.

Wenn man ganz korrekt sein will, wird man im Falle von Prozeduren sowohl für das Hauptprogramm als auch für das Unterprogramm zu Beginn jeweils eine *Parameterliste* aufstellen!

Die gerade skizzierten Vorgänge werden besonders anschaulich und ausführlich in den Abschnitten 5.3 und 5.4 von [10] dargestellt.

4.3 Im U.P. wird x^k dadurch gewonnen, daß x
k − 1 mal mit sich selbst multipliziert wird.
Im H.P. wird das Ergebnis hinter Label 1 sichtbar;
bei Bedarf kann anschließend gleich der nächste
x-Wert eingegeben werden.

Test zu $f(x) = 3x^2 - 4x^5$

x	f(x)
1	− 1
2	−20
− 1	7
− 3	135

H.P.

H	
S1	a
H	
S2	b
H	
S3	n
H	
S4	m
LBL 1	
H	x
S5	
S6	
R3	n
S0	k
SUB 2	
x	
R1	
=	
S7	$a \cdot x^n$
R5	
S6	x
R4	m
S0	k
SUB 2	
x	
R2	
+	
R7	
=	Erg.
GTO 1	

U.P.

LBL 2	
1	
I SUM 0	k − 1
LBL 3	
R5	x
PROD 6	
dsz	
GTO 3	$\neq$ k − 1
R6	x^k
RTN	

(ALH, TI-57)

6.1.1 $x^2 - x - 1332 = 0$; hierzu die Lösung „37".

6.3
1.

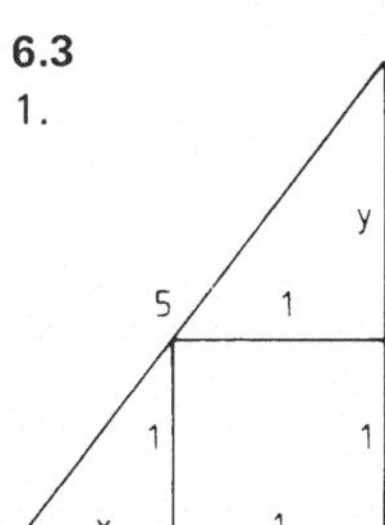

Es ist $\dfrac{y}{1} = \dfrac{1}{x}$ (Steigungsbegriff der Geraden oder Definition
des Tangens); mit Pythagoras folgt zunächst

$$(x + 1)^2 + (y + 1)^2 = 25$$

und unter Beachtung der ersten Beziehung beim Ausmultipli-
zieren

$$x^2 + 2x + \frac{1}{x^2} + \frac{2}{x} = 23$$

beiderseitige Multiplikation mit x^2 ergibt die Behauptung.

2. Außerdem muß die Funktion über dem betrachteten Intervall natürlich stetig sein, um mit
Hilfe des Nullstellensatzes der Analysis die Existenz mindestens einer Lösung garantieren zu
können!

7.4 Es handelt sich um die Zahl 4294967297, die die Teiler 641 und 6700417 besitzt; ursprünglich hatte *Fermat* vermutet, mit

$$2^{(2^n)} + 1$$

einen Term gefunden zu haben, der nur Primzahlen erzeugt! (*Leonard Euler,* 1707 bis 1783; *Pierre Fermat,* 1601 bis 1655).

Einen zahlentheoretischen Beweis dafür, das 641 Teiler von $2^{(2^5)} + 1$ ist, findet man z.B. in *Meschkowski/Lessner,* Aufgabensammlung zur Einführung in die Moderne Mathematik, BI Bd. 263/263a, Mannheim 1969, S. 112.

7.5 Im Jahre 1957 bewies *Selfridge,* daß erstere eine Primzahl und letztere durch 1933 teilbar (nach *Meschkowski,* S. 14, siehe 7.4).

8.1.3 *H. J. Rein* zeigt in der MNU September 1973, daß die dem Ausdruck entsprechende rekursive Folge bei jedem Startwert $x_0 > 0$ von dritter Ordnung gegen die n-te Wurzel aus R strebt, d.h. die Anzahl der gültigen Dezimalen verdreifacht sich ungefähr mit jedem Durchgang (beim Newtonschen Verfahren haben wir entsprechend nur eine Verdoppelung; auch dieses Verfahren konvergiert für jedes $x_0 > 0$, einen Beweis dafür findet man z.B. in [20] auf S. 111, Bd. 1).

8.2.2 Man geht von der grundlegenden *logarithmischen Reihe*

$$\ln(1+x) = \frac{x}{1} - \frac{x^2}{2} + \frac{x^3}{3} - \frac{x^4}{4} + \frac{x^5}{5} \mp \ldots$$

aus, bildet analog $\ln(1-x)$ und subtrahiert die beiden Reihen voneinander; nach der Substitution $z = \dfrac{1+x}{1-x}$ erhält man die angegebene Darstellung für $\ln z$; Beweise hierzu und zu der Fehlerabschätzung findet·man z.B. in [6] auf S. 145/146.

R. Courant benutzt in seinen „Vorlesungen über Differential- und Integralrechnung" (Bd. 1, 3. Auflage, S. 311) zur Berechnung von Logarithmen vermittels der Substitution $x = \dfrac{1}{2p^2-1}$ die Reihe

$$\ln p = \frac{1}{2}\ln(p-1) + \frac{1}{2}\ln(p+1) + \frac{1}{2p^2-1} + \frac{1}{3(2p^2-1)^3} + \frac{1}{5(2p^2-1)^5} + \ldots \, ,$$

die im allgemeinen sehr schnell konvergiert, wie man aus der dort abgeleiteten Fehlerabschätzung (Abbruch nach dem k-ten Glied; $n := 2k - 1$)

$$F < \frac{1}{(n+2)(2p^2-1)^n} \cdot \frac{1}{(2p^2-1)^2 - 1}$$

ersehen kann. Hiermit könnte der interessierte Leser ein Tabellierungsprogramm zur sukzessiven Berechnung aller natürlichen Logarithmen -- oder aller Primzahllogarithmen — entwickeln; lediglich $\ln 2$ müßte schon auf andere Weise vorgegeben sein.

Es muß allerdings dabei bedacht werden, daß sich die unvermeidlichen Ausgangsfehler irgendwann einmal von den Positionen 10^{-11} oder 10^{-12} auf die signifikanten Stellen vorangearbeitet haben werden, vgl. hierzu das Beispiel der Sinus-Tabellierung in diesem Kapitel!

8.3 Herleitung der ersten Abschätzung z.B. in *Erwe,* Differential- und Integralrechnung, Bd. 1, S. 170, BI Mannheim. Die zweite findet man z.B. in *Reidt/Wolff/Athen,* Elemente der Mathematik, Oberstufe 3, S. 224 ff.; hier wird auch die Äquivalenz der beiden Definitionen für e bewiesen.

9.1 Zur linearen Regression vgl. z.B. *H. Athen,* Wahrscheinlichkeitsrechnung und Statistik, 1975[4], S. 115; die dort hergeleitete Formel für „r" muß mit n^2 erweitert werden, damit sie unserer Darstellung entspricht! UPN-Programme mit Erläuterungen für die anderen Fälle findet man z.B. im Abschnitt „Kurvenanpassung" (curve fitting) des HP 19C/HP 29C Applications Book bzw. des HP 33E STATISTICS Applications (Book).

9.2

1. Außerdem darf die Masse bzw. der Querschnitt des Körpers und dessen Geschwindigkeit nicht zu klein sein, sonst tritt das *Stokesche* Gesetz an die Stelle des o.a., welches die Geschwindigkeit nur noch in der ersten Potenz berücksichtigt: $R = 6\pi\eta v$ (Kugeln; Nebeltröpfchen, Millkanversuch!) Auch bei hohen Geschwindigkeiten in dichter Luft besteht eine lineare Abhängigkeit zu v (Gewehrkugeln), während bei den noch höheren Satellitengeschwindigkeiten im stark luftverdünnten Raum wieder die quadratische Abhängigkeit von v gilt, siehe Kap. VI in: *A. Bohrmann,* Bahnen künstlicher Satelliten, BI Mannheim, Bd. 40/40a. Entscheidend für die quadratische oder lineare Abhängigkeit von v ist u.a. das Vorhandensein bzw. Nichtvorhandensein von Wirbeln!

2. Angaben und Skizze nach *Bergmann/Schäfer,* Lehrbuch der Experimentalphysik, Berlin 1965, Bd. 1, S. 272 in Verbindung mit dem Handbuch der Schulphysik, Aulisverlag, Köln, Bd. 3, S. 193.

3. Der Grund dafür: Bei konstantem a gilt III exakt (man vergleiche die übliche Form $v = v_0 + at$) und auch I exakt:

$$y(t + \Delta t) = y(t) + \left(\left(v(t) + a(t)\,\frac{\Delta t}{2}\right)\right) \cdot \Delta t = y(t) + v(t) \cdot \Delta t + \frac{1}{2}\,a(t) \cdot (\Delta t)^2$$

$$\left(s = s_0 + v_0 \cdot t + \frac{1}{2}\,a \cdot t^2\right) \qquad \text{(für jeden Schritt aufs neue anzuwenden!)}$$

4. Bei $\Delta t = 1$ berechnet der Computer zunächst für $t = 1/2$ die Geschwindigkeit $v = 192$ m/s und damit für $t = 1$ $y = 214{,}83$ m, um anschließend bei $t = 2$ schon mit Tempo $-3534{,}70$ m/s 943 m unter der Erde zu sein; wenn wir ihm weiter Glauben schenken wollten, wäre man nach 3 s wieder 469075,66 m über der Erde usw., nach 6 s erfolgt die Fehlermeldung -9.9999999 mal 10^{99}; der Anlaß zu diesem Verhalten ist natürlich die unter Mißachtung der der Grenze R = G anfangs berechnete Beschleunigung von
$a = -9{,}81 - 1{,}8 \cdot 0{,}65 \cdot 30 \cdot (-29{,}34) \cdot 29{,}34/100 = -9{,}81 + 304 = 294{,}19$ in Verbindung mit dem Rezept $v \leftarrow v + a \cdot \Delta t$, was bei $\Delta t = 1/100$ anschließend schnell korrigiert wird, bei $\Delta t = 1$ aber die o.a. Folgen zeitigt! Im übrigen verläuft ein Fallschirmabsprung in Wirklichkeit komplizierter; man beachte auch, daß die Sportler 1000 m als Mindesthöhe nehmen.

9.2.2 Man kann also den Startpunkt in der üblichen Weise durch das x-y-Achsenkreuz festlegen; der Winkel α_0 ist sicher für positive v_x, v_y im Bereich von 0 bis 90 Grad; die übrigen Quadranten werden nicht bei allen Rechnern gleich behandelt; beim TI-58/59 z.B. wird von $0°$ bis $270°$ durchgezählt und für das Paar $v_x > 0$, $v_y < 0$ ist der zugeordnete Winkel negativ; im Zweifelsfall gibt die Betriebsanleitung Auskunft darüber.

9.3

1. Wenn in $\gamma = 6{,}67 \cdot 10^{-11}$ m^{3}kg^{-1}s^{-2} statt „m^3" das Maß „$(10^3$km$)^3$" eingefügt werden soll, wird das Maß um den Faktor 10^{18} vergrößert, weshalb zum Ausgleich die Maßzahl um denselben Faktor verkleinert werden muß!

2. Die Keplerkonstante eines Zentralkörpers der Masse M erhält man gemäß $\dfrac{4\,\pi^2}{\gamma\cdot M}$ für die Erde zu

$$\frac{4\,\pi^2}{6{,}67\;10^{-11}\cdot 6\cdot 10^{24}} = 9{,}9\cdot 10^{-14}$$

Die notwendige Geschwindigkeit von $v_{st} = 10{,}57$ km/s für das jetzige Perigäum Pe_0 erhält man auch mit Hilfe des gewünschten zukünftigen Apogäums Ap_1 nach dem Rezept[1]

$$v_{st}^2 = v_0^2 \cdot \frac{Ap_1}{Pe_0}$$

zu $Ap_1 = 384\cdot 10^3$ km, $Pe_0 = 7\cdot 10^3$ km, $v_0 = 7{,}54$ km/s.

9.4 Der Mond bewegt sich auf einer Ellipse um die Erde, deren große Achse einen Durchmesser von 407000 km hat; infolge des Massenverhältnisses Erde : Mond = 81,3 : 1 teilt der Schwerpunkt diese Strecke in zwei Abschnitte von 402055 km und 4945 km. Aus der siderischen Umlaufzeit von 27d 7h 43 min = 2360580 s und dem mittleren Abstand von 384400 km berechnet sich die mittlere Bahngeschwindigkeit des Mondes zu 1022 m/s.

Mit dem zweiten Keplerschen Gesetz ergibt sich dann weiter $0{,}5\cdot 1022\cdot 384400 = 0{,}5\cdot v\cdot 402055$ bzw. $v = 977$ m/s für die Geschwindigkeit im Apogäum und aus der Relation $V_{Mond} : V_{Erde} = 81{,}3:1$ eine Geschwindigkeit von rund 12 m/s für den Erdmittelpunkt auf seiner fast kreisförmigen Bahn um den Schwerpunkt. (Daten aus der Tafel von Sieber, Klett 1973; man beachte jedoch, daß der Einfluß der Sonne bei den o.a. Überlegungen nicht berücksichtigt werden konnte und daher Unstimmigkeiten gegenüber der tatsächlichen Bahn verbleiben.)

9.7 Man muß lediglich $R_0 = 15$ setzen, alles andere kann bleiben; dies ergibt sich allgemein aus $B = qB - kRB$ und $R = pR + cBR$.

Wenn man die Ausgangspopulation nahe dieser Gleichgewichtslage wählt und geringere Zuwachsraten nimmt, d.h. den betrachteten Zeitabschnitt verringert, erhält man im ersten Diagramm geschlossene Kurven; *Engel* zeigt in [30], S. 38 ff., unter welchen Voraussetzungen das unserem Ansatz zugeordnete System von Differentialgleichungen auf geschlossene Kurven führen muß.

11.1.1

1. Falls n gerade, gilt $a_n^2 = a_{n-1}\,a_{n+1} - 1$ (vollständige Induktion). Die Differenz „1" ist Flächenmaßzahl des anstelle der „Diagonalen" im Innern des Rechtecks ausgesparten, extrem flachen Parallelogramms!

2. „z" darf hierbei keine Quadratzahl sein.

   Die Pellsche Gleichung ist im diophantischen Sinn stets lösbar, siehe z.B. § 32 in dem Göschenband 1131 (*Scholz/Schöneberg*, Einführung in die Zahlentheorie). Man kann zeigen, daß mit a_1, b_1 auch die restlichen Glieder der o.a. Folge der Gleichung genügen (vollständige Induktion), also gilt für alle $n \in N$

$$a_n^2 - b_n\cdot z = 4 \iff \frac{a_n^2}{b_n^2} = z + \frac{4}{b_n^2}$$

   die rechte Seite enthält eine konstante Folge und eine Nullfolge, daher strebt a_n/b_n gegen $\sqrt{z}$

11.2 Funktionsterm nach einer Fußnote auf S. 190 in *Reidt/Wolff*, Elemente der Mathematik, Bd. 3, Schöningh/Schroedel 1955.

---

[1] aus *A. Bohrmann*, Bahnen künstlicher Satelliten, Bd. 40/40a, BI Mannheim.

11.5.1 Hinreichend ist z.B. der folgende Satz:

Wenn f stetig auf dem abgeschlossenen Intervall I; $f(I) \subseteq I$; und wenn es eine positive Konstante $L < 1$ gibt, so daß $|f(x_1) - f(x_2)| \leqslant L \cdot |x_1 - x_2|$ für alle x_1, x_2 aus I,

dann besitzt die Gleichung $x = f(x)$ in I genau eine Lösung ξ, die von der zugehörigen Iterationsfolge $x_{n+1} = f(x_n)$ für jeden Startwert x_0 aus I erreicht wird.

Einzelheiten zur Theorie der Iterationsverfahren findet man in [19] und [20].

11.5.2 Eine hinreichende Voraussetzung zum Gelingen des Newtonschen Verfahrens:

Die Funktion f ist für alle x eines ξ enthaltenden, abgeschlossenen Intervalls I zweimal stetig differenzierbar; $f'(\xi) \neq 0$ und x_0 liegt „genügend nahe bei ξ".

Wichtige Merkmale, die **Entscheidungshilfen bei der Anschaffung eines programmierbaren Taschenrechners** darstellen können

1. Kapazität des Programmregisters
   Aus wieviel Schritten kann sich ein Programm maximal zusammensetzen? (vgl. 1.1.5)

2. Anzahl der zur Verfügung stehenden Zahlenspeicher
   (variiert momentan von 1 (Novus 4615) bis 100 (TI-59), siehe 1.2.5)

3. Vorhandensein der GOTO-Taste
   Kennzeichen für die Möglichkeit des unbedingten Sprunges zu beliebigen Stellen innerhalb
   des Programmspeichers

4. Anzahl und Art der möglichen logischen Entscheidungen einschließlich besonderer Testregister und dsz (isz) Befehle (vgl. 2.2.4 und 3.4.3)

5. Vorhandensein des INT-Befehls (nur bei größerem Programmspeicher auch über Unterprogramm realisierbar)
   Der *Integer*-Befehl bedeutet die Möglichkeit, eine Zahl im Anzeigeregister in einen Vor- und
   Nachkommateil zu zerlegen, was für viele Anwendungen unerläßlich ist, siehe Kap. 7

6. Anzahl der angezeigten Ziffern (ohne die beiden Exponent-Ziffern!)
   Üblich sind 8 oder 10; in Aufgaben der Zahlentheorie z.B. kommt man mit 10 Ziffern weiter

7. Unterprogrammtechnik
   Wieviel Ebenen stehen zur Verfügung?

8. Fakultät, Binomialkoeffizient, Standardabweichung und ähnliche Befehle
   Wichtig für Statistik und Wahrscheinlichkeitsrechnung; wenn der Programmspeicher groß
   genug ist, kann man sie auch als Unterprogramme realisieren

9. Vorhandensein des Pausen-Befehls
   Nützlich zur Beobachtung von Schleifendurchgängen und bei Wertetabellen, die man direkt
   auf mm-Papier in eine Kurve umsetzen will

10. Label-, del- und ins-Taste
    Erleichterungen bei Verzweigungen und Programmkorrektur (2.2.5; 5.2.1)

11. *Indirekte Adressierung* von Programm- und Zahlenspeichern
    Erkennbar an der i- bzw. IND-Taste (siehe 6.2.2; 10.5.4; 12.1)

12. Druckmöglichkeit
    Möglich ist der *eingebaute* Drucker (hp) oder das Aufsetzen des Rechners auf einen *separat*
    erwerbbaren Drucker (TI); *alpha-Möglichkeiten?* (bestimmte Worte oder das ganze Alphabet?)

13. Magnetkartenspeicherung
    (Die Konservierung von dem gerade eingetippten Programm im Rechner selbst (*continuous
    memory;* z.B. bei der C-Serie in hp) spielt bei häufiger Verwendung weniger Programme eine
    Rolle, während der Aufbau einer *Programmbibliothek* mittels Magnetkarten auf jeden Fall
    interessant ist)

14. Erweiterung des Bereichs der vorhandenen „festverdrahteten" Funktionen durch Software-Moduln (wichtig für Spezialinteressen wie „Statistik", „Nautik" und dgl.)

Literaturverzeichnis

(mit wenigen Ausnahmen Beschränkung auf leicht zugängliche Werke)

a) Bücher, die sich direkt mit dem (programmierbaren) Taschenrechner beschäftigen:

[1] *H. Schumny,* Taschenrechner Handbuch, Vieweg 1976 (nur zum geringen Teil auf programmierbare Rechner bezogen, aber die grundlegenden Prinzipien der TR erklärend, somit auch zum Verständnis des PTR nützlich)

[2] *H. H. Gloistehn,* Programmieren von Taschenrechnern, Vieweg 1977, Bd. 1 SR 56, Bd. 2 TI-57, Bd. 3 TI-58/59 (Fachhochschule; ingenieurwissenschaftliche Ausrichtung)

[3] *P. Henrici,* Computational Analysis with the hp 25 Pocket Calculator, Wiley (New York, London) 1977 (spezielle Thematik; Hochschulniveau)

b) Bücher, die zwar keinen Bezug zum PTR in direkter Weise haben, aber durch Ihren Inhalt vielfältige Anregungen für sinnvolle PTR-Programme zu geben vermögen und insbesondere den Hintergrund „Informatik" aufhellen:

[4] *H. Balzert,* Informatik, Hueber-Holzmann, 2 Bde., 1976

[5] *Bauer / Weinhart,* Informatik, Bayerischer Schulbuch Verlag 1974

[6] *A. Brüning,* EDV in der Mathematik, Schwann 1974

[7] *V. Claus,* Einführung in die Informatik, Teubner 1975

[8] *A. Engel,* Elementarmathematik vom algorithmischen Standpunkt, Klett 1977

[9] *Flensberg / Zeising,* Praktische Informatik, Bayerischer Schulbuch Verlag 1974

[10] *Forsythe,* Problemanalyse und Programmieren, Vieweg 1975

[11] *Klingen* u.a., Informatik, Klett 1975

[12] *Meier,* Programmieren im Schulunterricht, Bayerischer Schulbuch Verlag 1973

[13] *N. Wirth,* Systematisches Programmieren, Teubner 1972

Anmerkung: Für die PTR-Praxis — auch von Schülern der Sekundarstufe II — besonders hilfreich sind [6], [8], [11]

c) Bücher, deren Inhalte thematisch zwei wichtige Anwendungsfelder des Computereinsatzes abdecken:

(Stochastik)

[14] *Althoff / Koßwig,* Wahrscheinlichkeitsrechnung, Schulverlag Vieweg 1975 (auch für Schüler der Sekundarstufe I geeignet)

[15] *Andelfinger / Borges,* Kursheft Statistik und Wahrscheinlichkeitsrechnung, Herder 1975

[16] *H. Athen,* Wahrscheinlichkeitsrechnung und Statistik, Schroedel/Schöningh 1975

[17] *A. Engel,* Wahrscheinlichkeitsrechnung und Statistik, 2 Bde., Klett 1973 (Bd. 1 z.T. für Schüler der Sekundarstufe I geeignet)

[18] *S. Goldberg,* Die Wahrscheinlichkeit, Vieweg 1973

(Numerik)

[19] *Ade / Schell,* Numerische Mathematik, Klett 1975

[20] *P. Henrici,* Elemente der numerischen Analysis, 2 Bde., BI Mannheim 1972

 [3] *P. Henrici,* Computational Analysis with the hp 25 Pocket-Calculator, Wiley (New York, London) 1977

[21] *H. J. Stetter,* Numerik für Informatiker, Oldenbourg 1976

[22] *E. Stiefel,* Einführung in die numerische Mathematik, Teubner 1976

d)   Artikel aus den Zeitschriften „Der Mathematisch Naturwissenschaftliche Unterricht" (MNU) und „Der Mathematikunterricht" (MU), die mit Computerprogrammierung zu tun haben

[23] MNU Juli 1973 ... Mathematische Modelle in der Biologie ...

[24] MNU Juli 1974 ... Kybernetik ... Biologie ...

[25] MNU April 1975 ... physikalische Anwendungsbeispiele, dazu englisch/amerikanische Literaturangaben ... numerische Aspekte bei der Behandlung von Gleichungen ...

[26] MNU Juni 1976 ... Mathematische Modelle in der Biologie ... Strukturiertes Programmieren ...

[27] MNU September 1976 ... physikalische Simulationen (Großcomputer/Mittlere Computer; Hochschulbereich)

[28] MNU Oktober 1976 ... strukturiertes Programmieren ...

[29] MNU Oktober 1977 ... Abbrechkriterien für Schleifen ... Einsatz von Tischrechner in Statistik und Wahrscheinlichkeitsrechnung ...

[30] MU August 1971 ... Mathematisches Modell und Wirklichkeit ...

[31] MU April 1975 ... Computerorientierte Mathematik *(besonders ergiebig)* ...

[32] MU Dezember 1975 ... Literaturübersicht, orientiert am Unterricht in DV ...

[33] MU März 1977 ... Verfolgungsprobleme, Populationsgenetik ...

[34] MNU September 1978 ... Simulation einer Überfischung ...

Namen- und Sachverzeichnis

PTR-Befehlsregister

Mathematik – Didaktik

Erich Wittmann

Grundfragen des Mathematikunterrichts

5., neu bearb. Aufl. 1978. VII, 202 S. Kart.

Dieses einführende Buch behandelt auf der Basis eines einfachen Unterrichtsmodells in fachspezifischer Weise die grundlegenden allgemein-mathematischen, pädagogischen, psychologischen und schulpraktischen Perspektiven, unter denen mathematische Inhalte im Hinblick auf den Unterricht zu sehen und zu bearbeiten sind. Aus der erklärten Absicht heraus, Theorie und Praxis des Mathematikunterrichts in eine fruchtbare Wechselwirkung zu bringen, bleibt das Buch nicht bei den theoretischen Ideen stehen, die für eine kritische Auseinandersetzung mit der zeitgenössischen mathematikdidaktischen Literatur und den neuen Unterrichtsprogrammen nötig sind, sondern entwickelt aus ihnen ein Instrumentarium zur Unterrichtsplanung und Unterrichtsanalyse, das an einem Beispiel bis ins Detail illustriert wird.
Das Buch ist für individuelles Studium, als Grundlage von Seminaren und als Hilfe für die Unterrichtsplanung gedacht. Es enthält zahlreiche didaktische Aufgaben, die der Umsetzung theoretischer Ideen in die Praxis dienen und zum selbständigen Weiterdenken anregen sollen.

Gerhard Müller und Erich Wittmann

Der Mathematikunterricht in der Primarstufe

Ziele · Inhalte · Prinzipien · Beispiele. 2., durchges. Aufl. 1978. XII, 320 S. 295 Abb. Kart.

Dieses Buch ist für all jene geschrieben worden, die sich in der Ausbildung, in der Lehre oder in der Forschung mit dem Mathematikunterricht der Grundschule befassen. Es führt von einzelnen Unterrichtsbeispielen und von allgemeinen mathematikdidaktischen Vorstellungen ausgehend in die Theorie und Praxis des Mathematikunterrichts der Primarstufe ein. Mit vorhandenen Tendenzen setzt es sich kritisch auseinander und gibt eine Fülle von Anregungen für die Gestaltung eines sinnvollen Unterrichts. Zahlreiche didaktische Aufgaben und eine umfangreiche Bibliographie regen zu einer weiterführenden Auseinandersetzung an.

Mathematik – Didaktik

Johan van Dormolen
Didaktik der Mathematik
Mit einem Geleitwort von Erich Wittmann. (Didaktik van de wiskunde, dt.)
(Aus dem Niederl. übers. von Sigmar Kempfle.) 1978. X, 198 S. 108 Abb.
Kart.

Dieses Buch zur Mathematikdidaktik bietet dem Lehrer aller Schulgattungen
Modelle und Strategien an, die sich im Unterricht nutzbringend verwenden
lassen. Auf der Grundlage neuer lernpsychologischer Erkenntnisse und infor-
mationstheoretischer Begriffe werden Lernziele, Möglichkeiten der Schüler,
Lehrstoff, Lehrmittel, Arbeitsformen sowie Kontrolle und Steuerung des
Lernerfolges eingehend erörtert und in ihrem Zusammenhang betrachtet. Die
Beantwortung aktueller Fragen aus dem Schulalltag betonen den Lehrbuch-
charakter und bieten eine gute Verständniskontrolle. Zahlreiche Tabellen und
Übersichten machen das Buch gleichzeitig zu einem nützlichen Nachschlage-
werk.
Besonders hingewiesen werden muß auf die mathematische Sauberkeit des
Buches, die gerade im didaktischen Bereich noch nicht selbstverständlich ist.

Martin Glatfeld (Hrsg.)
Mathematik lernen
Probleme und Möglichkeiten. 1977. VIII, 175 Seiten. Kart.

Die Autoren möchten mit ihren Beiträgen das Lernen von Mathematik effek-
tiver machen. Zur Erreichung dieses Zieles haben sie wichtige Probleme eingegrenzt und Möglichkeiten zu einer Lösung erarbeitet. Sehr zahlreich ist das
(allen Lernstufen entnommene) Beispielmaterial, das teilweise sehr breit dargestellt ist (wie etwa ‚Lineare Algebra' und ‚Teilbarkeit'). Diskutiert werden
u.a. Kreativität und Motivation beim Mathematiklernen, die Verständigungs-
funktion des Beispiels, die systematische Einbeziehung heuristischer Methoden in die Vermittlung von Mathematik und daraus abzuleitende Forderun-
gen. Stets hat die Umsetzbarkeit in die Praxis Vorrang vor ,,Grundsatzdiskus-
sionen''.